电子信息前沿专著系列

“十四五”时期国家重点出版物出版专项规划项目

高压厚膜SOI-LIGBT器件关键技术

张龙 孙伟锋 刘斯扬 等 著

High-Voltage LIGBT on Thick SOI: Key Technologies

人民邮电出版社
北京

图书在版编目（CIP）数据

高压厚膜SOI-LIGBT器件关键技术 / 张龙等著. --
北京 : 人民邮电出版社, 2023.7
（电子信息前沿专著系列）
ISBN 978-7-115-58481-6

Ⅰ. ①高… Ⅱ. ①张… Ⅲ. ①厚膜－半导体功能器件
－研究 Ⅳ. ①TN389

中国版本图书馆CIP数据核字(2022)第049741号

内 容 提 要

单片智能功率芯片是一种功能与结构高度集成化的高低压兼容芯片，其内部集成了高压功率器件、高低压转换电路及低压逻辑控制电路等，高压厚膜 SOI-LIGBT 器件在其中被用作开关器件，是该芯片中的核心器件，其性能直接决定了芯片的可靠性和功耗。本书共 7 章：首先介绍了高压厚膜 SOI-LIGBT 器件的工作原理，分析了器件的耐压、导通、关断原理；然后围绕高压厚膜 SOI-LIGBT 器件的关键技术，研究了高压互连线屏蔽技术、电流密度提升技术和快速关断技术三大类技术，分析了 U 型沟道电流密度提升技术、双沟槽互连线屏蔽技术、复合集电极快速关断技术等 9 种技术；围绕高压厚膜 SOI-LIGBT 器件的鲁棒性，研究了关断失效、短路失效、开启电流过冲、低温特性漂移；最后探讨了高压厚膜 SOI-LIGBT 器件的工艺和版图。

本书内容基于过去 8 年单片智能功率芯片国产化过程中的创新设计和工程实践积累进行编写，兼具理论启发性和工程实用性，适合功率半导体器件与集成电路领域内的科研、生产、教学人员阅读和参考。

◆ 著　　　　张　龙　孙伟锋　刘斯扬 等
　责任编辑　杨　凌
　责任印制　焦志炜

◆ 人民邮电出版社出版发行　　北京市丰台区成寿寺路 11 号
　邮编 100164　　电子邮件 315@ptpress.com.cn
　网址 https://www.ptpress.com.cn
　北京九天鸿程印刷有限责任公司印刷

◆ 开本：700×1000 1/16
　印张：13.5　　　　2023 年 7 月第 1 版
　字数：242 千字　　2023 年 7 月北京第 1 次印刷

定价：149.00 元

读者服务热线：(010)81055552　印装质量热线：(010)81055316
反盗版热线：(010)81055315
广告经营许可证：京东市监广登字 20170147 号

电子信息前沿专著系列

总 序

电子信息科学与技术是现代信息社会的基石，也是科技革命和产业变革的关键，其发展日新月异。近年来，我国电子信息科技和相关产业蓬勃发展，为社会、经济发展和向智能社会升级提供了强有力的支撑，但同时我国仍迫切需要进一步完善电子信息科技自主创新体系，切实提升原始创新能力，努力实现更多“从 0 到 1”的原创性、基础性研究突破。《中华人民共和国国民经济和社会发展第十四个五年规划和 2035 年远景目标纲要》明确提出，要发展壮大新一代信息技术等战略性新兴产业。面向未来，我们亟待在电子信息前沿领域重点发展方向上进行系统化建设，持续推出一批能代表学科前沿与发展趋势，展现关键技术突破的有创见、有影响的高水平学术专著，以推动相关领域的学术交流，促进学科发展，助力科技人才快速成长，建设战略科技领先人才后备军队伍。

为贯彻落实国家“科技强国”“人才强国”战略，进一步推动电子信息领域基础研究及技术的进步与创新，引导一线科研工作者树立学术理想、投身国家科技攻关、深入学术研究，人民邮电出版社联合中国电子学会、国务院学位委员会电子科学与技术学科评议组启动了“电子信息前沿青年学者出版工程”，科学评审、选拔优秀青年学者，建设“电子信息前沿专著系列”，计划分批出版约 50 册具有前沿性、开创性、突破性、引领性的原创学术专著，在电子信息领域持续总结、积累创新成果。“电子信息前沿青年学者出版工程”通过设立专家委员会，以严谨的作者评审选拔机制和对作者学术写作的辅导、支持，实现对领域前沿的深刻把握和对未来发展的精准判断，从而保障系列图书的战略高度和前沿性。

“电子信息前沿专著系列”首批出版的 10 册学术专著，内容面向电子信息领域战略性、基础性、先导性的应用，涵盖半导体器件、智能计算与数据分析、通信和信号及频谱技术等主题，包含清华大学、西安电子科技大学、哈尔滨工业大学（深圳）、东南大学、北京理工大学、电子科技大学、吉林大学、南京邮电大学等高等院校国家重点实验室的原创研究成果。本系列图书的出版不仅体现了传播学术思想、积淀研究成果、指导实践应用等方面的价值，而且对电子信息领域的广大科研工作者具有示范性作用，可为其开展科研工作提供切实可行的参考。

希望本系列图书具有可持续发展的生命力，成为电子信息领域具有举足轻重影响力和开创性的典范，对我国电子信息产业的发展起到积极的促进作用，对加快重要原创成果的传播、助力科研团队建设及人才的培养、推动学科和行业的创新发展都有所助益。同时，我们也希望本系列图书的出版能激发更多科技人才、产业精英投身到我国电子信息产业中，共同推动我国电子信息产业高速、高质量发展。

郝跃

2021 年 12 月 21 日

前言

传统的智能功率模块将驱动控制芯片、分立绝缘栅极双极型晶体管、分立续流二极管、保护元件等封装到一个模块内，涉及功率半导体集成电路中的分立器件技术、工艺集成技术、电路驱动技术等关键技术，是电能转换和控制的核心元件。近年来，自动化、智能化、新能源、高能效以及资源的有效利用对传统的智能功率模块提出了新的要求。单片智能功率芯片能够将传统的智能功率模块中的所有元件集成到同一块芯片中，具有体积小、功耗低、寄生小及可靠性高等优势，能够更好地满足节能减排及高能源效率的诉求。但遗憾的是，目前国内产业尚处于替代国外传统的智能功率模块产品的阶段，对更为高端的单片智能功率芯片的研究还比较匮乏。此前，在单片智能功率芯片方面，国外只有东芝、日立及英飞凌推出了自己的产品，而国内的应用则依赖进口。

高压厚膜 SOI-LIGBT 器件是单片智能功率芯片中设计难度最大的核心器件，其性能直接决定了芯片的功耗和可靠性。本书作者所在的科研团队在过去 8 年时间里与无锡华润上华科技有限公司联合攻克了高压厚膜 SOI-LIGBT 器件的互连线屏蔽技术、电流密度提升技术、鲁棒性优化技术、快速关断技术等关键技术，开发了成套工艺，积累了版图设计经验，并实现了单片智能功率芯片的国产化。

本书所属领域为集成电路，涉及的研究方向为功率半导体器件与集成电路。第 1 章为绪论，主要介绍了单片智能功率芯片架构、厚膜 SOI 工艺及高压厚膜 SOI-LIGBT 器件的研究现状；第 2 章介绍了高压厚膜 SOI-LIGBT 器件的基本原理，包括耐压、导通、关断及短路过程的相关原理；第 3 章研究高压互连线屏蔽技术，重点分析了等深和非等深双沟槽互连线技术；第 4 章研究电流密度提升技术，重点讨论了直角和非直角 U 型沟道技术；第 5 章研究鲁棒性与优化方案，包括关断鲁棒性、短路鲁棒性、开启电流过冲及低温特性漂移；第 6 章研究快速关断技术，包括漂移区深沟槽、电压平台消除、复合集电极、横向超结、阳极短路等技术；第 7 章探讨了工艺流程与版图设计。

在此，感谢课题组已毕业硕士和博士研究生的辛勤工作，他们是戴伟楠、朱泳翰、杜益成、喻慧、黄克琴、周锋、黄超、钱宇翔、陈猛、赵敏娜、陈佳俊、黄薛佺、王浩、汤清溪、孙玲、朱桂闯、田甜、曹石林、李安康、马杰、李少红、杨卓、张允武、陆扬扬，等等。此外，还要感谢无锡华润上华科技有限公司张森、顾炎、宋华及无锡芯朋微电子股份有限公司祝靖等相关技术人员的帮助和支持。

最后，十分感谢家人对作者工作的大力支持和理解。

由于作者水平有限，书中难免存在不当之处，敬请读者批评指正。

作者
2022 年 10 月于无锡

目 录

第1章 绪论

1.1 单片智能功率芯片与厚膜 SOI[1] 工艺

1.1.1 单片智能功率芯片

智能功率模块是指采用特定的半导体制造技术及封装技术，将驱动电路、功率器件及各类保护电路集成在一起的功率芯片或模组，其内部集成了逻辑、控制、检测和保护电路，由于其具有体积小和可靠性高等特点，符合当今功率器件模块化、微型化及复合化的发展方向，已在智能家居、新能源交通工具、智能机器人等领域获得了广泛的应用。在以节能减排、绿色环保为主题的当代社会，智能功率模块的市场规模不断扩大，应用领域不断延伸，技术优势逐步得以体现。如今，开发出具有自主知识产权的高性能智能功率模块产品至关重要，三菱、英飞凌、仙童、东芝、日立等半导体公司的产品曾占据了我国几乎百分之百的智能功率模块市场，而国内的半导体设计与制造企业由于起步晚、核心设计和制造技术缺失，近年来才取得了一定的市场份额。

智能功率模块目前主要有两种方案：一种是将多块芯片封装到一个模块内部，通过封装内部引线或者框架的方式将各芯片连接起来并实现相应的功能，这种方案一般会将栅极驱动芯片、功率开关器件、续流二极管（Free-Wheeling Diode，FWD）、具有检测和保护功能的元件或电路等封装到一起；另一种是将所有电路、器件、元件全部集成到一块芯片中，通过芯片内部的金属互连线进行连接并实现相应的功能（如图 1.1 所示），通常称这种为单片智能功率芯片 [1-7]，其内部和多芯片单封装的方案一样，也会集成栅极驱动芯片、功率开关器件、FWD 以及具有检测和保护功能的元件或者电路。基于单芯片集成方案的智能功率芯片可以将传统多芯片单封装方案中的所有分立元器件全部集成到一块芯片中，因此大大减小了封装体积，降低了整机体积及复杂度。由于单芯片集成方案全部采用芯片内部金属进行互连，因而大大缩短了互连线的长度，

1 SOI：Silicon On Insulator，绝缘体上硅。

增强了整机系统的抗干扰能力。与多芯片单封装的智能功率驱动模块相比，单片智能功率芯片的制造良率也具有较大的优势，可进一步降低制造成本。与此同时，单片智能功率芯片中可集成更多的控制电路、保护电路，与多芯片单封装的方案相比更容易丰富功能，将更多的外部元件进行集成，从而实现整机系统的进一步微型化、智能化。

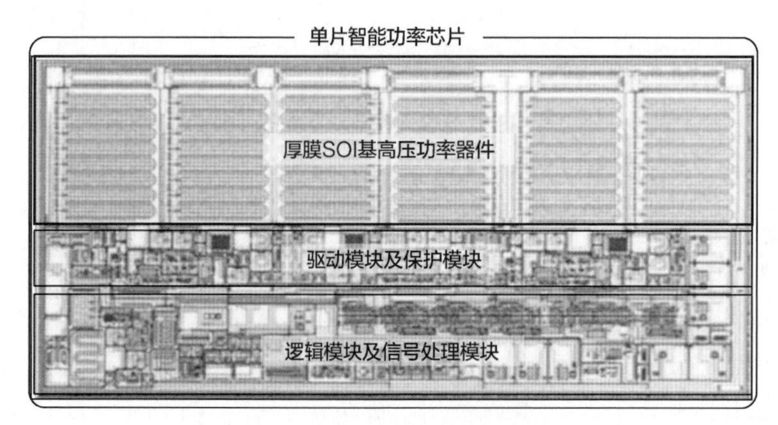

图 1.1 单片智能功率芯片

1.1.2 厚膜 SOI 工艺

电机系统作为家用电器、工业控制及新能源交通等应用领域的核心系统，其耗电量在全球电力消耗总量中占据了相当的比例。而降低电机系统能耗的有效手段之一就是采用单片智能功率芯片（即，将逻辑模块、信号处理模块、驱动模块、保护模块及功率器件等制备在一块芯片上）替代传统分立电子系统实现对电机的高效、快速、准确及可靠控制。20 世纪末，日本半导体企业日立率先发布了第一款单片智能功率芯片，该芯片集成了高低压栅极驱动电路、功率开关器件、FWD 以及保护电路，是驱动电路与功率器件单芯片集成的首次尝试；21 世纪初，松下半导体推出了首款 SOI 工艺的单片智能功率芯片，与传统的芯片相比，其正常工作时的功率损耗降低了 42% 左右。此后，日立、东芝、电装等国际知名半导体公司相继推出了各自的单片智能功率芯片产品，且均采用 SOI 工艺制造。

SOI 材料被广泛用于解决传统体硅器件的突出问题，SOI 晶圆采用埋氧层（Buried Oxide，BOX）将顶层硅与衬底隔离开，器件制作在顶层硅上，避免了器件与器件之间通过衬底的电流路径产生相互串扰，抑制了闩锁效应，使得器件的性能得到了很大的改善。因此，国外知名半导体公司（如东芝、日立、电装）的单片智能功率芯片均采用 SOI 工艺进行制造[4-7]。与体硅工艺相比，厚膜 SOI 工艺具有隔离优势，在顶层硅和衬底之间有 BOX，所以顶层硅中的电流不会流到衬底中，不会对同一 SOI 上的其他器件和电路的信号产生干扰。除了顶层硅和衬底之间通过 BOX 纵向隔离之外，SOI 工艺中还可以通过深氧化层沟槽（Deep-Oxide Trench，DOT）来进行器件和器件之间、器件和电路之间、电路和电路之间的横向隔离，进一步避免了各器件、电路之间的信号串扰。在体硅工艺中，器件和器件之间、高低压区域之间、电路和器件之间，以及电路和电路之间普遍采用 PN 结进行隔离，这种隔离方式需要较大的面积以保证隔离效果，同时会增大寄生电容，影响芯片的工作频率。因为缺乏有效的衬底隔离，电流很容易流到衬底中，造成信号串扰或者闩锁等问题。除了厚膜 SOI 工艺，还有薄膜 SOI 工艺，该工艺的顶层硅的厚度较薄，导致载流子路径较窄，因此很难在薄膜 SOI 工艺平台上实现大电流密度的功率开关器件，难以满足单片智能功率芯片对电流输出的需求。如无特别说明，本书所指 SOI 均为厚膜。

1.1.3　LIGBT 器件及其应用需求

图 1.2 所示为绝缘体上硅横向绝缘栅双极型晶体管（Silicon On Insulator-Lateral Insulated Gate Bipolar Transistor，SOI-LIGBT）器件的截面结构，发射极（Emitter，E）侧包括 P 型体区及 P^+/N^+ 发射极，集电极（Collector，C）侧包括 N 型缓冲层和 P^+ 集电极；N 型缓冲层一般用作场截止层来提高器件的耐压性能，同时可以抑制器件的漏电；栅极（Gate，G）通常由多晶硅构成并通过金属引出。图 1.2 所示为 N 型 SOI-LIGBT 器件，N 型漂移区下方为 BOX（SiO 介质层），BOX 将 N 型漂移区与 P 型衬底隔离开来；在器件的两侧使用深氧化层沟槽（DOT）将 SOI-LIGBT 器件与其他器件隔离开来。

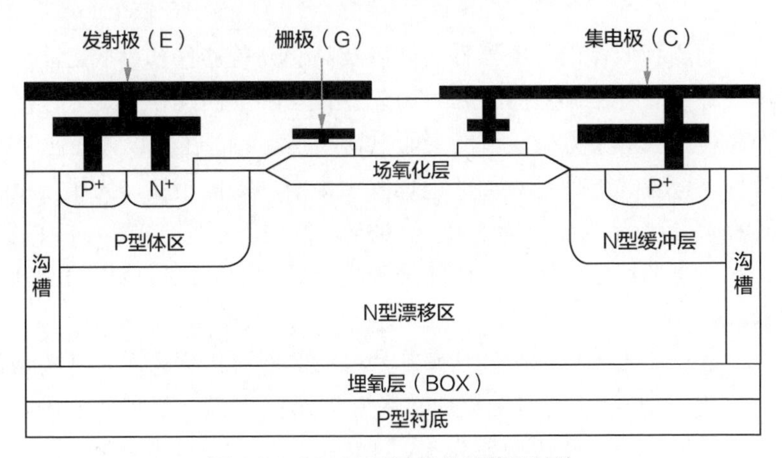

图 1.2　SOI-LIGBT 器件的截面结构

图 1.3 所示为典型的单片智能功率芯片架构，主要包括驱动级和功率级两部分：驱动级主要由栅极驱动电路和保护电路组成，而功率级一般由 6 个 SOI-LIGBT 器件和 6 个 FWD 组成，这些功率器件以三相桥的方式进行连接，用于连接高侧开关器件和低侧开关器件以及高侧开关器件和母线的互连线被称为高压互连线（High-Voltage Interconnection，HVI）。为了满足智能功率模块的需求，所集成的器件需要在高频、高压、大电流等极限条件下工作，开关功率器件（以 SOI-LIGBT 为主要代表[8-13]）的特性直接影响整个单片智能功率芯片的功能和可靠性。

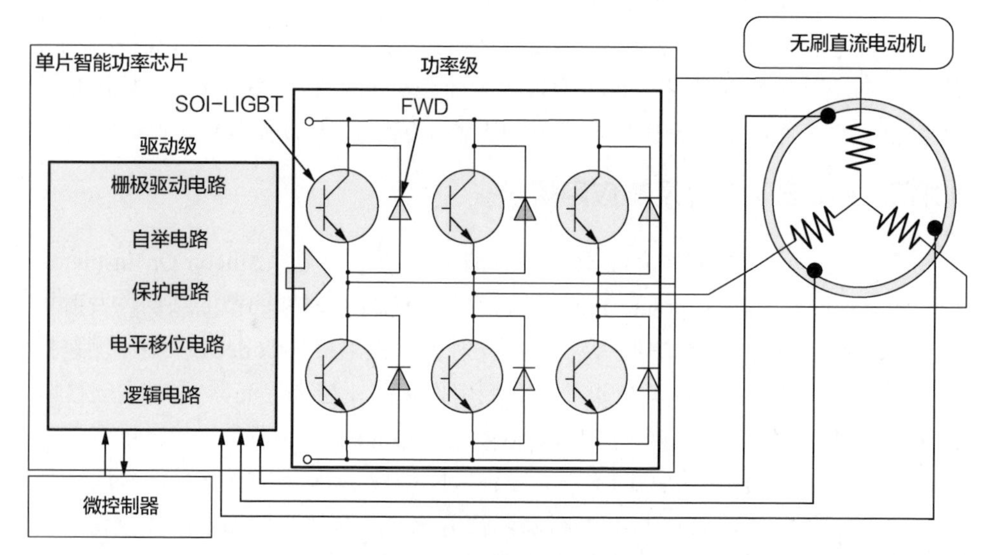

图 1.3　单片智能功率芯片架构

第一，高侧和低侧的开关器件之间以及高侧开关器件和母线之间通过 HVI 连接，HVI 在硅的表面进行走线，跨越低压区域至高压区域进行信号传递，HVI 上的高电压会对下方硅区域的表面电场产生影响，在不设置任何 HVI 屏蔽结构的条件下，容易导致硅表面的电场发生集中，提前击穿。为了使单片智能功率芯片在高压（母线电压为 500 ～ 600V）条件下正常工作，必须完全屏蔽 HVI 对击穿电压的影响，因此，HVI 屏蔽技术是设计高压集成电路必须掌握的关键技术。

第二，从目前国外单片智能功率芯片产品的电流级别来看，开关器件的输出电流一般为 1 ～ 5A，而对于横向功率开关器件来说，要实现上述电流，需要器件宽度足够大。以输出电流为 5A 的单片智能功率芯片为例，功率级的面积为驱动级的 3 ～ 5 倍，若要实现更大的电流，则需要更大面积的功率器件，这将导致芯片整体面积过大，传统的封装难以满足芯片的封装需求。因此，为了实现芯片的小型化，缩小开关器件的面积，具有大电流的 SOI-LIGBT 器件必不可少。

第三，电流密度的提升会使器件的动态鲁棒性减弱。

（1）开关器件需要在大电流条件下频繁地进行开关，大电流条件下关断的电流不均匀等情况会导致器件关断失效。以 SOI-LIGBT 器件为例，一般采用多跑道并联的版图形式，在提升器件的电流密度之后，会导致器件在大电流关断条件下各跑道之间的电流不均问题变得严重。关断时，如果电流集中到个别跑道中，则会导致该跑道发生动态闩锁或者热击穿，器件无法正常关断。因此，有必要对器件大电流关断时的鲁棒性进行研究并予以改善。

（2）短路状态下，器件受到大电流、大电压应力的冲击，强烈的自热效应会使结温升高，易造成闩锁电压降低、电流局部集中等不良影响。器件线性电流密度的提升，一般会导致器件的饱和电流密度也随之提升，短路状态时的自热效应会变得严重，导致短路承受能力下降。因此，短路特性的研究和短路能力的改善也无法回避。

（3）SOI-LIGBT 器件体内的空穴参与导电，在感性负载开启瞬态过程中，部分由集电极注入的空穴在流向发射极的过程中会积累在栅极下方，通过寄生电容对栅极进行充电；加之外部驱动电流的充电，引起栅极电压过冲，最终导致器件开启过程中的电流变化率（di/dt）增大、di/dt 可控性变差。di/dt 可控性会直接影响器件的开启损耗、安全工作区，过高的 di/dt 还会引起系统的噪声和串扰等问题，这是 IGBT 器件深入研究的重点特性之一。

除电流带来的鲁棒性变差以外，低温工作环境下的击穿电压漂移也是 SOI 器件需要关注的问题。SOI 器件发生雪崩时，产生的电荷会积累在 BOX 的上方，有可能会引起器件内部电场和电势的重新分布，从而导致击穿电压的漂移。

第四，为了降低芯片的功耗，在高频条件下具有低开关损耗的高压器件也必不可少。

综上所述，考虑到单片智能功率芯片的应用要求，迫切需要研发出高性能的 SOI 基横向高压器件，由于 SOI-LIGBT 器件具有耐压高、电流密度大、易于集成等优点，目前国际知名厂商的单片智能功率芯片产品均采用 SOI-LIGBT 器件作为功率级的开关器件。然而，国内的相关产品研发起步较晚，相关研究也比较滞后；从 2014 年起，本书课题组与无锡华润上华科技有限公司合作攻克了 SOI-LIGBT 器件的互连线屏蔽、电流密度提升、鲁棒性及快速关断等技术，完成了用于单片智能功率芯片的配套制备工艺和器件，实现了该类芯片的国产化。

1.2 高压厚膜 SOI-LIGBT 器件的研究现状

1.2.1 互连线技术

HVI 连接同一块芯片上的高压端和低压端，金属互连线的高电势会影响其下方器件的电场分布，导致局部产生极高的峰值电场，引起器件提前击穿，击穿电压明显下降[14]。为了屏蔽 HVI 的影响，国内外学者提出了以下几种解决方案。

第一种是厚场氧化层技术[15]。增加绝缘层厚度可以有效降低 HVI 对器件击穿特性的影响。由于金属互连线与硅表面的距离变远，硅表面的电场峰值相应减小，击穿电压受 HVI 的影响也相应变小。然而，采用这种技术要获得 600V 以上的击穿电压，绝缘层的厚度一般需要达到 5μm，这会增加工艺的时间成本和孔刻蚀的难度。

第二种是直接打线技术[16]。该种方案采用封装引线作为 HVI，由于引线到芯片表面的距离较远，且封装内部会填充塑封料，从而实现了 HVI 和硅表面之间的完美隔离；但是，采用该种技术需要预留额外的芯片面积用于打线，当高压开关器件数较多时，会导致版图布局变得复杂，且采用引线的方式替代芯片内部的走线会大幅增加引线数量和封装成本。

第三种是表面淡阱技术[17-31]。该技术的特征在于，在靠近低压端的硅表面设置一层浅的 P 型淡阱，承受高压时该 P 型阱可以完全耗尽，一方面可以降低表面电场，另一方面可以有利于耗尽层的扩展耐压。但是，该技术一般需要增加额外的光刻层次及工艺步骤。

第四种是场板技术[3, 32-48]，其中屏蔽 HVI 影响效果较为明显的是环形阻性场板技术。环形场板采用阻性多晶硅材料，两端分别连接器件的高压端和低压端，器件耐压时，电势在环形阻性场板内部均匀分布，由于环形场板沿着漂移区表面等距离环绕，各个环之间均匀分压，能够使漂移区表面的电势分布比较均匀，耗尽层充分延展。然而，该技术会造成器件的漏电变大。

第五种是双沟槽技术[10, 49-50]。图 1.4 所示为双沟槽 HVI 屏蔽结构的三维示意。如图 1.4 所示，双沟槽（T_1 和 T_2）位于 HVI 的下方，沟槽外部为氧化层，内填多晶硅。当 HVI 施加高压时，双沟槽可以辅助耐压，从而避免了硅区域的电势集中；由于双沟槽的辅助耐压作用，HVI 下方的硅区域面积可以大幅缩小。该方案为本书课题组所提出，能够避免上述 5 种方案的缺点，同时可以减小 HVI 区的面积，DOT 可以与 SOI 工艺的隔离沟槽同时形成，不需要额外的工艺步骤。

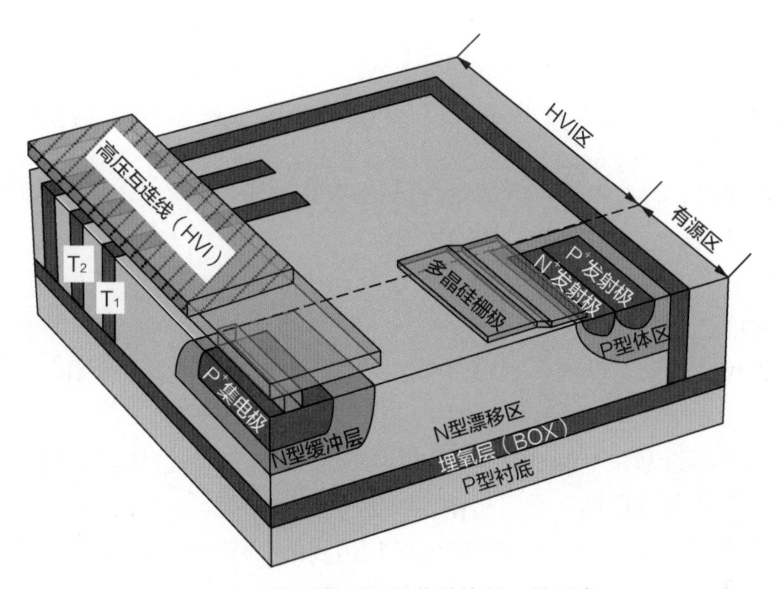

图 1.4 双沟槽 HVI 屏蔽结构的三维示意

1.2.2 电流密度提升技术

近年来，富士电子先进技术公司、日立研究实验室，以及我国的电子科技大学及东南大学等科研机构对 SOI-LIGBT 器件的电流密度提升新结构进行了相关研究。

富士电子先进技术公司的 Lu 等人提出了一种漂移区沟槽耐压 SOI-LIGBT 器件[51]。该器件基于 1μm 厚膜 SOI 工艺，利用沟槽刻蚀与填充技术，成功将 6μm 的 DOT 置入器件的漂移区中，利用氧化层承担漂移区中的部分电势来达到缩短漂移区长度的目的[52-56]，实现了 1000A/cm^2 的电流密度；同时，通过在 DOT 中置入多晶硅场板，以缓解 P 型体区结边缘的峰值电场，获得了 210V 的击穿电压。然而，DOT 在更高压状态下会引起漂移区表面击穿等问题[57]，因此，该器件适用于 200V 电压级别的应用，还无法满足电机系统中单片智能功率芯片 500 ～ 600V 的耐压要求。

日立研究实验室的 Sakano 等人基于 0.25μm SOI 隔离工艺成功研制了一

种发射极区域带有N型深阱的多沟道 SOI-LIGBT 器件[58]。该器件在发射极区域采用了额外的N型深阱，通过减轻P型体区下方的空穴复合及减小相邻沟道间的寄生电阻，使器件的线性电流密度与饱和电流密度分别提升至 $760A/cm^2$ 与 $4000A/cm^2$。然而，该器件的击穿电压会随着N型深阱浓度的提升而急剧降低，在保证电流密度最优的情况下击穿电压为270V。此外，该实验室的 Hara K. 等人提出了一种带三层N型缓冲层的多沟道 SOI-LIGBT 器件[7]。该器件采用6英寸（约合15.24cm）SOI圆片，顶层硅与BOX的厚度分别为25μm与3.5μm，通过在集电极区域采用三层N型缓冲层来降低表面电场，获得了650V以上的击穿电压。但是，该器件的线性区电流密度仅为 $166A/cm^2$，提升效果并不明显。

电子科技大学的 Fu 等人提出了一种带有P型柱的漂移区沟槽耐压 SOI-LIGBT 器件[57]。该器件采用硼离子注入在沟槽一侧形成P型柱，通过P型柱提供空穴快速流出发射极的路径，使器件在保证抗闩锁能力的基础上，线性电流密度提升了50%左右，击穿电压从160V提高到了173V。

本书课题组基于0.5μm薄膜SOI工艺成功研制了一种体效应调制 LIGBT 器件[59]。该器件采用第一金属层在发射极与P型体区之间串联电阻，通过体区电位的抬升来减小器件的等效阈值电压，达到增大器件电流密度的效果，使电流密度提升了65%。同时，该器件采用漂移区变化掺杂技术，获得了690V的高击穿电压。

1.2.3 短路鲁棒性

对 SOI-LIGBT 器件短路特性研究的发展主要包括两个方面：一是理论研究的逐步深入，二是新型器件的不断提出，二者交替发展。关于短路承受能力设计的核心技术主要包括以下几种。

第一种是深孔及深阱技术[60-62]。如图1.5所示，该技术通过在发射极设置深孔或深阱用于吸收空穴，空穴的快速流动会带走大量存储在漂移区中的热量，从而加快器件的散热，提高器件的短路承受能力。然而，无论是深孔还是深阱，工艺难度都比较大。

第二种是部分 SOI（Partial SOI，PSOI）技术[63-65]。其特征在于BOX没有把顶层硅和衬底完全隔离开来，一般会留出一定距离的窗口（见图1.6中的“P型埋层”），热量可以通过该窗口流向衬底，增加了器件的散热能力。同时，器件耐压时，电势线可以通过该窗口延伸到衬底中，有利于增加器件的击穿电压。该技术一般用于薄膜SOI器件中，制造难度极大。

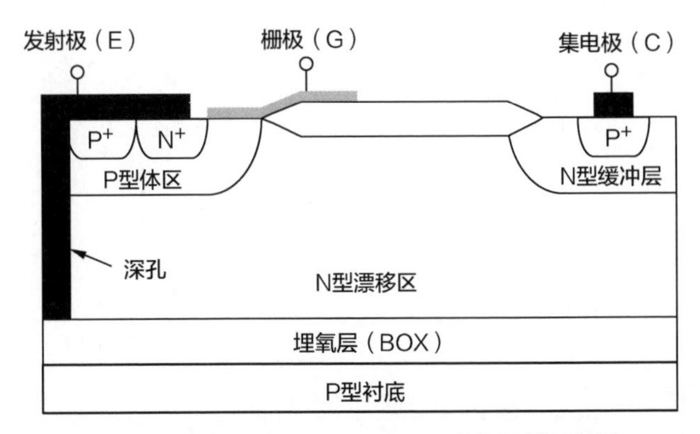

图 1.5 带有深孔的 SOI-LIGBT 器件的截面结构

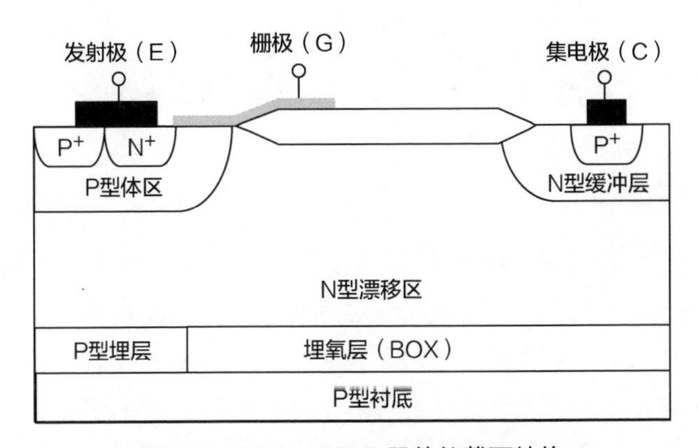

图 1.6 PSOI-LIGBT 器件的截面结构

第三种是注入增强效应技术[6-7]。注入增强效应是指在 IGBT 器件的发射极侧增加一层掺杂浓度较高的 N 型层。对于空穴载流子来说，N 型层起到了空穴阻挡层的作用，使空穴聚集在 N 型层的附近，从而增强发射极侧的电导调制效应。在短路状态时，由于发射极侧的电导调制效应得到了增强，热量会聚集在发射极侧，因为距离发射极较近，热量比较容易从器件散出去。为了实现较为明显的注入增强效应，一般要求 N 型阻挡层的掺杂浓度较高，这会导致器件的击穿电压降低。

第四种是双栅技术[66-67]。图 1.7 所示为一种双栅 SOI-LIGBT 器件的截面结构，第一个栅极（G_1）用于控制器件的开启和关断，漂移区通过 DOT 耐压，第二个栅极（G_2）位于 DOT 内部且靠近发射极侧。当器件处于短路状态时，对 G_2 施加负电压，会在 DOT 表面形成一层空穴反型层，帮助空穴快速排出，减少了器件的热量积累。然而，该种器件需要额外的控制电路对 G_2 进行控制。

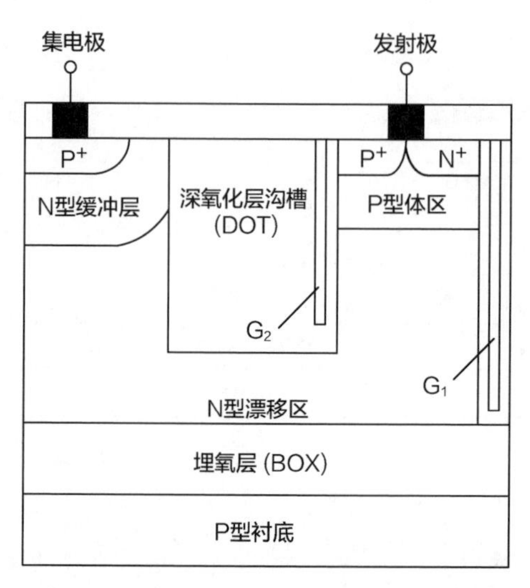

图 1.7　双栅 SOI-LIGBT 器件的截面结构

1.2.4　关断鲁棒性

在关断失效方面，国内外研究人员做了大量工作来探究失效机理 [68-72]。

早在 20 世纪 90 年代，Yamashita 等人就研究了 IGBT 模块内的闩锁效应，发现模块内各 IGBT 芯片的栅极电阻阻值不一致对安全工作区有很大的影响 [68]。关断时，由于各 IGBT 芯片的栅极电阻阻值不相等，有些 IGBT 会先关断，外部负载电流会集中到还未完全关断的 IGBT 芯片中，导致该 IGBT 芯片发生闩锁，缩小了模块整体的安全工作区。Trivedi 等人研究了单个 IGBT 器件在大电流条件下的关断特性 [69]，当器件持续工作在大电流条件下一段时间后，芯片温度上升，流过反偏 PN 结的电流导致该 PN 结附近的碰撞电离率变大，引起动态雪崩。Abbate 等人测试并研究了多个 IGBT 器件并联的关断特性 [70]，栅极电阻阻值不一致会导致电流在各个器件间的分布不均匀，电流最终将集中到单个器件而发生闩锁。Perpiñà 等人研究了 IGBT 模块内部各 IGBT 芯片封装引线长度不一致所导致的关断闩锁效应 [71]；模块工作在大电流情况下时，引线长度不一致会导致电流和温度在各 IGBT 芯片之间的分布不均匀，引起局部过流和过热而毁坏器件。Perpiñà 等人又对分立 IGBT 器件的关断特性做了测试和研究 [72]，发现器件内部栅极走线不合理会导致不同位置的元胞栅极电阻阻值不一致，也会导致关断时发生动态闩锁。

综上所述，器件关断时存在不同的失效现象，但它们的本质都是电流集中造成的动态闩锁或者动态雪崩，只不过研究的载体（模块或分立器件）不同，电流集中的具体原因也不同。然而，前文所述的相关研究仅对大电流关断失效的机理做出了解释，而没有提出具体的解决关断失效问题的技术方案，而且这些研究大多基于纵向器件，对 SOI-LIGBT 器件的关断失效机理和解决方案的研究还很少。

1.2.5 快速关断技术

厚膜 SOI-LIGBT 器件在正常导通时，漂移区内会发生电导调制，存储大量的空穴和电子。关断时，当沟道截止后，漂移区中还存储有大量载流子，这些载流子需要通过抽取及复合逐渐消失，存储载流子的数量成为影响关断时间的主要因素。其中，调整空穴的注入效率和增加载流子抽取路径是实现快速关断最主要的两个方向[73]。

载流子寿命控制技术主要用于控制非平衡少数载流子的浓度[74-75]。该技术对器件进行电子辐照或重金属掺杂，引入额外的缺陷和复合中心来使存储的大量空穴通过复合而减少，实现快速关断。然而，相关工艺成本较高，且电子辐照等技术会对器件长期使用的稳定性造成影响。

阳极短路 LIGBT 是在集电极引入 N^+ 阳极，将原本的 P^+ 集电区阳极和 N^+ 阳极通过金属进行短接，为关断时的电子排空提供额外的通道，提高器件的关断速度[76-78]。但是，采用这种结构的器件在开启后会先经历 MOSFET（单极）的导通过程，再经历 IGBT（双极）的导通过程。由于 MOSFET 的电流密度远小于 IGBT 的电流密度，在器件由单极导通转为双极导通的瞬间，电流会突然变大，导通压降会突然变小，这种现象称为“回跳”现象，是阳极短路结构所特有的现象。“回跳”现象会导致器件工作状态的不稳定，此外，在小电流情况下，器件工作在单极状态下会呈现较大的导通压降，这也是器件应用所不希望看到的。分段（分离）阳极结构是在阳极短路结构的基础上提出的[79-80]，目的是抑制阳极短路结构的“回跳”现象，主要是通过采用分段或分离设置 N^+ 阳极和 P^+ 阳极等方式来增大二者之间的电阻。当电子途经 P^+ 阳极下方流向 N^+ 阳极时，如果二者之间的电阻较大，在 P^+ 阳极和 N^+ 阳极之间产生的电位差也会较大，那么 P^+ 阳极和 N 型漂移区（或 N 型缓冲层）所组成的二极管也比较容易开启，器件很容易从单极导通转为双极导通状态。这种方式若想要获得较低的回跳电压或者完全抑制“回跳”现象，则需要通过增加 N^+ 阳极和 P^+ 阳极之间的距离来增大二者之间的电阻，这会导致器件的面积增大。为了克服上述缺点，Qin 等人提出了一种 NPN 控制的阳极结构[81]，这种结构在分段阳极 LIGBT 器件的集电极 N^+ 侧下方增加了 P 型阱，器件的导通以双极模式为主，关断时高的集电极电压使 P 型阱表面反型，形成电子抽取的通道。该结构在消除“回跳”现象的同时，又能实现快速关断。

多栅结构是在阳极短路器件的基础上提出的，是在集电极侧增加一个阳极栅[82-85]：器件正常导通时，只有阴极栅开启，阳极栅关断；器件关断时，在阴极栅关断的同时，阳极栅开启，为漂移区电子载流子的排空提供额外的通道。在完全抑制“回跳”现象的同时，加快了器件的关断速度，但多栅结构需要额外的外部控制电路进行控制。

1.3 本书内容

单片智能功率芯片内部集成有高压功率器件、高压驱动电路，以及故障检测、信号产生、智能控制等低压逻辑电路。由于其功能与结构的高度集成化，因此应用系统分立元件数减少，系统成本降低，应用可靠性得到大幅提升。单片智能功率芯片在智能家居、新能源交通工具及智能机器人等高端领域得到广泛应用，成为以上系统的核心元件之一。厚膜 SOI 工艺具有寄生参数小、隔离性能好以及便于实现高低压集成等优点，目前单片智能功率芯片均采用 SOI 工艺进行制造。高压厚膜 SOI-LIGBT 器件是单片智能功率芯片中的核心器件。高压、大电流的工作环境要求器件必须有足够的鲁棒性，同时，为了降低芯片功耗，可在高频条件下快速关断、产生低关断损耗的 SOI-LIGBT 器件也必不可少。本书的各章主要内容和创新如下。

第 1 章介绍了高压厚膜 SOI-LIGBT 器件对于单片智能功率芯片的重要性，阐述了高压厚膜 SOI-LIGBT 器件用于单片智能功率芯片中所面临的技术难题，并对目前高压厚膜 SOI-LIGBT 器件的发展和研究情况进行了综述。同时，给出了本书所介绍内容背后的主要工作与意义。

第 2 章介绍了高压厚膜 SOI-LIGBT 器件的基本原理，包括耐压原理、导通原理、关断原理及短路失效的基本知识。

第 3 章分析了 HVI 导致击穿电压下降的机理，介绍了一种等深双沟槽 HVI 屏蔽技术；并在深入理解等深双沟槽结构的基础上，又介绍了非等深双沟槽结构，该结构进一步突破了等深双沟槽结构的局限。

第 4 章首先分析了电流密度与抗闩锁能力的折中关系；然后引出了直角 U 型沟道技术，并对该技术进行了深入研究，包括尺寸参数对 U 型沟道载流子注入分布的影响以及电流密度与闩锁电压的折中关系等；并在此基础上介绍了非直角 U 型沟道技术。

第 5 章深入研究了器件并联使用时，各条跑道在关断时的载流子分布以及电势分布，指出了导致非一致性行为的根本原因，并提出了改进措施。在短路特性方面，本章对 U 型沟道短路状态下的载流子分布、温度分布等物理特性进行了分析，重点介绍了一种双沟槽栅 U 型沟道 SOI-LIGBT 器件。此外，本章还阐述了开启电流过冲与 d*i*/d*t* 控制技术、击穿电压漂移等方面的内容。

第 6 章详细介绍了漂移区 DOT 耐压的快速关断技术，深入分析了双沟槽耐压以及器件快速关断的实现机理，解决了传统器件漂移区缩短时击穿电压难以维持的难题。

第 7 章探讨了高压厚膜 SOI-LIGBT 器件的工艺流程与版图设计细节。

参考文献

[1] SAKURAI N, MORI M, YATSUO T. High speed, high current capacity LIGBT and diode for output stage of high voltage monolithic three-phase inverter IC[C]. IEEE 2nd International Symposium on Power Semiconductor Devices and ICs, 1990:66-71.

[2] NAKAGAWA A, YAMAGUCHI Y, OGURA T, et al. 500V three phase inverter ICs based on a new dielectric isolation technique[C]. IEEE 4th International Symposium on Power Semiconductor Devices and ICs, 1992:328-332.

[3] ENDO K, BABA Y, UDO Y, et al. A 500V 1A 1-chip inverter IC with a new electric field reduction structure[C]. IEEE 6th International Symposium on Power Semiconductor Devices and ICs, 1994:379-383.

[4] FUNAKI H, MATSUDAI T, NAKAGAWA A, et al. Multi-channel SOI lateral IGBTs with large SOA[C]. IEEE 9th International Symposium on Power Semiconductor Devices and ICs, 1997:33-36.

[5] NAKAGAWA A, FUNAKI H, YAMAGUCHI Y, et al. Improvement in lateral IGBT design for 500V 3A one chip inverter ICs[C]. IEEE 11th International Symposium on Power Semiconductor Devices and ICs, 1999:321-324.

[6] SHIGEKI T, AKIO N, YOUICHI A, et al. Carrier-storage effect and extraction-enhanced lateral IGBT (E^2LIGBT): A super-high speed and low on-state voltage LIGBT superior to LDMOSFET[C]. IEEE 24th International Symposium on Power Semiconductor Devices and ICs, 2012:393-396.

[7] HARA K, WADA S, SAKANO J, et al. 600V single chip inverter IC with new SOI technology[C]. IEEE 26th International Symposium on Power Semiconductor Devices and ICs, 2014:418-421.

[8] ZHANG L, ZHU J, SUN W, et al. A high current density SOI-LIGBT with segmented trenches in the anode region for suppressing negative differential resistance regime[C]. IEEE

27th International Symposium on Power Semiconductor Devices and ICs, 2015:49-52.

[9] ZHU J, SUN W, ZHANG L, et al. High voltage thick SOI-LIGBT with high current density and latch-up immunity[C]. IEEE 27th International Symposium on Power Semiconductor Devices and ICs, 2015:169-172.

[10] SUN W, ZHU J, ZHANG L, et al. A novel silicon-on-insulator lateral insulated-gate bipolar transistor with dual trenches for three-phase single chip inverter ICs[J]. IEEE Electron Device Letters, 2015, 36(7):693-695.

[11] ZHU J, ZHANG L, SUN W, et al. Electrical characteristic study of an SOI-LIGBT with segmented trenches in the Anode region[J]. IEEE Transactions on Electron Devices, 2016, 63(5):2003-2008.

[12] ZHU J, ZHANG L, SUN W, et al. Further study of the u-shaped channel SOI-LIGBT with enhanced current density for high-voltage monolithic ICs[J]. IEEE Transactions on Electron Devices, 2016, 63(3):1161-1167.

[13] ZHANG L, ZHU J, SUN W, et al. A u-shaped channel SOI-LIGBT with dual trenches[J]. IEEE Transactions on Electron Devices, 2017, 64(6):2587-2591.

[14] QIAO M, ZHANG X, WEN S, et al. A review of HVI technology[J]. Microelectronics Reliability, 2014, 54(12):2704-2716.

[15] SAKURAI N, NEMOTO M, ARAKAWA H, et al. A three-phase inverter IC for AC 220V with a drastically small chip size and highly intelligent functions[C]. IEEE 5th International Symposium on Power Semiconductor Devices and ICs, 1993:310-315.

[16] CHANG L. Bonding pad with circular exposed area and method thereof: US5366589[P]. 1994-11-22.

[17] FLACK E, GERLACH W, KOREC J. Influence of interconnections onto the breakdown voltage of planar high-voltage p-n junctions[J]. IEEE Transactions on Electron Devices, 1993, 40(2):439-447.

[18] QIAO M, ZHOU X, HE Y, et al. 300V high-side thin-layer-SOI field pLDMOS with multiple field plates based on field implant technology[J]. IEEE Electron Device Letters, 2012, 33(10):1438-1440.

[19] QIAO M, HU X, WEN H, et al. A novel substrate-assisted RESURF technology for small curvature radius junction[C]. IEEE 23rd International Symposium on Power Semiconductor Devices and ICs, 2011:16-19.

[20] AJIT J, KINZER D, RANJAN N. 1200V high-side lateral MOSFET in junction-isolated power IC technology using two field-reduction layers[C]. IEEE 5th International Symposium

on Power Semiconductor Devices and ICs, 1993:230-235.

[21] DESOUZA M, NARAYANAN E. Double resurf technology for HVICs[J]. Electronics Letters, 1996, 32(12):1092-1093.

[22] QIAO M, LI Z, ZHANG B, et al. Realization of over 650V double resurf LDMOS with HVI for high side gate drive IC[C]. IEEE 8th International Conference on Solid-State and Integrated Circuit Technology Proceedings, 2006:248-250.

[23] 陈万军，张波，李肇基. 具有多等位环的高压屏蔽新结构 MER-LDMOS 耐压分析 [J]. 半导体学报，2006(7):1274-1279.

[24] 乔明，肖志强，方健，等. 基于薄外延技术的高压 BCD 兼容工艺（英文）[J]. 半导体学报，2007(11):1742-1747.

[25] QIAO M, WANG H, DUAN M, et al. Realization of an 850V high voltage half bridge gate drive IC with a new NFFP HVI structure[J]. Journal of Electronic Science and Technology of China, 2007, 5(4):328-331.

[26] 乔明，方健，肖志强，等. 1200V MR D-RESURF LDMOS 与 BCD 兼容工艺研究 [J]. 半导体学报，2006(8):1447-1452.

[27] QIAO M, ZHOU X, ZHENG X, et al. A Versatile 600V BCD process for high voltage applications[C]. IEEE 2007 International Conference on Communications, Circuits and Systems, 2007:1248-1251.

[28] KIM J, ROH T, KIM S, et al. High-voltage power integrated circuit technology using SOI for driving plasma display panels[J]. IEEE Transactions on Electron Devices, 2001, 48(6):1256-1263.

[29] QIAO M, JIANG L, WANG M, et al. High-voltage thick layer SOI technology for PDP scan driver IC[C]. IEEE 23rd International Symposium on Power Semiconductor Devices and ICs, 2011:180-183.

[30] LUO X, ZHANG B, LEI T, et al. Numerical and experimental investigation on a novel high-voltage (>600V) SOI LDMOS in a self-isolation HVIC[J]. IEEE Transactions on Electron Devices, 2010, 57(11):3033-3043.

[31] YAMAJI M, ABE K, MAIGUMA T, et al. A novel 600V LDMOS with HV-interconnection for HVIC on thick SOI[C]. IEEE 22nd International Symposium on Power Semiconductor Devices and ICs, 2010:101-104.

[32] MURRAY A, LANE W. 800V wiring for HVIC application using biased polysilicon field plates[C]. IEEE 24th European Solid State Device Research Conference, 1994:213-216.

[33] MURRAY A, LANE W, CAHILL C, et al. Parasitic breakdown control in HVIC process integration[C]. IEEE 21st European Solid State Device Research Conference, 1991:377-380.

[34] MURRAY A, LANE W. Optimization of interconnection-induced breakdown voltage in junction isolated ICs using biased polysilicon field plates[J]. IEEE Transactions on Electron Devices, 1997, 44(1):185-189.

[35] MURRAY A, LANE W. Investigation of a novel wiring scheme for 700-1000V HVIC's[C]. IEEE 23rd European Solid State Device Research Conference, 1993:891-894.

[36] FUJII K, TORIMARU Y, NAKAGAWA K, et al. 400V MOS IC for EL display[C]. IEEE 1981 International Solid-State Circuits Conference, 1981:46-47.

[37] FUJISHIMA N, TAKEDA H. A novel field plate structure under high voltage interconnections[C]. IEEE 2nd International Symposium on Power Semiconductor Devices and ICs, 1990:91-96.

[38] SIHOMBING R, SHEU G, YANG S, et al. An 800V high voltage interconnection level shifter using floating poly field plate (FPFP) method[C]. TENCON 2010 IEEE Region 10 Conference, 2010:71-74.

[39] MATSUSHITA T, AOKI T, OHTSU T, et al. Highly reliable high-voltage transistors by use of the SIPOS process[J]. IEEE Transactions on Electron Devices, 1976, 23(8):826-830.

[40] JAUME D, CHARITAT G, REYNES J, et al. High-voltage planar devices using field plate and semi-resistive layers[J]. IEEE Transactions on Electron Devices, 1991, 38(7):1681-1684.

[41] SAKAI T, SO K, SHEN Z, et al. Modeling and characterization of SIPOS passivated, high voltage, N- and P-channel lateral resurf type DMOSFETs[C]. IEEE 4th International Symposium on Power Semiconductor Devices and ICs, 1992:288-292.

[42] CHARITAT G, BOUANANE M, ROSSEL P. A new junction termination technique for power devices: resurf LDMOS with SIPOS layers[C]. IEEE 4th International Symposium on Power Semiconductor Devices and ICs, 1992:213-216.

[43] TERASHINA T, YOSHIZAWA M, FUKUNAGA M, et al. Structure of 600V IC and a new voltage sensing device[C]. IEEE 5th International Symposium on Power Semiconductor Devices and ICs, 1993:224-229.

[44] CHEN W, ZHANG B, LI Z, et al. A novel high voltage LDMOS for HVIC with the multiple step shaped equipotential rings[J]. Solid-State Electronics, 2007, 51(3):394-397.

[45] TERASHIMA T. Structure for preventing electric field concentration in a semiconductor device: US5270568A[P]. 1997-5-7.

[46] MARTIN R, BUHLER S, LAO G. 850V NMOS driver with active outputs[C]. IEEE 1984 International Electron Devices Meeting, 1984:266-269.

[47] SHIMIZU K, RITTAKU S, MORITANI J. A 600V HVIC process with a built-in EPROM

which enables new concept gate driving[C]. IEEE 16th International Symposium on Power Semiconductor Devices and ICs, 2004:379-382.

[48] TERASHIMA T, YAMASHITA J, YAMADA T. Over 1000V n-ch LDMOSFET and p-ch LIGBT with JI RESURF structure and multiple floating field plate[C]. IEEE 7th International Symposium on Power Semiconductor Devices and ICs, 1995:455-459.

[49] ZHANG L, ZHU J, SUN W, et al. A novel high-voltage interconnection structure with dual trenches for 500V SOI-LIGBT[C]. IEEE 28th International Symposium on Power Semiconductor Devices and ICs, 2016:439-442.

[50] ZHANG L, ZHU J, SUN W, et al. A new high-voltage interconnection shielding method for SOI monolithic ICs[J]. Solid-State Electronics, 2017, 133:25-30.

[51] LU D, JIMBO S, FUJISHIMA N. A low on-resistance high voltage SOI-LIGBT with oxide trench in drift region and hole bypass gate configuration[C]. IEEE 2005 International Electron Devices Meeting, 2005:381-384.

[52] VARADARAJAN K, CHOW T, WANG J, et al. 250V integrable silicon lateral trench power MOSFETs with superior specific on-resistance[C]. IEEE 19th International Symposium on Power Semiconductor Devices and ICs, 2007:233-236.

[53] LUO X, FAN J, WANG Y, et al. Ultralow specific on-resistance high-voltage SOI lateral MOSFET[J]. IEEE Electron Device Letters, 2011, 32(2):185-187.

[54] LUO X, LEI T, WANG Y, et al. Low on-resistance SOI dual-trench-gate MOSFET[J]. IEEE Transactions on Electron Devices, 2012, 59(2):504-509.

[55] XIA C, CHENG X, WANG Z, et al. Improvement of SOI trench LDMOS performance with double vertical metal field plate[J]. IEEE Transactions on Electron Devices, 2014, 61(10):3477-3482.

[56] LUO X, YAO G, Chen X, et al. Ultra-low on-resistance high voltage (>600V) SOI MOSFET with a reduced cell pitch[J]. Chinese Physics B, 2011, 20(2):559-564.

[57] FU Q, ZHANG B, LUO X, et al. Small-sized silicon-on-insulator lateral insulated gate bipolar transistor for larger forward bias safe operating area and lower turnoff energy[J]. Micro & Nano Letters, 2013, 8(7):386-389.

[58] SAKANO J, SHIRAKAWA S, HARA K, et al. Large current capability 270V lateral IGBT with multi-emitter[C]. IEEE 22nd International Symposium on Power Semiconductor Devices and ICs, 2010:83-86.

[59] ZHU J, SUN W, CHEN J, et al. A novel BEM-LIGBT with high current density on thin SOI layer for 600V HVIC[J]. Solid-State Electronics, 2014, 100:33-38.

[60] LIANG Y, XU S, REN C, et al. New SOI structure for LIGBT with improved thermal and latch-up characteristics[C]. IEEE 1999 International Conference on Power Electronics and Drive Systems, 1999:258-261.

[61] BAKEROOT B, DOUTRELOIGNE J, VANMEERBEEK P, et al. A new lateral-IGBT structure with a wider safe operating area[J]. IEEE Electron Device Letters, 2007, 28(5):416-418.

[62] ZHANG S, HAN Y, DING K, et al. A novel dual-channel SOI LIGBT with improved reliability[C]. 2012 IEEE International Conference on Electron Devices and Solid State Circuit, 2012:1-2.

[63] TAN C, HUANG G. Comparison of SOI and partial-SOI LDMOSFETs using electrical-thermal-stress coupled-field effect[J]. IEEE Transactions on Electron Devices, 2011, 58(10):3494-3500.

[64] HU Y, HUANG Q, WANG G, et al. A novel high voltage (>600V) LDMOSFET with buried *n*-layer in partial SOI technology[J]. IEEE Transactions on Electron Devices, 2012, 59(4):1131-1136.

[65] WANG Q, CHENG X, WANG Z, et al. A novel partial SOI EDMOS (>800V) with a buried *N*-type layer on the double step buried oxide[J]. Superlattices and Microstructures, 2015, 79:1-8.

[66] ZHANG L, ZHU J, SUN W, et al. 500V dual gate deep-oxide trench SOI-LIGBT with improved short-circuit immunity[J]. Electronics Letters, 2015, 51(1):78-80.

[67] ZHANG L, ZHU J, SUN W, et al. U-shaped channel SOI-LIGBT with dual trenches to improve the trade-off between saturation voltage and turn-off loss[C]. IEEE 29th International Symposium on Power Semiconductor Devices and ICs, 2017:291-294.

[68] YAMASHITA J, HARUGUCHI H, HAGINO H. A study on the IGBT's turn-off failure and inhomogeneous operation[C]. IEEE 6th International Symposium on Power Semiconductor Devices and ICs, 1994:45-50.

[69] TRIVEDI M, SHENAI K. Failure mechanisms of IGBT's under short-circuit and clamped inductive switching stress[J]. IEEE Transactions on Power Electronics, 1999, 14(1):108-116.

[70] ABBATE C, BUSATTO G, IANNUZZO F. The effects of the stray elements on the failure of parallel connected IGBTs during Turn-Off[C]. IEEE European Conference on Power Electronics and Applications, 2009:1-9.

[71] PERPINA X, SERVIERE J, URRESTI-IBANEZ J, et al. Analysis of clamped inductive turnoff failure in railway traction IGBT power modules under overload conditions[J]. IEEE Transactions on Industrial Electronics, 2011, 58(7):2706-2714.

[72] PERPINA X, CORTES I, URRESTI-IBANEZ J, et al. Layout role in failure physics of IGBTs

under overloading clamped inductive turnoff[J]. IEEE Transactions on Electron Devices, 2013, 60(2):598-605.

[73] FANG J, JIA Y, HUA P, et al. A high speed SOI-LIGBT with electronic barrier modulation structure[C]. IEEE 25th International Symposium on Power Semiconductor Devices and ICs, 2013:139-142.

[74] FANG J, LI Z, LI H, et al. High speed LIGBT with localized lifetime control by using high dose and low energy helium implantation[C]. IEEE 6th International Conference on Solid-State and Integrated Circuit Technology, 2001:166-169.

[75] FANG J, TANG X, LI Z, et al. Numerical and experimental study of localized lifetime control LIGBT by low energy He ions implantation[C]. IEEE International Conference on Communications, Circuits and Systems, 2004:1502-1506.

[76] GOUGH P, SIMPSON M, RUMENNIK V. Fast switching lateral insulated gate transistor[C]. IEEE 1986 International Electron Devices Meeting, 1986:218-221.

[77] CHUN J, BYEON D, OH J, et al. A fast-switching SOI SA-LIGBT without NDR region[C]. IEEE 12th International Symposium on Power Semiconductor Devices and ICs, 2000:149-152.

[78] SIMPSON M. Analysis of negative differential resistance in the I-V characteristics of shorted-anode LIGBTs[J]. IEEE Transactions on Electron Devices, 1991, 38(7):1633-1640.

[79] SIN J, MUKHERJEE S. Lateral insulated-gate bipolar transistor (LIGBT) with a segmented anode structure[J]. IEEE Electron Device Letters, 1991, 12(2):45-47.

[80] HARDIKAR S, TADIKONDA R, SWEET M, et al. A fast switching segmented anode NPN controlled LIGBT[J]. IEEE Electron Device Letters, 2003, 24(11):701-703.

[81] QIN Z, NARAYANAN E. npn controlled lateral insulated gate bipolar transistor[J]. Electronics Letters, 1995, 31(23):2045-2047.

[82] NAKAGAWA A, YAMAGUCHI Y, WATANABE K, et al. Two types of 500V double gate lateral N-ch bipolar-mode MOSFETs in dielectrically isolated p/sup and n/sup silicon islands[C]. IEEE 1988 Technical Digest, International Electron Devices Meeting, 1988:817-820.

[83] LEE Y, LEE B, LEE W, et al. Analysis of dual-gate LIGBT with gradual hole injection[J]. IEEE Transactions on Electron Devices, 2001, 48(9):2154-2160.

[84] UDREA F, UDUGAMPOLA U, SHENG K, et al. Experimental demonstration of an ultra-fast double gate inversion layer emitter transistor (DG-ILET)[J]. IEEE Electron Device Letters, 2002, 23(12):725-727.

[85] UDUGAMPOLA N, MCMAHON R, UDREA F, et al. Analysis and design of the dual-gate inversion layer emitter transistor[J]. IEEE Transactions on Electron Devices, 2005, 52(1):99-105.

第 2 章　高压厚膜 SOI-LIGBT 器件的基本原理

本章主要介绍高压厚膜 SOI-LIGBT 器件的基本原理。首先从横向耐压、纵向耐压、耗尽层分布、电场分布等多角度分析了器件的耐压原理，然后简述了器件的导通过程和多沟道结构的原理，接着对器件的关断波形和关断的物理过程进行了分析，最后介绍了短路过程和失效机理分类，并简述了 SOI-LIGBT 器件在耗尽行为、载流子分布、热分布方面与纵向分立 IGBT 相比的特殊性。

2.1　耐压原理

SOI-LIGBT 器件的耐压原理和体硅横向器件的耐压原理类似，击穿电压由横向击穿电压和纵向击穿电压中的最小值决定：横向击穿电压为发射极和集电极沿着横向方向的击穿电压，纵向击穿电压则为集电极和衬底之间的击穿电压。当器件的纵向击穿电压大于横向击穿电压时，可以通过增加漂移区的长度来增加横向耗尽层的宽度，进而增加器件的耐压；当器件的横向击穿电压大于纵向击穿电压时，即便增大漂移区的宽度也不会增大器件的击穿电压，此时器件的击穿电压受纵向击穿电压的限制，SOI-LIGBT 器件在纵向上是通过 N 型漂移区和 BOX 耐压，BOX 阻挡了耗尽区向衬底扩散，所以衬底的掺杂类型和掺杂浓度对器件的耐压影响很小。

SOI-LIGBT 器件的纵向电压由顶层硅（漂移区）和 BOX 共同承担，纵向击穿电压的大小取决于顶层硅的掺杂浓度、顶层硅的厚度以及 BOX 的厚度。由于二氧化硅层的临界电场远大于硅材料，所以纵向击穿点主要发生在顶层硅和 BOX 的交界处。增加顶层硅的厚度和 BOX 的厚度，在一定程度上可以增加纵向击穿电压。

图 2.1 所示为 SOI-LIGBT 器件的耐压过程及击穿点，图中标示出了可能的击穿点 A 点、B 点和 C 点，其中 A 点位于发射极侧场氧化层末端的鸟嘴处，B 点位于集电极侧场氧化层末端的鸟嘴处，C 点位于集电极区域下方的 BOX

上表面处。

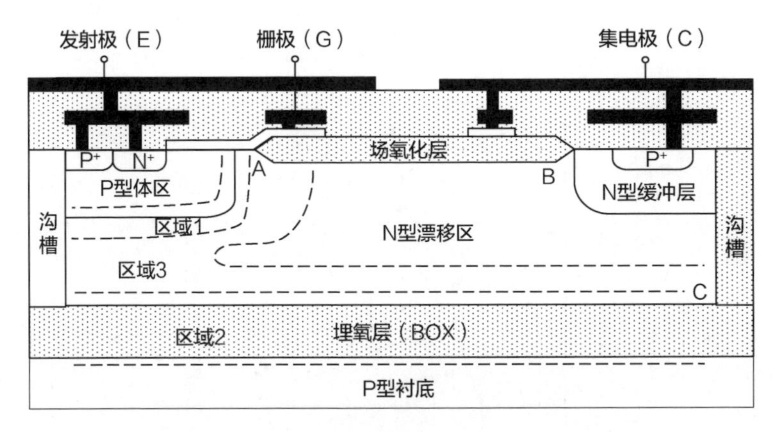

图 2.1　SOI-LIGBT 器件的耐压过程及击穿点

栅极与发射极接零电位，集电极接高电位，随着集电极电位逐渐升高，器件的耐压过程如下。

阶段 1：P 型体区与 N 型漂移区之间开始耗尽（区域 1），因为 P 型体区的掺杂浓度高于 N 型漂移区，所以耗尽层主要向 N 型漂移区扩展。

阶段 2：N 型漂移区与 P 型衬底之间开始耗尽纵向耐压（区域 2），由于 BOX 可以承受大部分纵向耐压，因此其下方的 P 型衬底对纵向耐压的贡献很小。

阶段 3：随着区域 1 和区域 2 的耗尽层展宽，P 型体区下方的 N 型漂移区被完全耗尽，两个区域的耗尽层被连接起来（形成区域 3），此时的横向电场分布如图 2.2（a）所示。

阶段 4：耗尽层进一步扩展，直至将整个 N 型漂移区完全耗尽，因为 N 型缓冲层的掺杂浓度较高，电场在 N 型缓冲层的边界附近截止，此时的横向电场分布如图 2.2（b）所示。

阶段 5：继续增大集电极电压，N 型漂移区中的电场将进一步被抬升，分布如图 2.2（c）所示。若发射极侧的峰值电场较大（$E_m>E_{m1}$），则击穿通常发生在 A 点；若集电极侧的峰值电场较大（$E_m<E_{m1}$），则击穿通常发生在 B 点；若纵向所能承受的最大电压小于横向，则击穿通常发生在 C 点。

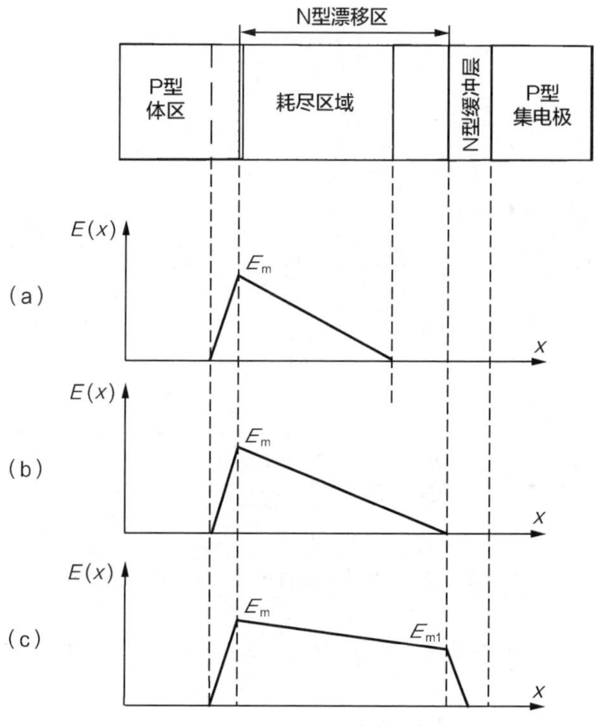

图 2.2　SOI-LIGBT 器件的横向电场变化过程

2.2　导通原理

电流密度是高压厚膜 SOI-LIGBT 器件设计的关键。电流密度包括饱和电流密度和线性电流密度：饱和电流密度衡量器件的最大电流输出能力，决定了器件的应用范围；线性电流密度则决定了开关器件的导通损耗，是衡量器件的重要指标。

图 2.3 为 SOI-LIGBT 器件结构与等效原理图，它由寄生 MOS 管和寄生 PNP 三极管连接而成，通过寄生 MOS 管的电流来控制寄生 PNP 三极管的导通。I_n 为寄生 PNP 三极管的基区电子电流，I_p 为寄生 PNP 三极管的发射极空穴电流（即 SOI-LIGBT 器件的集电极空穴电流），I_E 为 SOI-LIGBT 器件的发射极电流。当集电极—发射极正向偏置，栅极电压大于阈值电压时，SOI-LIGBT 器件正向导通，此时内部的寄生 MOS 管开启，栅极下方的 P 型体区形成反型沟道，电子从 N^+ 发射极流向 N 型漂移区，这部分电子充当 PNP 三极管的基区电流 I_n，P^+ 集电极和 N 型缓冲层所组成的二极管导通时，PNP 三极管开启，空穴由

P^+ 集电极注入 N 型漂移区中，形成电导调制。

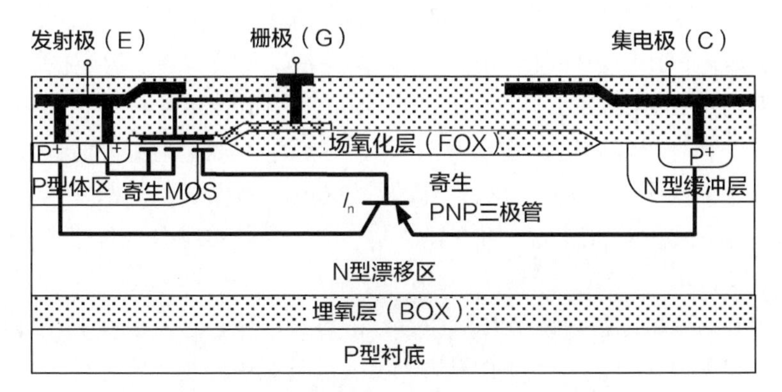

图 2.3　SOI-LIGBT 器件结构与等效原理图

I_E 由 I_n 和 I_p 组成，即

$$I_E = I_p + I_n \tag{2.1}$$

寄生 PNP 三极管的基区电子电流即为寄生 MOS 管的沟道电子电流，设寄生 PNP 三极管的共基极电流增益为α_{PNP}，可以得到

$$I_p = \frac{\alpha_{PNP}}{1-\alpha_{PNP}} I_n \tag{2.2}$$

根据式（2.1）和式（2.2），可以推导出

$$I_E = \frac{I_n}{1-\alpha_{PNP}} \tag{2.3}$$

寄生 MOS 管沟道流入漂移区中的电子电流 I_n 为

$$I_n = \frac{\mu_n C_{ox} Z}{2L_{ch}} \left(V_{GE} - V_{TH}\right)^2 \tag{2.4}$$

式中，Z 为沟道宽度，C_{ox} 为栅氧化层电容，L_{ch} 为沟道长度，μ_n 为电子迁移率，V_{GE} 为栅极—发射极电压，V_{TH} 为阈值电压，结合式（2.3）给出：

$$I_E = I_C = \frac{\mu_n C_{ox} Z}{2L_{ch}\left(1-\alpha_{PNP}\right)} \left(V_{GE} - V_{TH}\right)^2 \tag{2.5}$$

器件的电流密度为

$$J_{CE} = \frac{\mu_n C_{ox} Z}{2L_{ch}\left(1-\alpha_{PNP}\right)} \left(V_{GE} - V_{TH}\right)^2 / S \tag{2.6}$$

式中，S 是指器件的有源区面积，由式（2.6）可以看出，在保持器件面积不变时，增大器件的有效沟道宽度可以提升电流密度。

用于提升 SOI-LIGBT 器件电流密度 J_{CE} 的最常见技术为多沟道技术。图 2.4 所示为多沟道 SOI-LIGBT 器件的剖面结构。多沟道技术的特征在于在发射极侧设置多个平行于漂移区的沟道 [1-5]，器件导通时，多个沟道同时向漂移区中注入电子，提高了作为寄生 PNP 三极管基极电流的电子电流密度，进而增强了集电极的空穴注入和漂移区的电导调制效应，最终实现提高器件 J_{CE} 的目的。在多沟道结构中，从距离漂移区较远的沟道流出的电子需要经过一个或多个 P 型体区下方的区域才能进入漂移区中；受相邻 P 型体区之间以及 P 型体区下方寄生电阻的影响，随着沟道数的增加，流入漂移区中的电子电流并没有按相应比例增加，电流密度的提升效果将随着沟道数的增加变得越来越弱。

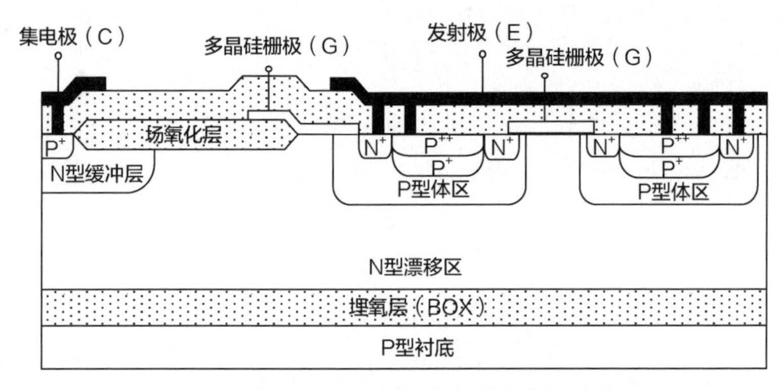

图 2.4　多沟道 SOI-LIGBT 器件的剖面结构

2.3　关断原理

2.3.1　开关波形

在单片智能功率芯片中，开关器件一般工作在感性负载条件下，本节以感性负载开关为例，分析高压厚膜 SOI-LIGBT 器件的开关过程。

0 ～ t_1 阶段：如图 2.5 所示，栅极电压 V_{GE} 从 0 上升到阈值电压 V_{TH}，此过程通过栅极驱动器电流 I_G 对栅极电容进行充电，集电极—发射极电压 V_{CE} 和集电极—发射极电流 I_{CE} 保持不变，栅极电容由栅极—集电极电容 C_{GC} 和栅极—发射极电容 C_{GE} 两部分组成。

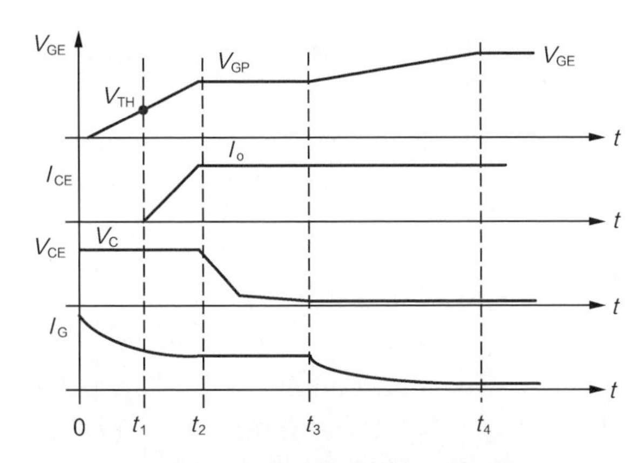

图 2.5　SOI-LIGBT 器件的开启过程

$t_1 \sim t_2$ 阶段：器件开启，I_{CE} 增大到负载电感的电流 I_o，在 I_{CE} 变大的过程中，负载电感仍通过 FWD 进行续流，V_{CE} 被钳位在母线电压 V_C 并保持不变。

$t_2 \sim t_3$ 阶段：t_2 时刻，栅极信号开始为密勒电容充电，I_{CE} 达到 I_o 之后，负载电感不再通过 FWD 进行续流，负载电流全部流过器件，V_{CE} 不再被钳位在 V_C 而开始下降。

$t_3 \sim t_4$ 阶段：t_3 时刻，V_{CE} 下降到 SOI-LIGBT 器件流过电流为 I_o 时的导通压降，由于栅极电压还未达到栅极信号电压，器件饱和输出大小为 I_o 的电流，V_{GE} 继续增大，并对 C_{GE} 和 C_{GC} 继续充电，直到 V_{GE} 增大到栅极信号电压为止。

值得指出的是，上述分析过程忽略了 FWD 的反向恢复过程。如果考虑 FWD 的反向恢复过程，器件在开启时的峰值电流为 I_o 加上二极管的反向峰值电流，下面继续分析器件的关断过程，如图 2.6 所示。

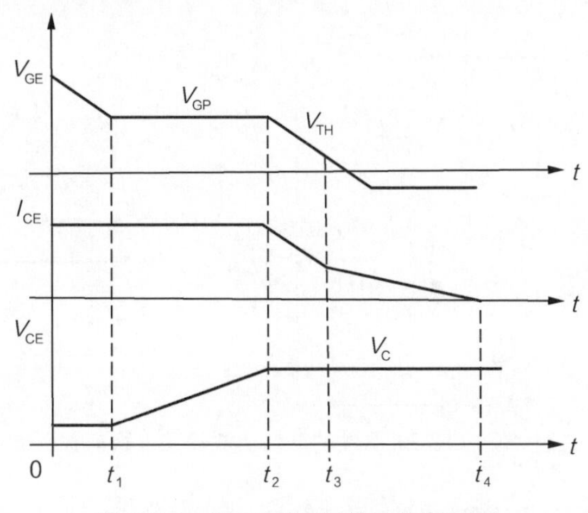

图 2.6　SOI-LIGBT 器件的关断过程

$0 \sim t_1$ 阶段：栅极电压 V_{GE} 下降到栅极平台电压 V_{GP}，C_{GE} 与 C_{GC} 通过栅极驱动器电流 I_G 进行放电。

$t_1 \sim t_2$ 阶段：C_{GC} 继续通过栅极驱动器电流 I_G 进行放电，由于栅极电压降低到了 V_{GP}，为了维持电流 I_o，SOI-LIGBT 器件需要工作在饱和输出状态，V_{CE} 快速上升到母线电压 V_C，此过程中，器件内部的耗尽层开始扩展耐压（详见 2.3.2 小节），C_{CE} 通过耗尽层扩展的位移电流充电。

$t_2 \sim t_3$ 阶段：t_2 时刻，V_{CE} 快速上升到母线电压之后，FWD 开始导通，负载电感通过 FWD 进行续流，I_{CE} 逐渐下降，当 V_{GE} 下降到 V_{TH} 时，SOI-LIGBT 器件的发射极不再通过沟道注入电子到漂移区中，沟道截止。

$t_3 \sim t_4$ 阶段：C_{GE} 与 C_{GC} 继续通过栅极驱动器电流 I_G 放电，沟道已经截止，剩余的电流为拖尾电流，漂移区中剩余的载流子通过复合而消失，拖尾电流是 IGBT 器件区别于 MOSFET 器件的明显特征之一。

2.3.2 关断的物理过程

由于大量存储在漂移区中的载流子需要在关断过程中被清除出漂移区，SOI-LIGBT 器件往往呈现出较慢的关断速度和较大的关断损耗。与开启过程相比，关断过程往往是设计者更为关注的过程，下面介绍 SOI-LIGBT 器件的关断过程。图 2.7 所示为器件的感性负载开关电路与关断波形。当器件的栅极电压低于阈值电压时，沟道关闭，电感负载上的电流 I_L 继续流过 SOI-LIGBT 器件；当集电极—发射极电压 V_{CE} 达到 DC 总线电压（V_{DC}）后，FWD 导通，此时的 I_L 开始流向 FWD，同时 SOI-LIGBT 器件的电流 I_{CE} 开始下降，当 I_{CE} 下降到零时，关断过程结束。

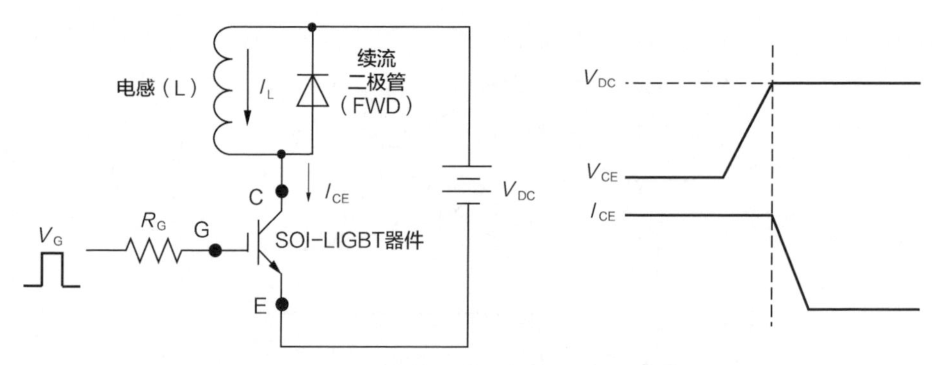

图 2.7　SOI-LIGBT 器件的感性负载开关电路与关断波形

通过仿真对 SOI-LIGBT 器件的关断过程进行分析，仿真条件为：栅极电压从 15V 减小到 0V，V_{DC} 为 300V，电感 L 为 3mH，栅极电阻 R_G 为 200Ω，关断时器件的初始电流密度 J_{CE} 为 100A/cm²。V_{CE} 上升阶段的耗尽层和电子电流密度分布如图 2.8 所示。如图 2.8（a）所示，关断开始前，SOI-LIGBT 器件处于导通状态，此时 N 型漂移区内的电流密度较高。当栅极电压降低到阈值电压以下时，电子电流不再从发射极流入漂移区中，集电极电压开始上升，漂移区被逐渐耗尽来承受电压。

如图 2.8（b）～（g）所示，耗尽层一方面向集电极方向横向展宽，一方面向 BOX 方向纵向展宽，耗尽层之间有一条供载流子抽取的通道。如图 2.8（h）所示，当电压上升到 300V 时，漂移区大部分被耗尽，载流子的撤离通道逐渐关闭；此时，集电极侧的 N 型缓冲层下方仍有很大面积的未耗尽区域，该区域内存储着剩余的载流子，随着 I_{CE} 的下降，它们大部分通过复合消失。

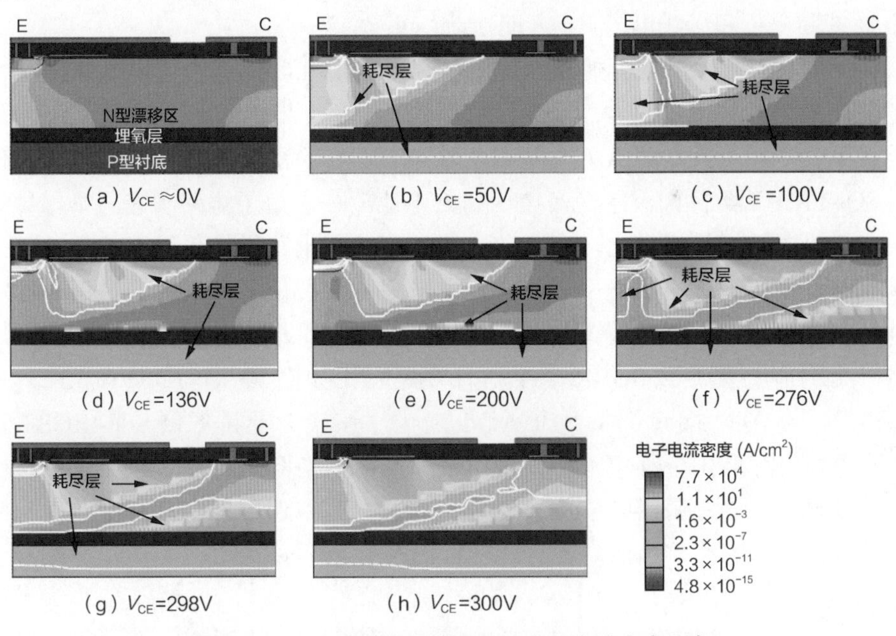

图 2.8　V_{CE} 上升阶段的耗尽层和电子电流密度分布

2.4　短路过程与失效机理

单片智能功率芯片的应用要求高压 SOI-LIGBT 器件具有较低的开关损耗、较低的导通压降和较快的开关速度，在满足上述要求的同时，还需要具有很好的鲁棒性。短路能力是 SOI-LIGBT 器件最重要的鲁棒能力。在短路状态时，IGBT 器件需要同时承受高电压和高电流，产生的高功率会引起器件的局部温度上升[6]。

在单片智能功率芯片中，SOI-LIGBT 器件以桥式电路的形式进行连接，下面以半桥电路结构为例来说明器件的短路过程。在半桥电路结构中，高侧 SOI-LIGBT 器件（M_1）和低侧 SOI-LIGBT 器件（M_2）以图 2.9 中的形式连接，该电路常用于电机控制、DC-AC 逆变以及电子镇流器等场合。高侧及低侧 SOI-LIGBT 器件的栅极由栅极驱动电路控制。高侧和低侧的栅极信号相位相反，高侧和低侧 SOI-LIGBT 器件交替导通，输出信号 V_S 在零电位和母线电压 V_{DC} 之间摆动。

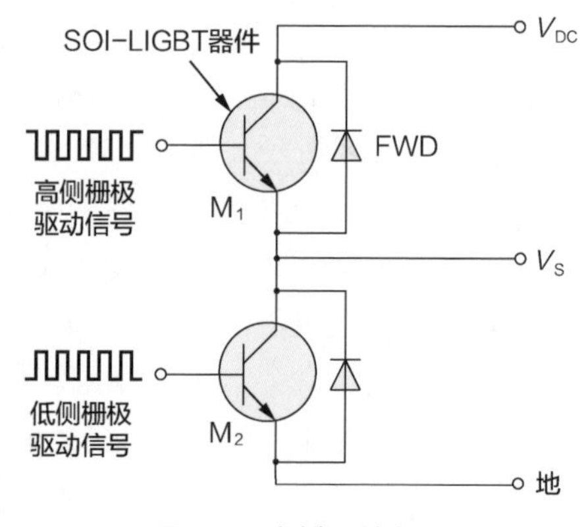

图 2.9　半桥连接关系

存在以下几种情况会使高侧或低侧 SOI-LIGBT 器件发生短路。第一种情况是外围元件烧坏导致 V_{DC} 和 V_S 之间短路。假如此时低侧 SOI-LIGBT 器件恰好处于开启状态，那么 V_{DC} 电压将施加于下管的集电极和发射极两端，低侧 SOI-LIGBT 器件同时承受高电压和大电流应力，处于短路状态。第二种情况是驱动电路信号误输出。当驱动电路受到外围电路噪声信号干扰时，如果驱动电路本身的抗干扰能力不强，会出现高侧栅极信号和低侧栅极信号同时为高电平的情况，此时高侧和低侧 SOI-LIGBT 器件同时导通，发生短路。还存在其他情况会导致 SOI-LIGBT 器件短路，比如高侧 SOI-LIGBT 器件开启的瞬间，会在 V_S 端口产生一个 dV_S/dt 应力，该应力通过低侧 SOI-LIGBT 器件的密勒电容产生位移电流，并对栅极—发射极电容进行充电，如果位移电流足够大，会导致栅极电位抬升到阈值电压以上，低侧 SOI-LIGBT 器件也同时导通，发生短路。当然，还有其他情况会导致短路情况发生，本书不一一列举。

综上所述，在器件的具体运用中，会由于电路本身固有的寄生条件、保护电路性能的不稳定性以及电源的不稳定性等因素导致器件处于短路状态。

图 2.10 所示为典型的短路过程中的电流波形。可以将该过程分为 4 个阶段：第一阶段为短路起始阶段，器件开启，电流快速上升到峰值；第二阶段为短路维持阶段，该阶段中，器件持续承受大电流应力；第三阶段为关断阶段，器件开始关断，电流下降；第四阶段为拖尾及漏电阶段，该阶段中，器件的栅极电压已经低于阈值电压，但是由于器件内部还处于高温状态，存在电流拖尾和漏电现象。上述 4 个阶段都有可能发生短路失效情况，但失效的类型在各个阶段

均不相同。

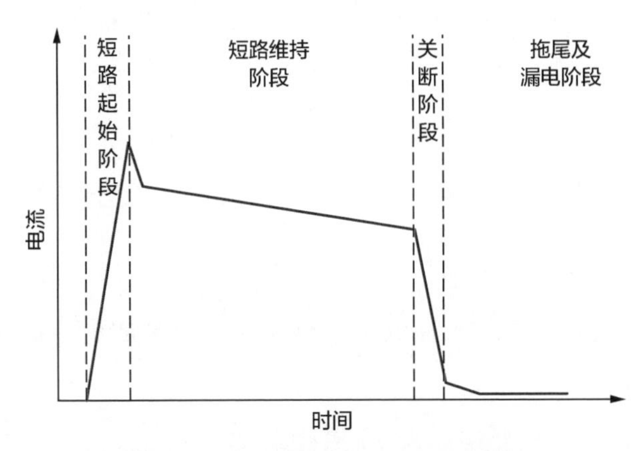

图 2.10　典型的短路过程中的电流波形

第一阶段常见的失效类型为动态闩锁，器件的电流快速上升到峰值电流，极易触发器件内部寄生的 NPN 三极管。图 2.11 所示为 SOI-LIGBT 器件的截面结构。其中，R_1 为 N^+ 发射极下方 P 型体区的横向寄生电阻，I_{1h} 为流过 N^+ 发射极下方 P 型体区的空穴电流，I_{2h} 为不经过 N^+ 发射极下方 P 型体区而直接流向 P^+ 发射极的空穴电流。SOI-LIGBT 器件中存在两个寄生三极管：一个为由 P^+ 集电极、N 型漂移区及 P 型体区组成的 PNP 三极管，该三极管在器件正常导通时处于开启状态；另一个为由 N^+ 发射极、P 型体区及 N 型漂移区组成的 NPN 三极管，该三极管在器件正常导通时处于关闭状态，如果该 NPN 三极管开启，将发生闩锁。

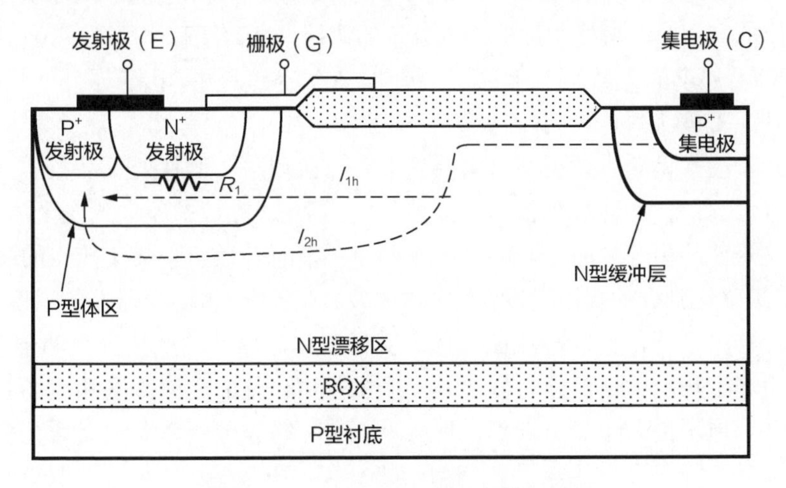

图 2.11　SOI-LIGBT 器件的截面结构

当集电极—发射极电压为正，栅极电压超过阈值电压时，器件内的寄生MOS管开启，电子电流由栅极下方的P型体区反型沟道注入漂移区中，该电子电流 I_e 的大小为

$$I_e = 0.5\mu_n C_{ox}\left(W/L\right)\left(V_{GE} - V_{TH}\right)^2 \tag{2.7}$$

式中，C_{ox} 为栅氧化层电容，W 为沟道宽度，μ_n 为电子迁移率，L 为沟道长度，V_{TH} 为阈值电压，V_{GE} 为栅极—发射极电压。

寄生MOS管的电子电流充当器件内部的寄生PNP三极管的基区电流，空穴电流从 P^+ 集电极注入漂移区中，在漂移区中形成电导调制，空穴电流 I_h 为

$$I_h = \beta I_e \tag{2.8}$$

式中，β 为寄生PNP三极管的放大倍数，空穴电流从两条路径流出器件，一部分空穴横向流过 N^+ 发射极下方的P型体区，其他空穴则不经过 N^+ 发射极下方的P型体区而直接从 P^+ 发射极流出，两股空穴电流满足

$$I_h = I_{1h} + I_{2h} \tag{2.9}$$

第一股空穴电流在 R_1 上产生的压降为

$$V = R_1 I_{1h} \tag{2.10}$$

如果 I_{1h} 足够大，会使 V 达到PN结（N^+ 发射极和P型体区组成的PN结）的开启电压 V_{bi}，同时空穴电流（I_{1h}）充当寄生NPN三极管的基区电流，该寄生三极管即被触发，发生闩锁。R_1 和 V_{bi} 均对温度变化比较敏感，对于 R_1 来说，随着温度的升高，晶格振动加快，载流子的碰撞增加，迁移率降低，阻值变大；V_{bi} 则会随着温度的升高而逐渐降低。因此，在短路过程中，由于器件发热严重，结温上升，R_1 变大，V_{bi} 变小，极易发生动态闩锁。

第二阶段常见的失效类型为自热失效，该阶段中，器件处于高电压、大电流应力下，器件持续发热，结温升高。器件内部形成热点，热量向周围区域扩散，受封装、器件结构等方面的影响，如果热量不能有效散出，会使热点的温度持续升高，最终达到硅的极限温度，发生热失效。在该阶段，由于器件的温度上升，载流子迁移率下降，所以电流曲线呈现负的斜率。器件的产热分为两部分：第一部分为产生热，第二部分为复合热。产生热由器件的电流密度和电场强度共同决定，当电子沿着电场方向运动时，穿过PN结势垒，会发生能量交换，电子吸收能量，带走多余的热量，有助于热平衡，引起结温下降；当电子向相反

方向运动时，电流与电场乘积为正，会通过发射声子的方式释放多余热量，此热量会传递给周围的载流子，加快载流子的运动，再进一步释放多余热量，最终形成正反馈，使结温不断升高。可以通过降低器件饱和电流密度及电场强度的方法来减小产生热。对于 SOI-LIGBT 器件来说，电场峰值往往位于鸟嘴末端、场板末端等区域，这些区域也是热量容易集中的区域。复合热是电子和空穴复合所产生的热，当大量的电子与空穴相遇时，会产生大量复合，释放掉禁带宽度大小的热量，该热量传递给其他电子或空穴，使其能量增加，碰撞产生出更多的电子和空穴，在导带与价带间跃迁，同时伴随能量的释放，导致结温的升高。在 MOSFET 等单极型器件中，载流子的复合过程很少，可以忽略不予考虑，但是像 IGBT 等双极型器件，复合热不能忽略。

第三阶段常见的失效类型为误开启失效。该阶段器件关断，栅极电压降低，电流快速下降，产生 di/dt 应力，同时由于集电极杂散电感的存在，会在 SOI-LIGBT 器件的集电极端产生一个 dv/dt 应力，该 dv/dt 应力通过 SOI-LIGBT 器件的密勒电容产生位移电流，导致栅极信号振荡，器件误开启且无法正常关断。

第四阶段常见的失效类型为热不均匀失效。在该阶段，SOI-LIGBT 器件沟道已经关闭，但是由于热量还未完全散出，如果此时器件内部的热量分布不均匀，会产生局部热点，当局部温度过高时，PN 结的漏电变大，导致电流迟迟无法降到零；当热量传递不及时时，局部温度便会升高，电流向局部热点区域集中，局部温度会进一步升高，在此正反馈机制下，温度一旦达到硅的极限温度，器件就会损坏。

图 2.12 所示为高压 SOI-LIGBT 器件短路状态时的电流路径及耗尽层分布。由于 SOI-LIGBT 器件结构的特殊性，其短路状态时的耗尽行为、载流子分布、热分布和传统纵向分立 IGBT 都极为不同：① 存在集电极—发射极的横向耗尽耐压（区域 1），同时存在发射极—衬底和集电极—衬底的纵向耐压（区域 2 和区域 3）；② 电子电流经沟道流入漂移区，沿着耗尽层边界流向集电极（I_e）；空穴电流由集电极流出，一部分（I_{ha}）流入漂移区中，另一部分（I_{hb}）沿着 BOX 上表面横向流动；③ 空穴和电子在靠近集电极的漂移区中发生复合，存在复合热；同时鸟嘴区域因横向电场强度大、电流密度大，存在产生热；④ 存在由 P 型体区 /N 型漂移区结产生的横向漏电流，同时存在由 N 型缓冲层 /N 型漂移区结产生的纵向漏电流。

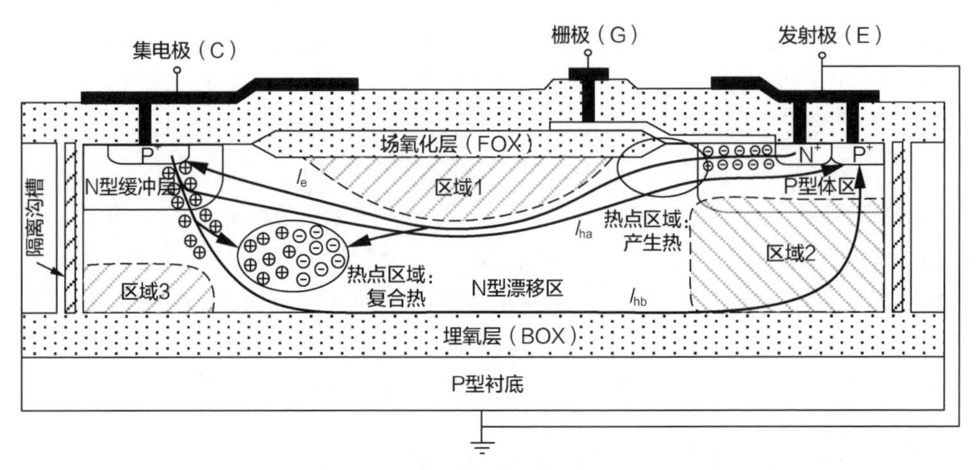

图 2.12　高压 SOI-LIGBT 器件短路状态时的电流路径及耗尽层分布

参考文献

[1] FUNAKI H, MATSUDAI T, NAKAGAWA A, et al. Multi-channel SOI lateral IGBTs with large SOA[C]. IEEE 9th International Symposium on Power Semiconductor Devices and ICs, 1997:33-36.

[2] NAKAGAWA A, FUNAKI H, YAMAGUCHI Y, et al. Improvement in lateral IGBT design for 500V 3A one chip inverter ICs[C]. IEEE 11th International Symposium on Power Semiconductor Devices and ICs, 1999:321-324.

[3] SHIGEKI T, AKIO N, YOUICHI A, et al. Carrier-storage effect and extraction-enhanced lateral IGBT (E^2LIGBT): A super-high speed and low on-state voltage LIGBT superior to LDMOSFET[C]. IEEE 24th International Symposium on Power Semiconductor Devices and ICs, 2012:393-396.

[4] HARA K, WADA S, SAKANO J, et al. 600V single chip inverter IC with new SOI technology[C]. IEEE 26th International Symposium on Power Semiconductor Devices and ICs, 2014:418-421.

[5] SAKANO J, SHIRAKAWA S, HARA K, et al. Large current capability 270V lateral IGBT with multi-emitter[C]. IEEE 22nd International Symposium on Power Semiconductor Devices and ICs, 2010:83-86.

[6] OTSUKI M, ONOZAWA Y, KANEMARU H, et al. A study on the short-circuit capability of field-stop IGBTs[J]. IEEE Transactions on Electron Devices, 2003, 50(6):1525-1531.

第3章　高压厚膜 SOI-LIGBT 器件的互连线技术

HVI 的屏蔽效果决定了芯片的工作电压范围，是单片智能功率芯片设计所要解决的首要问题。高侧和低侧的开关器件之间以及高侧开关器件和母线之间通过 HVI 连接，HVI 在硅的表面进行走线，跨越低压区域至高压区域进行信号传递，HVI 上的高电压会对下方硅区域的表面电场产生影响，在不设置任何 HVI 屏蔽结构的条件下，容易导致硅表面的电场发生集中，提前击穿。为了使单片智能功率芯片在高压（母线电压为 500 ~ 600V）条件下正常工作，必须完全屏蔽 HVI 对击穿电压的影响，因此，HVI 屏蔽技术是设计高压集成电路必须掌握的关键技术。本章将研究 SOI-LIGBT 器件的耐压原理及 HVI 导致击穿电压下降的机理，详细分析抗 HVI 技术，建立解析模型进行机理研究，通过三维仿真手段分析互连线屏蔽技术的耐压特性（电势分布、电场分布等）以及各尺寸参数的影响，通过实测验证互连线屏蔽技术的效果。本章介绍的技术不仅适用于 SOI-LIGBT 器件，还可以应用于其他高压厚膜 SOI 基横向器件（如 LDMOS 器件、FWD 器件）。

3.1　HVI 导致击穿电压下降的机理

如图 3.1 所示，在单片智能功率芯片中，HVI 用于连接高侧开关器件和低侧开关器件或高侧开关器件与直流总线，对于高低侧之间的信号传递必不可少。遗憾的是，HVI 上的高电势往往会影响硅的表面电场分布并导致局部电场集中，峰值电场的增加会引起器件提前击穿。图 3.2 所示为带 / 不带 HVI 结构的 SOI-LIGBT 器件的击穿电压仿真曲线对比，图中 V_{CE} 代表集电极—发射极电压，J_{CE} 代表集电极—发射极电流密度。从图中可以看出，带有 HVI 结构后，器件击穿电压由 600V 以上减小到了约 400V，缩小了器件的电压应用范围。

造成击穿电压下降的原因是耗尽层在由 P 型体区 /N 型漂移区组成的 PN 结边缘难以有效延展，电势线过于密集导致提前击穿。图 3.3 所示为带 / 不带 HVI 结构的电势分布：对于不带 HVI 结构的 SOI-LIGBT 器件，电势线很容易从 P 型体区延伸到整个 N 型漂移区；当带有 HVI 时，电势线在靠近 P 型体区的区域十分密集，且难以延伸到整个 N 型漂移区，电势线聚集导致 P 型体区边缘的电场峰值变大，当达到临界电场时，器件即发生击穿。

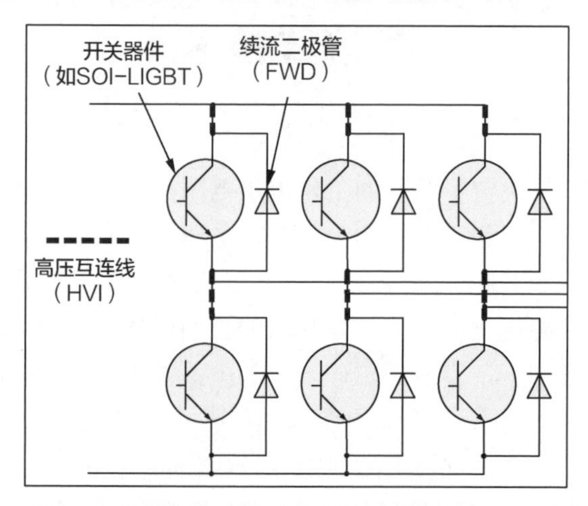

图 3.1　单片智能功率芯片中的开关器件连接关系

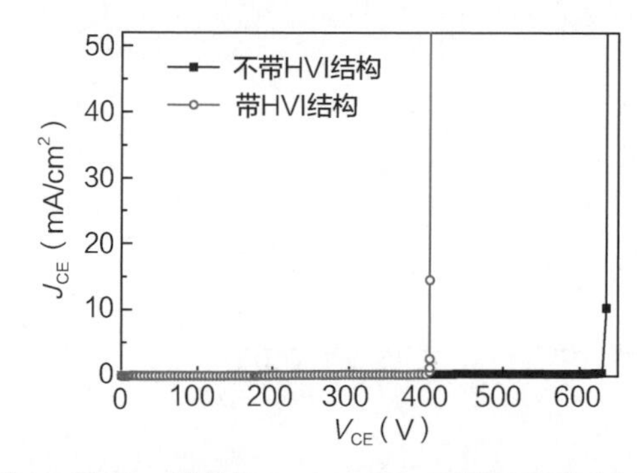

图 3.2　带 / 不带 HVI 结构的 SOI-LIGBT 器件的击穿电压仿真曲线

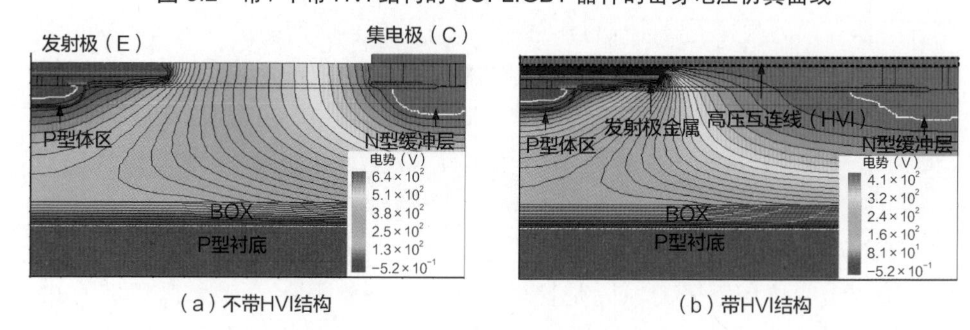

图 3.3　带 / 不带 HVI 结构的电势分布

图 3.4 所示为带 / 不带 HVI 结构的表面电场分布，在发射极金属的边缘，

带 HVI 结构的 SOI-LIGBT 器件，其电场峰值远大于不带 HVI 结构的 SOI-LIGBT 器件；因此，在不采用任何屏蔽结构时，HVI 一定会对器件的击穿电压造成极大的影响，导致击穿电压降低。

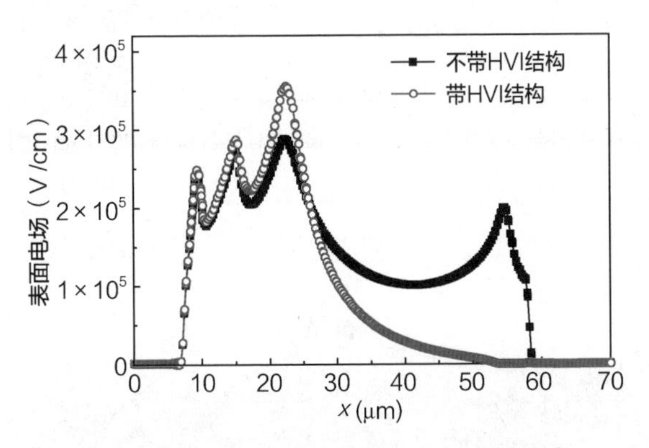

图 3.4　带 / 不带 HVI 结构的表面电场分布

3.2　等深双沟槽互连线技术

通常情况下，HVI 会造成器件的击穿电压（Breakdown Voltage，BV）降低 38% ～ 52%[1-2]。已有的厚介质层技术 [3] 会增加刻蚀难度和工艺成本，表面低掺杂技术 [2] 需要额外的光刻板，阻性场板技术 [1] 会增大器件的漏电。

本书课题组提出了一种等深双沟槽 HVI 结构，该结构利用 SOI 工艺自身的隔离沟槽进行耐压，克服了已有技术的缺点，能够完全屏蔽 HVI 对击穿电压的影响。图 3.5（a）为等深双沟槽 HVI 结构的俯视图。器件采用跑道型版图形式，即低压区域围绕着高压区域在版图上形成了跑道的形状。跑道的中心区域为集电极，包括 N 型缓冲层和 P^+ 集电极；外围为发射极，包括 P 型体区、N^+ 发射极、P^+ 发射极以及多晶硅栅极。器件分为有源区和 HVI 区两个部分，集电极金属跨越 HVI 区的上方，从器件引出并与其他器件连接，比如低侧 SOI-LIGBT 器件的集电极需要通过 HVI 连接到高侧 SOI-LIGBT 器件的发射极，高侧 SOI-LIGBT 器件的集电极需要通过 HVI 连接到母线。集电极金属位于 HVI 区上方的部分即为 HVI。图 3.5（b）为等深双沟槽 HVI 结构的三维示意图。本结构中，HVI 区中未设置 P 型体区，T_1 和 T_2 两个相等深度的双沟槽位于 HVI 下方的 N 型漂移区中。D_T 是相邻沟槽的间距，D_{TC} 是 T_1 与有源区的距离，BOX 和 N 型漂移区的厚度分别为 3.5μm 和 18μm，N 型漂移区的厚度为 47μm。T_1 和 T_2 的深度相同，均从硅表面刻蚀到 BOX 的上表面。

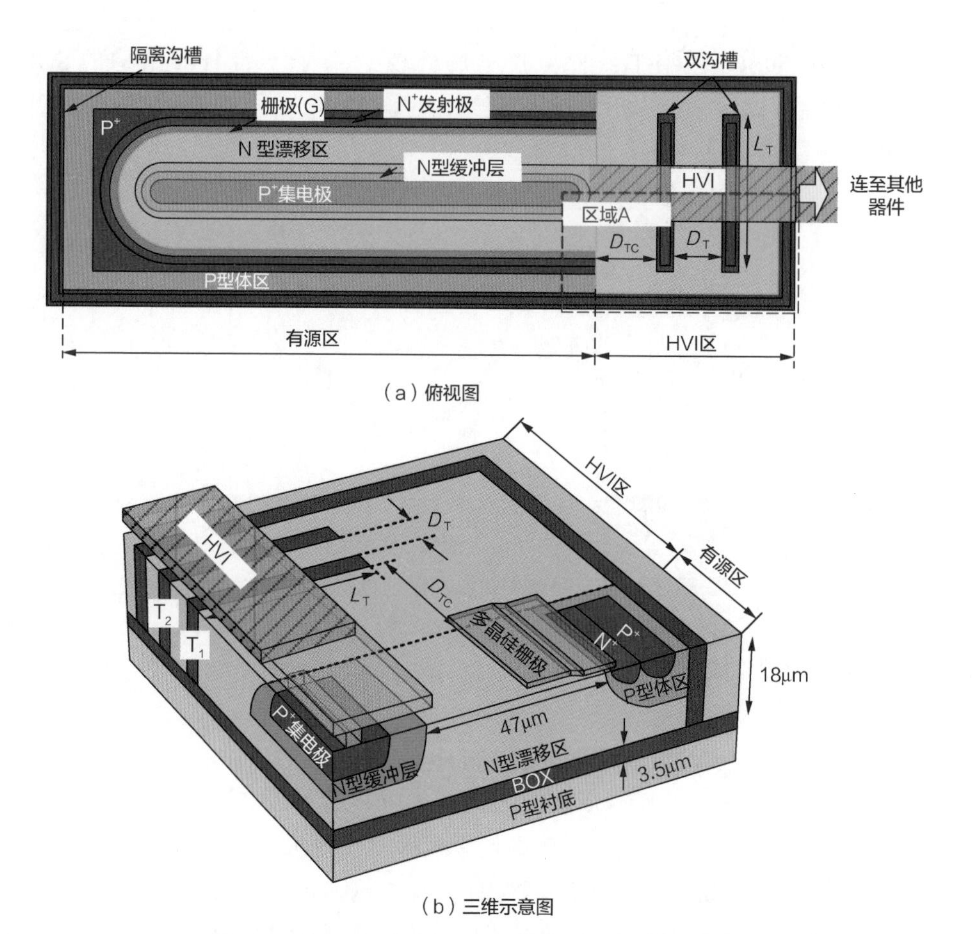

（a）俯视图

（b）三维示意图

图 3.5　等深双沟槽 HVI 结构的俯视图和三维示意图

下面将对等深双沟槽的耐压机理进行介绍。当 HVI 电位逐渐上升时，等深双沟槽可以辅助耐压，承受来自集电极的高压。根据文献[4]和[5]，器件击穿时，等深双沟槽所承受的电压可用式（3.1）表示：

$$V_{T_1}+V_{T_2}=\frac{\mathrm{BV}\left[1+K_1\left(D_{TC}^2/t_i^2\right)\sinh\left(K_2D_{TC}\right)\right]-K_1\sinh\left[K_2\left(3W_T+2D_T\right)\right]}{\mathrm{BV}\left[1-K_1\left(D_{TC}^2/t_i^2\right)\cosh\left(K_2D_{TC}\right)\right]+K_1\cosh\left[K_2\left(3W_T+2D_T\right)\right]}\times\left(1+\frac{1}{1+K_3W_TD_T}\right)E_C \tag{3.1}$$

式（3.1）中：

$$K_1=\frac{\left(t_{SOI}+t_{BOX}\right)t_iqN_d}{\varepsilon_i},K_2=\sqrt{\frac{\varepsilon_i}{\left(t_{SOI}+t_{BOX}\right)t_i\varepsilon_{si}}},K_3=\frac{2}{t_{BOX}t_{SOI}} \tag{3.2}$$

式（3.2）中，q 是电子的电荷量，ε_i 和 ε_{si} 分别是绝缘介质和硅的介电常数。E_C 是硅的临界电场强度，t_i 是 HVI 下方的介质层厚度，t_{BOX} 和 t_{SOI} 分别是 BOX 和顶层硅的厚度。N_d 是 N 型漂移区的掺杂浓度，W_T 是沟槽的宽度，V_{T_1} 和 V_{T_2} 分别是 T_1 和 T_2 所承受的电压。从式（3.1）中可以看出，增大 D_{TC} 或者减少 D_T 都可以增大等深双沟槽的耐压（$V_{T_1}+V_{T_2}$）。同时，从式（3.3）可以得出：击穿电压 BV 随着 $V_{T_1}+V_{T_2}$ 的增大而增大，因此可以通过增大 D_{TC} 或者减少 D_T 来增大 T_1 和 T_2 所承受的电压，进而增大器件的击穿电压。

$$\frac{\partial \mathrm{BV}}{\partial\left(V_{T_1}+V_{T_2}\right)}=\frac{\left\{\mathrm{BV}\left[1-K_1\left(D_{TC}^2/t_i^2\right)\cosh\left(K_2 D_{TC}\right)\right]+K_1\cosh\left[K_2\left(3W_T+2D_T\right)\right]\right\}^2}{K_1\sinh\left[K_2\left(3W_T+2D_T\right)\right]+K_1\cosh\left[K_2\left(3W_T+2D_T\right)\right]}\times\left[\frac{1+K_3W_TD_T}{\left(2+K_3W_TD_T\right)E_C}\right]>0 \tag{3.3}$$

图 3.6（a）所示为等深双沟槽结构的耗尽层与电势分布，从仿真结果可以看出，HVI 下方的硅区域完全耗尽，同时，等深双沟槽可以承受一部分来自集电极的高压。如图 3.6（b）所示，等深双沟槽结构承受的电压占击穿电压的比例为 44%。

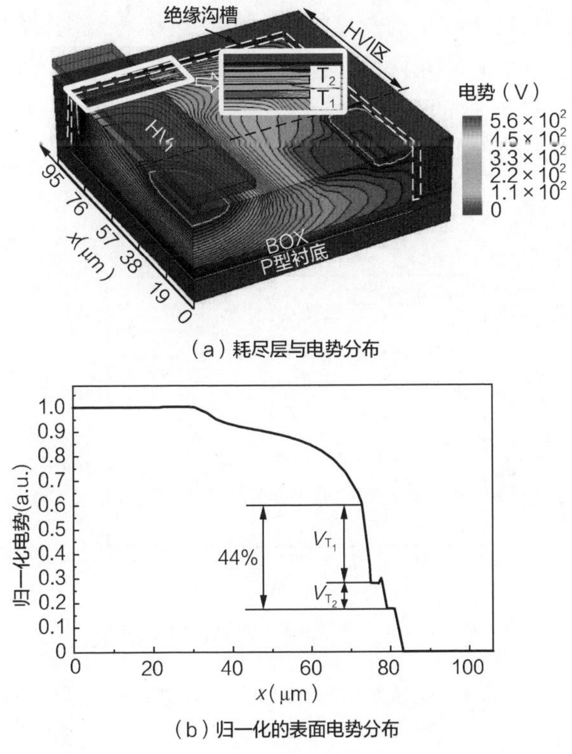

（a）耗尽层与电势分布

（b）归一化的表面电势分布

图 3.6　等深双沟槽结构的耗尽层与电势分布、归一化的表面电势分布

在图3.5所示的等深双沟槽结构中，L_T为35μm，大于HVI的线宽。图3.7（a）所示为仿真的（$V_{T_1}+V_{T_2}$）随D_{TC}的变化趋势。随着D_{TC}的增大，等深双沟槽结构的击穿电压随之增大。但是，当$D_{TC}>45\mu m$之后，击穿电压保持在560V，这种现象可以用击穿点转移现象来解释。如图3.7（b）所示，当$D_{TC}=5\mu m$（图3.7（a）中的A点）和$D_{TC}=25\mu m$（图3.7（a）中的B点）时，击穿点位于HVI区；当$D_{TC}=45\mu m$（图3.7（a）中的C点）时，击穿点同时位于HVI区和有源区；当$D_{TC}=55\mu m$（图3.7（a）中的D点）时，击穿点已经完全转移到了有源区。

跑道型版图的有源区采用均匀的直条型版图形式，理想情况下有源区的击穿为均匀击穿，当HVI区的击穿电压大于有源区的击穿电压时，击穿发生在有源区；当HVI区受到HVI的影响，其击穿电压下降并低于有源区的击穿电压时，击穿点会位于HVI区；当两个区域的击穿电压相同时，击穿点会同时位于这两个区。当击穿点完全转移到有源区时，击穿电压稳定在560V，此时HVI的影响已经被完全屏蔽。因此，完全屏蔽HVI影响的D_{TC}临界值为45μm，HVI效应被完全屏蔽后，HVI区将不再是击穿的薄弱点，击穿将发生在有源区。图3.7（c）所示为（$V_{T_1}+V_{T_2}$）随D_T的变化趋势，击穿电压和双沟槽的耐压随着D_T的变小而增大，这说明双沟槽的间距越小越利于耐压，电势线更容易穿过T_1到达T_2，从而增加T_1和T_2的总体耐压；然而，受实际工艺限制，T_1和T_2的间距D_T不可能无限小，在本书中，用于制造等深双沟槽HVI结构的工艺中，D_T最小为1.5μm。

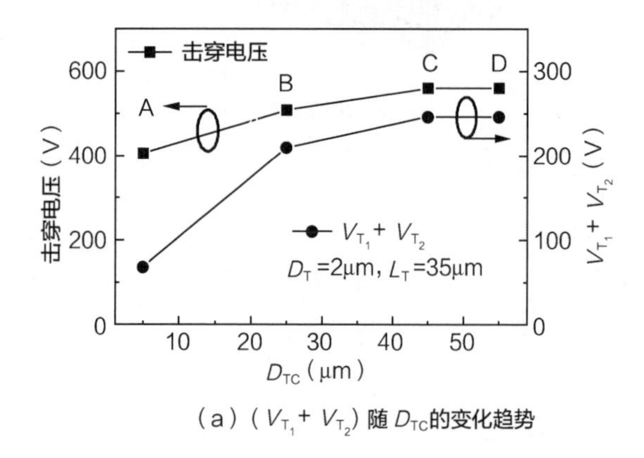

（a）（$V_{T_1}+V_{T_2}$）随D_{TC}的变化趋势

图3.7　等深双沟槽结构的击穿电压随尺寸参数的变化趋势

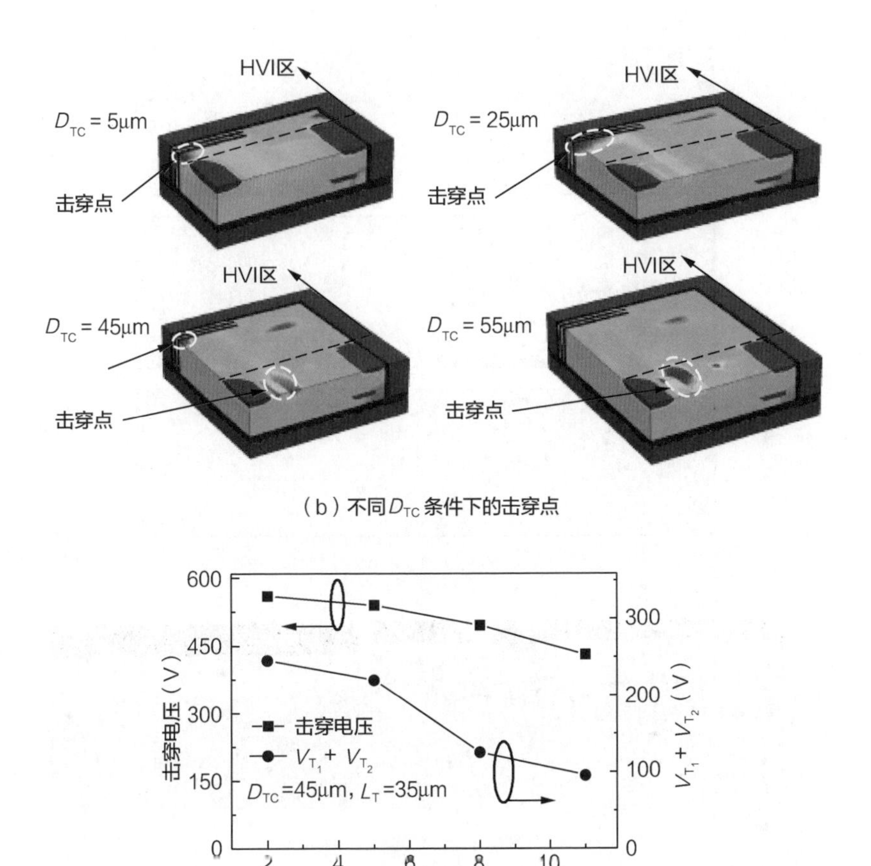

（b）不同D_{TC}条件下的击穿点

（c）（$V_{T_1}+V_{T_2}$）随D_T的变化趋势

图 3.7　等深双沟槽结构的击穿电压随尺寸参数的变化趋势（续）

图 3.8 所示为所制造的 SOI-LIGBT 器件的显微照片与 SEM 照片。采用相同工艺一共制造了 3 种器件：器件Ⅰ为带 HVI 结构但是不带屏蔽结构的 SOI-LIGBT 器件；器件Ⅱ为带有等深双沟槽 HVI 结构的 SOI-LIGBT 器件，器件Ⅲ为不带 HVI 结构的 SOI-LIGBT 器件。在 SOI 工艺中，沟槽被用来对器件和器件之间、器件和电路之间、电路和电路之间进行横向隔离，避免各器件、电路之间的电流串扰；除此之外，沟槽还可以承受高、低压区域之间的电压差，沟槽由侧壁氧化层与填充的多晶硅组成，不同厚度的侧壁氧化层可以承受不同的电压。为了达到完全隔断电流路径的作用，沟槽一般由硅的表面延伸到 BOX 的表面。

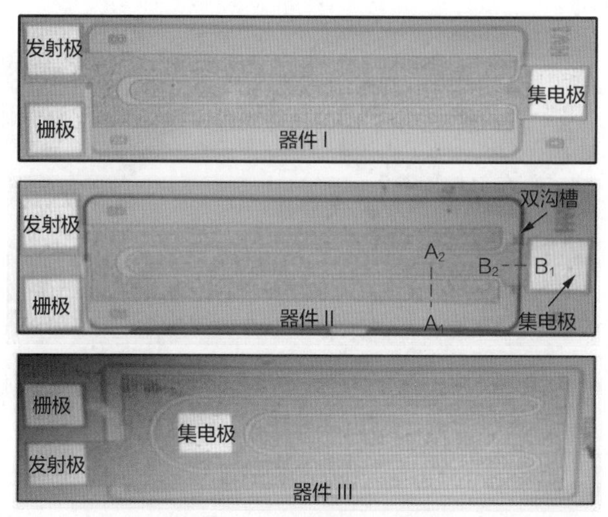

（a）SOI-LIGBT器件的显微照片

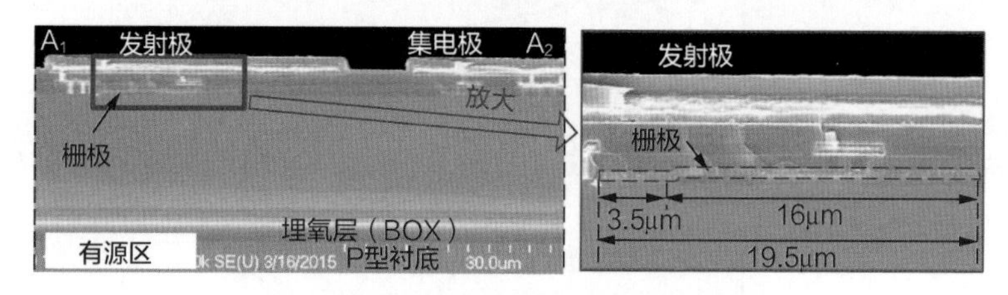

（b）器件 II 有源区的SEM截面照片

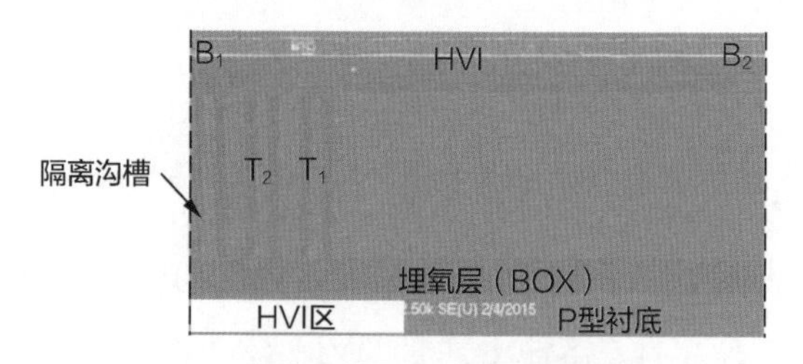

（c）器件 II HVI区的SEM截面照片

图 3.8 SOI-LIGBT 器件的显微照片与 SEM 照片

图 3.9 所示为 3 种器件的击穿电压测试曲线，图中的 I_{CE} 为集电极—发射极电流。对于器件 I 来说，由于没有采用 HVI 屏蔽措施，击穿电压只有 295V。器件 II 和器件 III 获得了几乎相同的击穿电压。由于器件 III 不带 HVI 结构，其击穿电压可以认为是器件 II 所能达到的最大击穿电压。采用等深双沟槽 HVI 结构，完全屏蔽了 HVI 结构对击穿电压的影响。

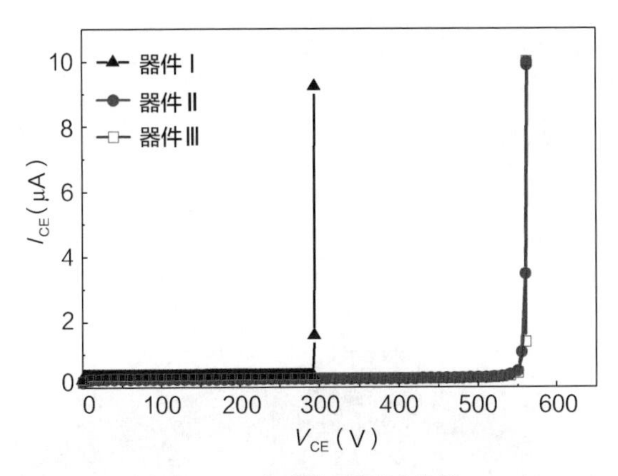

图 3.9　击穿电压测试曲线

表 3.1 比较了等深双沟槽和现有技术的 HVI 屏蔽效率 η_s。等深双沟槽 HVI 结构可以获得 100% 的屏蔽效率。η_s 是带 HVI 与不带 HVI 结构的击穿电压比值。

表 3.1　等深双沟槽与其他技术的 η_s 对比

参数	等深双沟槽	文献 [2]
带 HVI 结构的击穿电压（V）	550	539
不带 HVI 结构的击穿电压（V）	550	876
η_s	100%	62%

3.3　非等深双沟槽互连线技术

尽管等深双沟槽结构获得了很好的效果，但是仍然需要 45μm 长的硅区域（D_{TC}）进行耐压来完全屏蔽 HVI 对击穿电压的影响，该部分硅区域和双沟槽共同承担来自集电极的高压，需要很长的硅区域来耐压说明双沟槽本身的耐压效率有待提高。在等深双沟槽屏蔽技术的基础上，本书课题组提出了非等深双沟槽屏蔽技术，可进一步缩短 D_{TC}，提高沟槽的耐压效率，同时不增加工艺难度和成本。

图 3.10 所示为非等深双沟槽 HVI 结构，和等深双沟槽 HVI 结构相似，在 HVI 下方的硅区域下方置入两个沟槽。非等深与等深双沟槽结构的关键设计参数对比见表 3.2。前文已经提到，等深双沟槽结构需要 45μm 长的硅区域进行耐压，当 D_{TC} 从 45μm 减小到 15μm 时，器件的击穿电压从 550V 降低到了 480V。和等深双沟槽结构相比，非等深双沟槽结构的 T_1 要比 T_2 浅，T_1 没有延伸到

BOX 的上表面，T_1 与 BOX 上表面的间距为 T_P。当 $T_P = 0\mu m$ 时，即为等深双沟槽结构。仿真设计采用的物理模型包括 Philips unified 迁移率模型、High-field saturation 迁移率模型、Perpendicular field dependence 迁移率模型、Shockley-Read-Hall 复合模型、Band-to-band Auger 复合模型以及 Lackner 雪崩发生模型。上述模型的选用均通过了实测校准和验证，以提高仿真精度。

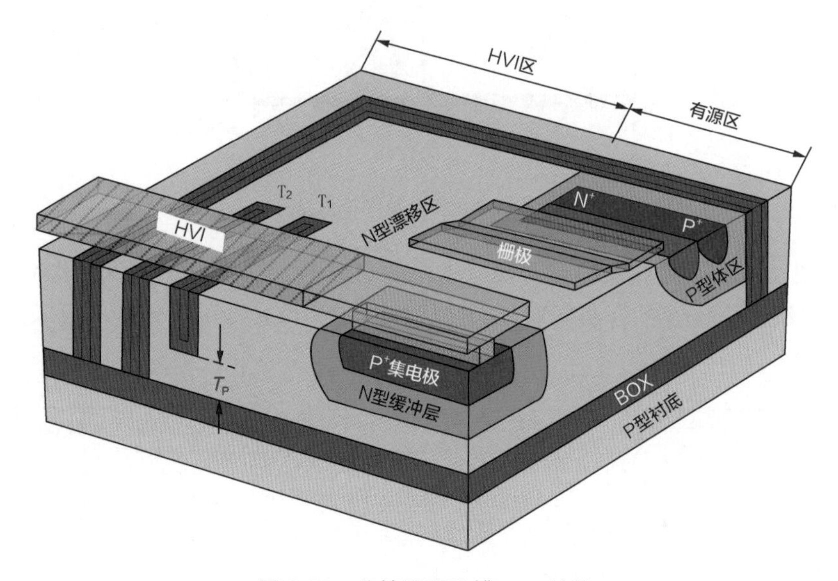

图 3.10　非等深双沟槽 HVI 结构

表 3.2　等深双沟槽结构与非等深双沟槽结构的关键设计参数对比

参数	等深双沟槽结构	非等深双沟槽结构
P 衬底电阻率（Ω·cm）	10	10
BOX 厚度（μm）	3.5	3.5
N 型漂移区长度（μm）	47	47
N 外延厚度（μm）	18	18
N 型漂移区掺杂浓度（/cm^3）	8.3×10^{14}	8.3×10^{14}
T_1 深度（μm）	18	可变的
T_2 深度（μm）	18	18
T_1 和 T_2 的间距 D_T（μm）	2	2

对于等深双沟槽结构来说，T_2 所承受的电压远小于 T_1 [5-6]，导致双沟槽的整体耐压效率不高。下面通过解析模型来描述 T_1 的作用。式（3.4）为非等深双沟槽结构中 T_2 所承受的电压：

$$V_{T_2}=\frac{BV+BV\cdot K_1\left(D_{TC}^2/t_i^2\right)\sinh\left(K_2D_{TC}\right)-K_1\sinh\left[K_2\left(3W_T+2D_T\right)\right]}{BV-BV\cdot K_1\left(D_{TC}^2/t_i^2\right)\cosh\left(K_2D_{TC}\right)+K_1\cosh\left[K_2\left(3W_T+2D_T\right)\right]}\times E_C\left[\frac{\left(t_{SOI}-t_p\right)/t_{SOI}}{1+K_3\left(D_T-d\right)}\right] \quad (3.4)$$

$$\frac{\partial V_{T_2}}{\partial T_P}=\frac{BV+BV\cdot K_1\left(D_{TC}^2/t_i^2\right)\sinh\left(K_2D_{TC}\right)-K_1\sinh\left[K_2\left(3W_T+2D_T\right)\right]}{BV-BV\cdot K_1\left(D_{TC}^2/t_i^2\right)\cosh\left(K_2D_{TC}\right)+K_1\cosh\left[K_2\left(3W_T+2D_T\right)\right]}\times E_C\frac{2D_T}{t_{SOI}D_{TC}\left[1+K_3\left(D_T-d\right)\right]^2}>0 \quad (3.5)$$

式（3.4）和式（3.5）中，K_1、K_2、K_3 和 d 分别表示为

$$K_1=\frac{\left(t_{SOI}+t_{BOX}\right)t_iqN_d}{\varepsilon_i},K_2=\sqrt{\frac{\varepsilon_i}{\left(t_{SOI}+t_{BOX}\right)t_i\varepsilon_{si}}},$$
$$K_3=\frac{2t_{OX}}{t_{BOX}t_{SOI}},d=\left(\frac{D_{TC}+2D_T}{D_{TC}}\right)\left(1+\frac{2W_T}{t_{BOX}}\frac{D_T}{t_{SOI}}\right)\frac{t_{BOX}}{2t_{OX}}t_p \quad (3.6)$$

从式（3.5）可以看出，V_{T_2} 会随着 T_P 的增大而增大，即 T_1 较浅时，有利于增大 T_2 的耐压。

图 3.11 所示为等深和非等深双沟槽两种结构击穿时的电势分布。对于等深双沟槽结构来说，来自集电极的电势到达 T_1 后，会被 T_1 屏蔽，只有少数的电势线可以穿过 T_1 到达 T_2，导致 T_2 承受的电压很小。对于非等深双沟槽结构来说，由于 T_1 比 T_2 浅，电势线可以很容易穿过 T_1 下方的硅区域到达 T_2。

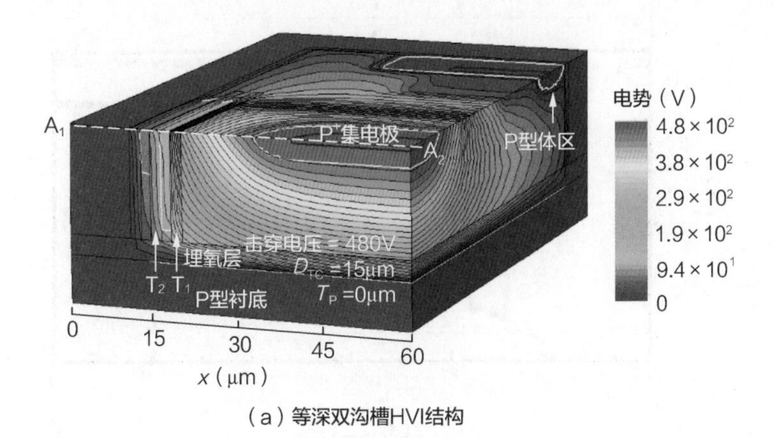

（a）等深双沟槽HVI结构

图 3.11　击穿时的电势分布

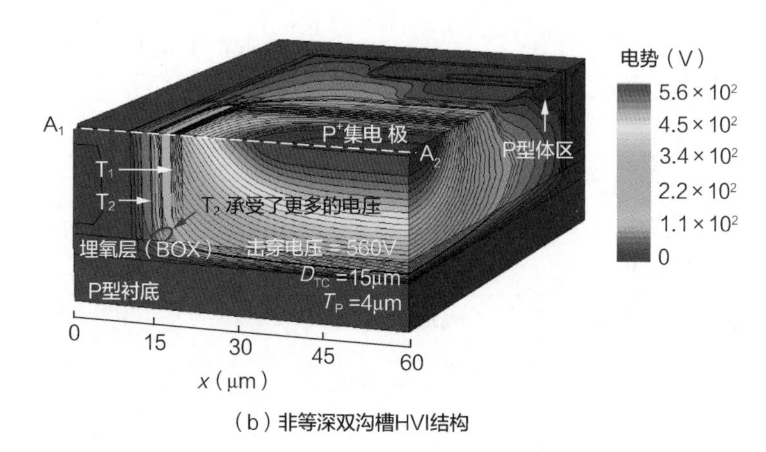

（b）非等深双沟槽HVI结构

图 3.11　击穿时的电势分布（续）

图 3.12 为两种结构的表面电势分布和表面电场分布。当 D_{TC} = 15μm 时，等深和非等深双沟槽结构的击穿电压分别为 480V 和 560V。当 D_{TC} 比较小时，造成等深双沟槽耐压降低的主要原因是双沟槽的耐压效率不高。如图 3.12(a)所示，等深双沟槽结构的 V_{T_2} 只有 38V，而采用了较浅的 T_1，非等深双沟槽结构的 V_{T_2} 可达到 105V。由于 V_{T_2} 的增加，非等深双沟槽结构的耐压效率更高。图 3.12(b) 为集电极—发射极电压 V_{CE} = 400V 时的表面电场分布，非等深双沟槽结构中，由于更多的电势线可以达到 T_2，因此 T_1 右边界的电场峰值能够降低。当 D_{TC} 缩小时，非等深双沟槽结构仍能获得较高的击穿电压，HVI 区的面积随之缩小。

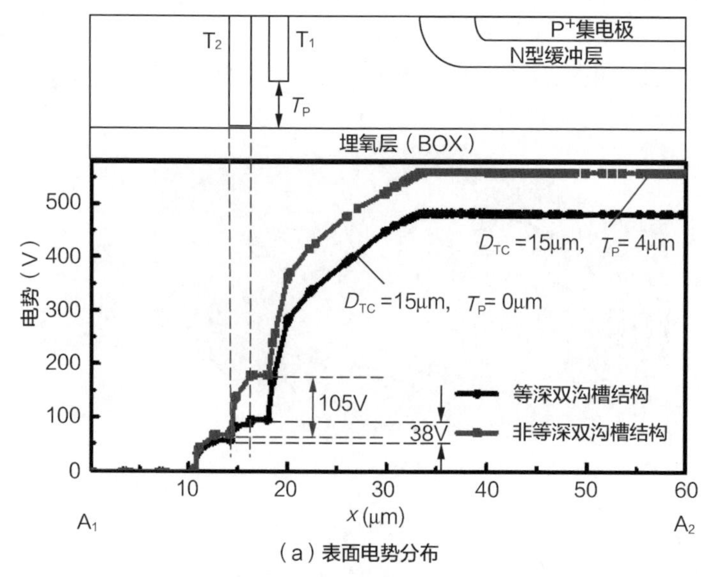

（a）表面电势分布

图 3.12　等深双沟槽结构和非等深双沟槽结构的表面电势分布和表面电场分布

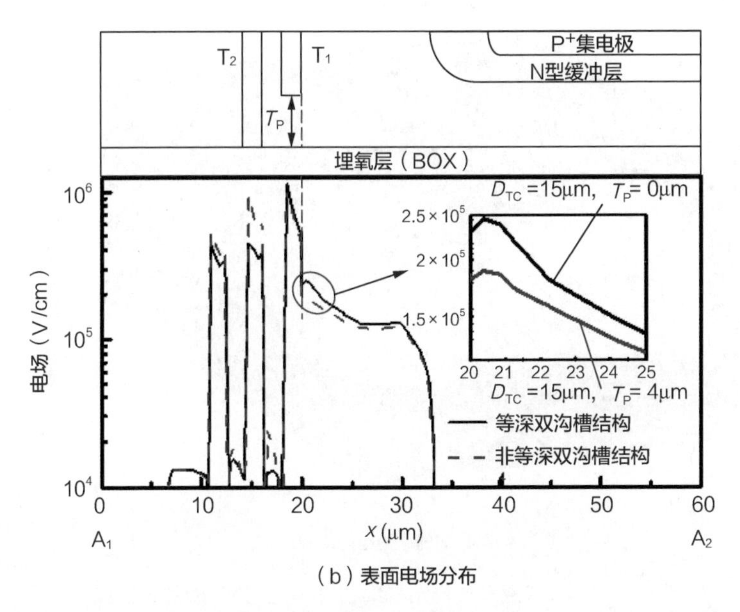

（b）表面电场分布

图 3.12　等深双沟槽结构和非等深双沟槽结构的表面电势分布和表面电场分布（续）

图 3.13（a）所示为击穿电压和 V_{T_2} 随 T_P 的变化趋势。随着 T_P 的增大，由于更多的电势线穿过 T_1 到达 T_2，因此，V_{T_2} 也随之增大。当 T_P 增大时，击穿电压先增大，然后维持在 560V 不变，直到 $T_P > 10\mu m$ 为止。在 T_P 从 4μm 变化到 10μm 的范围内，仿真的击穿电压最优值为 560V。

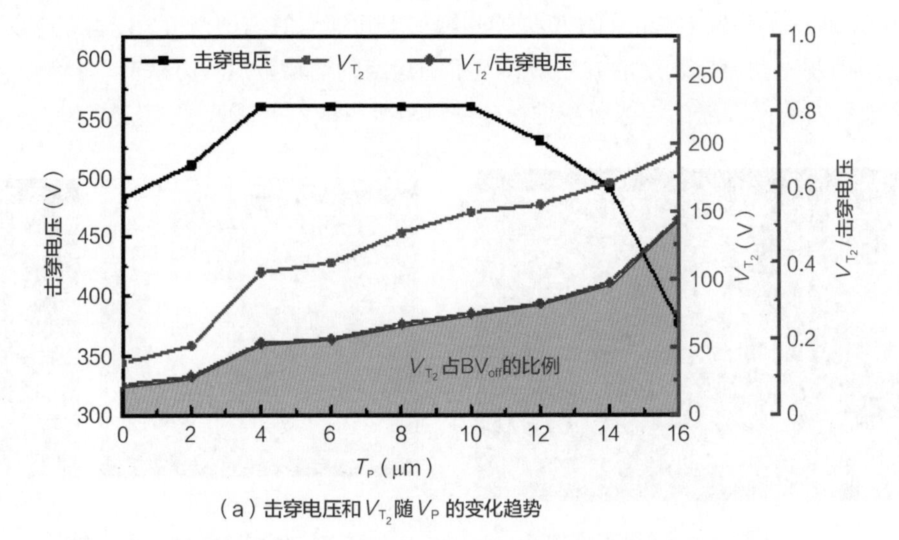

（a）击穿电压和 V_{T_2} 随 V_P 的变化趋势

图 3.13　非等深双沟槽结构的击穿电压与 T_P 的关系

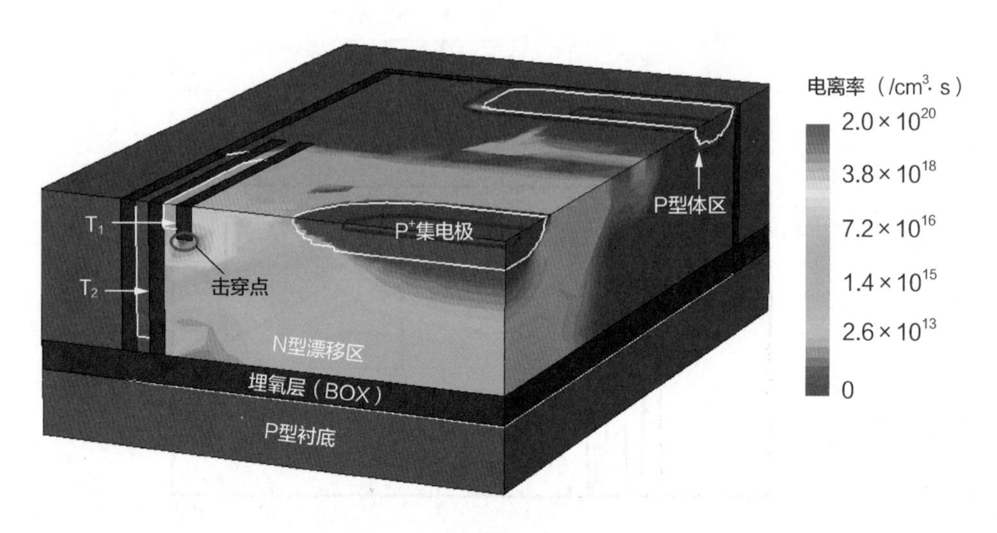

（b）T_P =14μm时的碰撞电离率分布

图 3.13　非等深双沟槽结构的击穿电压与 T_P 的关系（续）

虽然 V_{T_2} 占击穿电压的比例随着 T_P 的增大而变大，但当 $T_P > 10\mu m$ 时，击穿电压开始降低。当 $T_P = 16\mu m$ 时，击穿电压降低到了 377V，这种现象归咎于 T_1 底部的提前击穿，从图 3.13（b）中可以看出，当 $T_P = 14\mu m$ 时，最大电离率点位于 T_1 的底部。形成沟槽的第一步是反应离子刻蚀，通过单步的反应离子刻蚀可以形成不同深度的沟槽。本书所采用工艺的沟槽刻蚀的深宽比约为 10.4。通过调节光刻窗口的宽度能够刻蚀出不同深度的沟槽，如图 3.14（a）所示。采用控制光刻窗口宽度的方法形成了不同深度的沟槽，这种方法简单易行，不需要针对不同深度的沟槽单独进行刻蚀，减少了成本并降低了工艺复杂性。

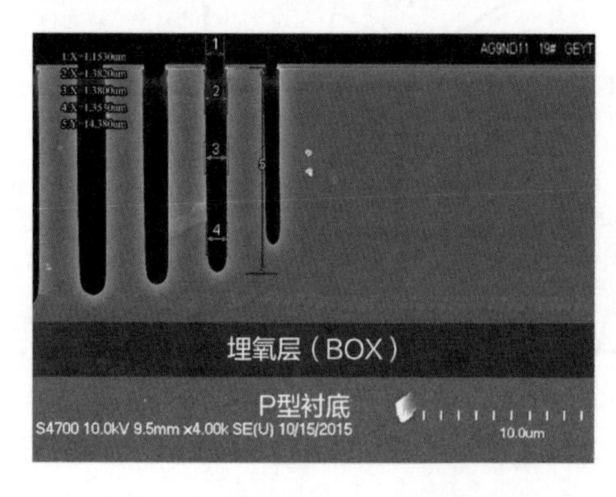

（a）一步刻蚀所形成的不同深度的沟槽

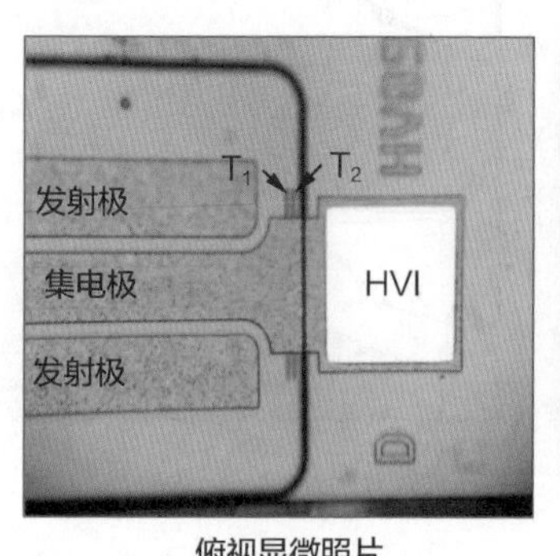

俯视显微照片

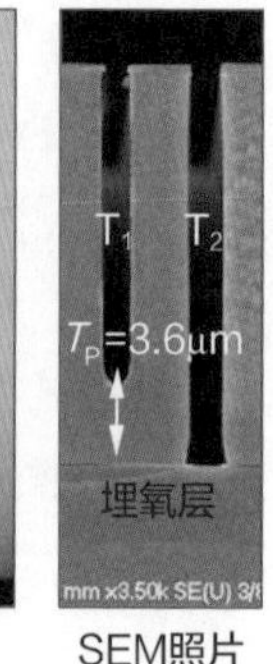

SEM照片

（b）俯视显微照片与截面SEM照片

图 3.14　沟槽与 HVI 结构照片

表 3.3 所示为不同 T_P 对应的沟槽尺寸，当光刻窗口比较窄时，刻蚀出来的沟槽比较浅。对于等深双沟槽结构来说，T_1 和 T_2 都延伸到 BOX 的上表面，光刻窗口的宽度为 1.5μm；对于非等深双沟槽结构来说，T_2 采用 1.5μm 的光刻窗口刻蚀，而 T_1 采用 1.15μm 的光刻窗口刻蚀，其 T_P 为 3.6μm。

表 3.3　不同 T_P 对应的沟槽尺寸

T_P（μm）	光刻窗口宽度（μm）	沟槽深度（μm）	沟槽顶部宽度（μm）
0	1.5	18	1.73
0.9	1.41	17.1	1.64
1.9	1.31	16.1	1.54
2.8	1.24	15.2	1.47
3.6	1.15	14.4	1.38

除了双沟槽结构，本书课题组还制造了一种参考结构，该结构不采用 HVI，因此不存在击穿电压下降的问题，可用于测试获得无 HVI 影响时的击穿电压值。因为不同深度的沟槽可以通过单步刻蚀形成，所以制造非等深双沟槽结构不需要额外的工艺步骤。

图 3.15 所示为击穿电压随 D_{TC} 的变化趋势。非等深和等深双沟槽两种结构的击穿电压都随着 D_{TC} 的增大而先增大，继而保持在 550V 不变。当击穿电压保持在 550V 时，可以认为 HVI 的影响被完全屏蔽 [6]。非等深双沟槽结构和等深双沟槽结构一样，都存在击穿点转移现象。在图中的 P 点，当击穿电压增大到 550V 时，击穿点同时位于有源区和 HVI 区。当 T_P = 0、0.9μm、1.9μm、2.8μm 和 3.6μm 时，获得 550V 所需要的最小 D_{TC} 分别为 45μm、45μm、35μm、25μm 和 15μm，因此采用非等深双沟槽结构可以缩小 HVI 区的面积。当 T_P = 0μm 时，即为等深双沟槽结构。

图 3.16 所示为器件的击穿电压测试曲线。非等深双沟槽结构、等深双沟槽结构以及参考结构采用相同的有源区掺杂浓度和尺寸。参考结构是不带有 HVI 的结构，因此其击穿电压是双沟槽结构所能达到的最大击穿电压。非等深双沟槽和等深双沟槽两种结构均能获得与参考结构几乎相同的击穿电压。由于非等深双沟槽结构采用了深度较浅的 T_1，与等深双沟槽结构相比，其 D_{TC} 可以从 45μm 减小到 15μm。

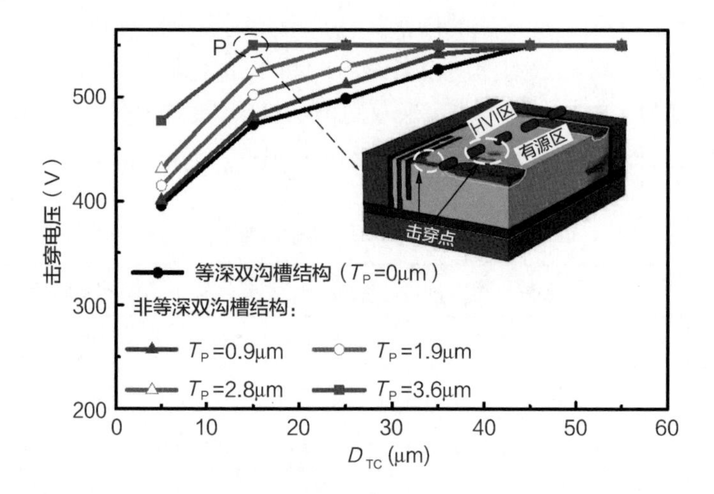

图 3.15　击穿电压随 D_{TC} 的变化趋势

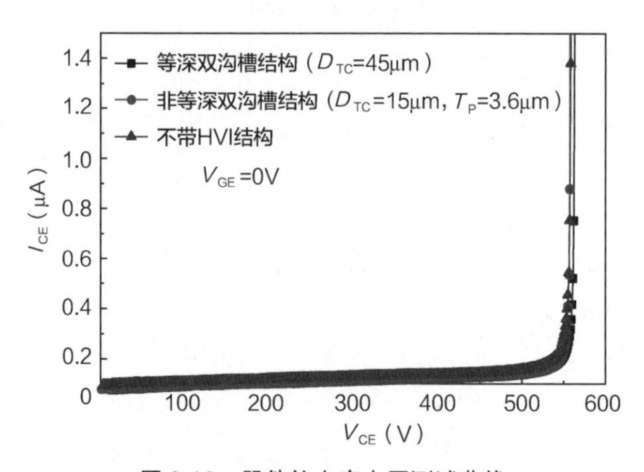

图 3.16　器件的击穿电压测试曲线

图 3.17 所示为 D_{TC} 对 HVI 屏蔽效率 η_s 的影响。η_s 定义为双沟槽结构与参考结构的击穿电压比值。当双沟槽结构获得与参考结构相同的击穿电压时，η_s 为 100%，代表 HVI 的影响被完全屏蔽。由图中可以看出，为了获得 100% 的 η_s，非等深双沟槽结构和等深双沟槽结构所需的最小 D_{TC} 分别为 15μm 和 45μm。因此，与等深双沟槽结构相比，非等深双沟槽结构 HVI 区下方的硅区域长度缩短了 66.7%，HVI 区的面积减小了 57%。为了评估器件采用非等深双沟槽结构之后的可靠性，需要进行高温反偏（High Temperature Revised Bias，HTRB）考核。HTRB 考核是器件在关态、反偏及高温条件下所进行的老化考核，一般考核时间为 168h、500h、1000h 及 3000h，考核温度为 150℃，考核前后

会对器件的击穿电压、漏电及阈值电压等参数进行测试对比。在 1000h 的圆片级 HTRB 考核后，器件的击穿电压无明显变化，如图 3.18 所示。

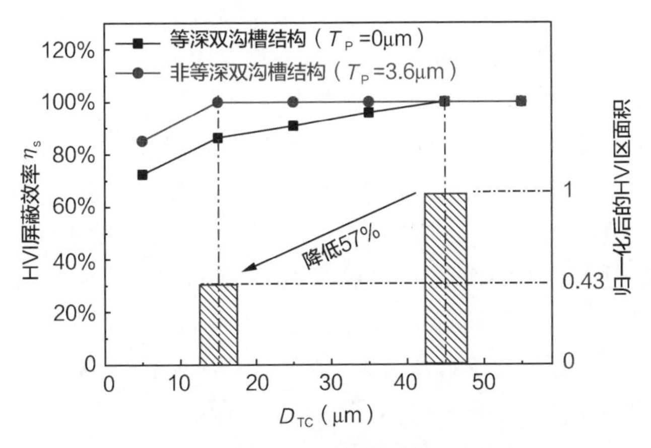

图 3.17　D_{TC} 对 HVI 屏蔽效率 η_s 的影响

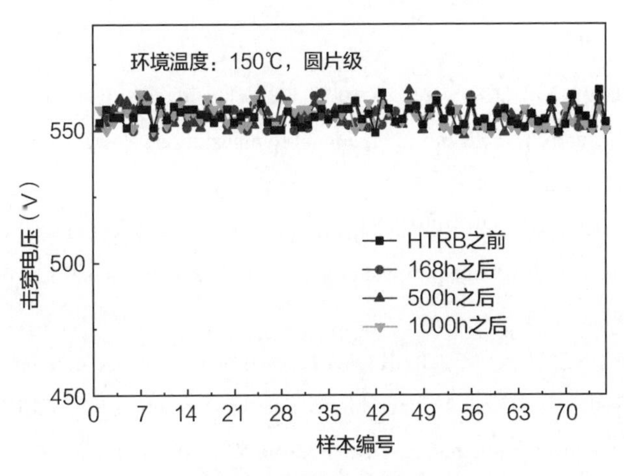

图 3.18　HTRB 考核前后的击穿电压测试值

3.4　本章小结

在单片智能功率芯片中，HVI 用于连接高侧开关器件和低侧开关器件，对于高低侧之间的信号传递必不可少。本章研究了厚膜 SOI-LIGBT 器件的耐压原理，分析了 HVI 对击穿电压的影响，在没有任何屏蔽措施的条件下，HVI 造成击穿电压下降了 200V 以上。通过电势分布和耗尽层分布对比，本章分析了 HVI 导致器件提前击穿的机理。在此基础上，本章详细介绍了等深双沟槽 HVI

屏蔽结构，研究了该结构的耐压原理，置于漂移区中的双沟槽可以代替 PN 结承受来自集电极的高压，该结构不仅可以完全屏蔽 HVI 的影响，而且能够缩减 HVI 下方硅区域的长度，减小 HVI 区的面积。通过进一步研究发现，在等深双沟槽结构中，远离集电极侧的 DOT（T_2）所承受的电压远小于靠近集电极侧的 DOT（T_1）所承受的电压，导致双沟槽的耐压非常不均匀。为了解决这个问题，本章又研究了非等深双沟槽结构，通过建立解析模型，发现减小 T_1 的深度可以提高双沟槽所承受的总电压。由电势分布的仿真结果可以看出，电势线可以很容易穿过 T_1 到达 T_2，增加 T_2 所承受的电压。实验结果表明，非等深双沟槽技术可百分之百屏蔽 HVI 对击穿电压的影响，同时 HVI 下方的硅区域长度相比等深双沟槽结构可缩短66.7%。双沟槽HVI屏蔽技术在克服传统HVI技术（厚介质层技术、表面低掺杂技术、阻性场板技术等）缺点的同时，可百分之百屏蔽 HVI 对击穿电压的影响。

参考文献

[1] ENDO K, BABA Y, UDO Y, et al. A 500V 1A 1-chip inverter IC with a new electric field reduction structure[C]. IEEE 6th International Symposium on Power Semiconductor Devices and ICs, 1994:379-383.

[2] FLACK E, GERLACH W, KOREC J. Influence of interconnections onto the breakdown voltage of planar high-voltage p-n junctions[J]. IEEE Transactions on Electron Devices, 1993, 40(2):439-447.

[3] SAKURAI N, NEMOTO M, ARAKAWA H, et al. A three-phase inverter IC for AC220 V with a drastically small chip size and highly intelligent functions[C]. IEEE 5th International Symposium on Power Semiconductor Devices and ICs, 1993:310-315.

[4] QIAO M, ZHANG X, WEN S, et al. A review of HVI technology[J]. Microelectronics Reliability, 2014, 54(12):2704-2716.

[5] QIAN Q, SUN W, HAN D, et al. The optimization of deep trench isolation structure for high voltage devices on SOI substrate[J]. Solid-State Electronics, 2011, 63(1):154-157.

[6] SUN W, ZHU J, ZHANG L, et al. A novel silicon-on-insulator lateral insulated-gate bipolar transistor with dual trenches for three-phase single chip inverter ICs[J]. IEEE Electron Device Letters, 2015, 36(7):693-695.

第 4 章　高压厚膜 SOI-LIGBT 器件的电流密度提升技术

从目前国外产品的电流级别来看，单片智能功率芯片的输出电流一般为 1 ～ 5A，而对于横向功率开关器件来说，要实现上述电流，器件的宽度需要足够大。以 5A 级别的单片智能功率芯片为例，功率级的面积往往占据了整个芯片的 80% 以上，若要实现更大的电流能力，则需要更大面积的功率器件，如果芯片面积过大，传统的封装将难以满足芯片的封装需求。为了突破上述瓶颈，近年来国外关于高压厚膜 SOI-LIGBT 器件的研究大多集中在提升电流密度方面，以期缩小功率级的面积。提升厚膜 SOI-LIGBT 器件的电流密度有利于缩小器件的面积，降低单片智能功率芯片的整体功耗，实现芯片的小型化。本章详述了 SOI-LIGBT 器件的导通原理及电流密度和闩锁电压之间的折中关系，在此基础上研究了 U 型沟道技术，并利用解析模型揭示各参数对新型技术的影响，并利用三维仿真分析了 U 型沟道技术的载流子分布、电势分布、温度分布等物理特性。

4.1　电流密度与闩锁电压的折中关系

图 4.1 所示为高压厚膜 SOI-LIGBT 器件的剖面结构。发射极区域由 P 型体区、P^+ 发射极层及 N^+ 发射极层组成；N 型漂移区的长度为 47μm，厚度为 18μm，其下方的 BOX 厚度为 3.5μm；集电极区域由 N 型缓冲层和 P^+ 集电极层组成；栅极为多晶硅材料，栅氧化层的厚度为 500Å，场氧化层的厚度约为 5500Å；衬底为 P 型，电阻率为 10Ω · cm；N 型漂移区的掺杂浓度为 $8.3\times10^{14}/cm^3$。

基于上述尺寸和浓度参数，可以保证厚膜 SOI-LIGBT 器件的击穿点都位于漂移区的底部、BOX 的上表面区域。图 4.2 所示为 SOI-LIGBT 器件、SOI-LDMOS 器件及 SOI 二极管器件击穿时的碰撞电离率分布。3 种器件采用相同的工艺流程和掺杂浓度进行制造，最大电离率点都位于高压端一侧的 BOX 上方区域，击穿点位于漂移区的底部有助于提高器件的可靠性。

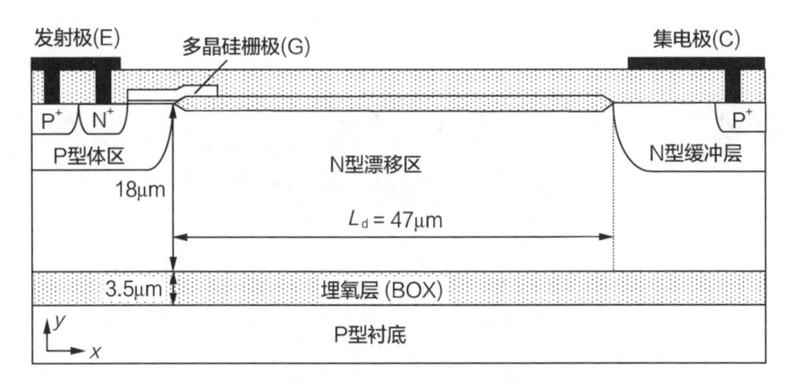

图 4.1　高压厚膜 SOI-LIGBT 器件的剖面结构

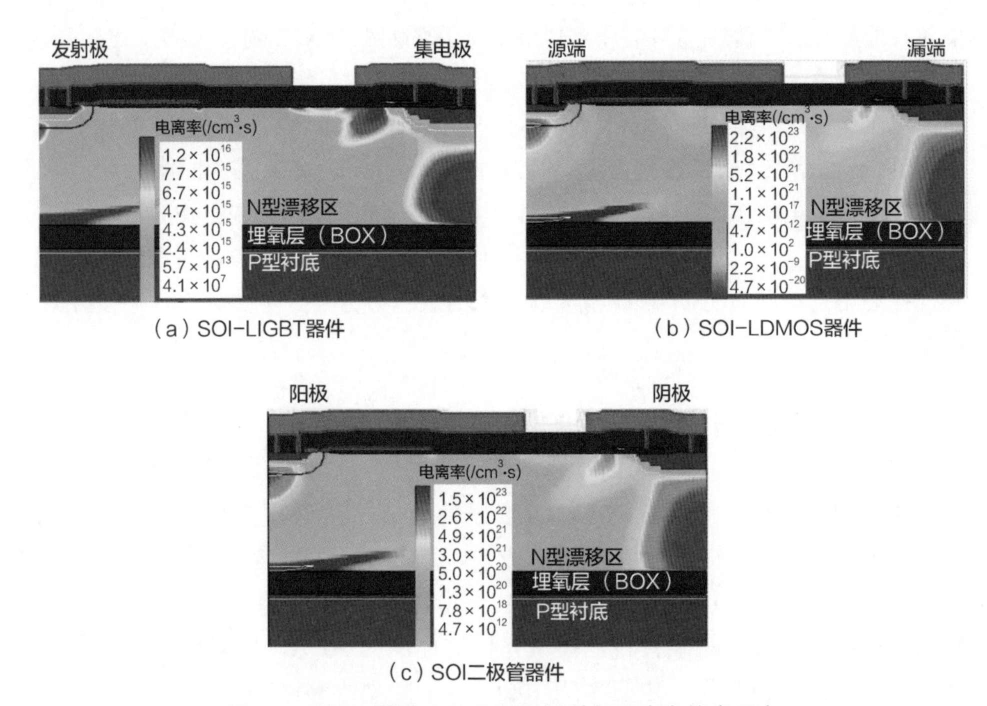

（a）SOI-LIGBT器件　（b）SOI-LDMOS器件

（c）SOI二极管器件

图 4.2　550V 厚膜 SOI-LIGBT 器件的击穿点仿真示意

图 4.3（a）所示为 SOI-LIGBT 器件的击穿测试曲线，图中 V_{CE} 代表集电极—发射极电压，J_{CE} 代表集电极—发射极电流密度，击穿电压约为 560V。SOI-LIGBT 器件作为开关器件，其电流密度的大小决定了器件的损耗及芯片的面积；本书课题组所设计的器件相比国外同类器件，在电流密度 J_{CE} 方面也有一定的优势，尤其是线性电流密度的优势较大，I-V 测试曲线如图 4.3（b）所示。

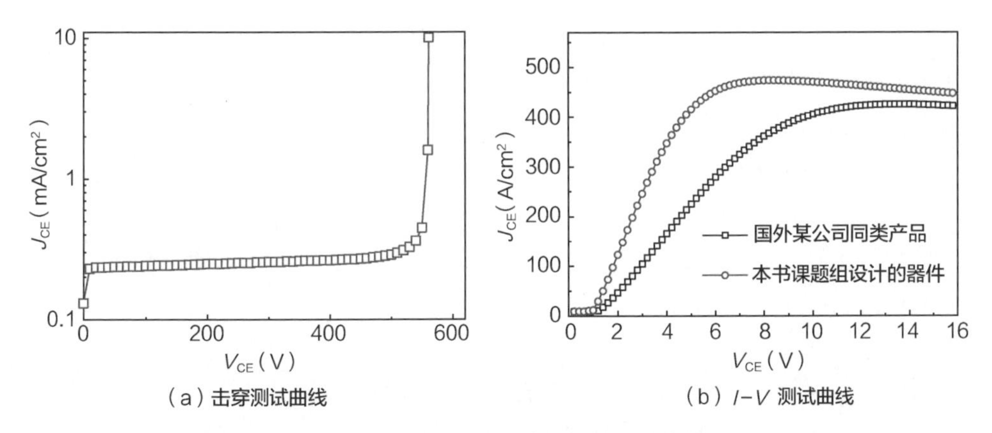

（a）击穿测试曲线　　（b）I–V 测试曲线

图 4.3　SOI-LIGBT 器件的特性测试曲线

设计高压厚膜 SOI-LIGBT 器件时应注意，与 SOI-LDMOS 器件的单极型导电不同，SOI-LIGBT 器件内部还存在空穴电流导电，较容易发生闩锁，且闩锁电压和电流密度呈折中关系。当空穴电流经过 N$^+$ 发射极区域下方的 P 型体区流向 P$^+$ 发射极时，会在 P 型体区中的寄生电阻上产生压降，当压降超过 0.7V 时，由 P 型体区 /N$^+$ 发射极组成的 PN 结导通，寄生 NPN 三极管被触发，器件发生闩锁；在 SOI-LDMOS 器件中，由于不存在空穴电流导电，正常导通时不易发生闩锁。

采用 P$^+$: N$^+$ 间隔的方式可提高器件的闩锁电压。图 4.4 所示为 SOI-LIGBT 器件的整体版图与沟道区域版图的放大图，将直条发射极 N$^+$ 替换成 P$^+$: N$^+$ 间隔的形式，通过调节 P$^+$ 和 N$^+$ 的宽度来获得不同的电流密度和闩锁电压。该方法不需要对工艺流程和工艺条件进行调整，只需要修改版图就可以实现。

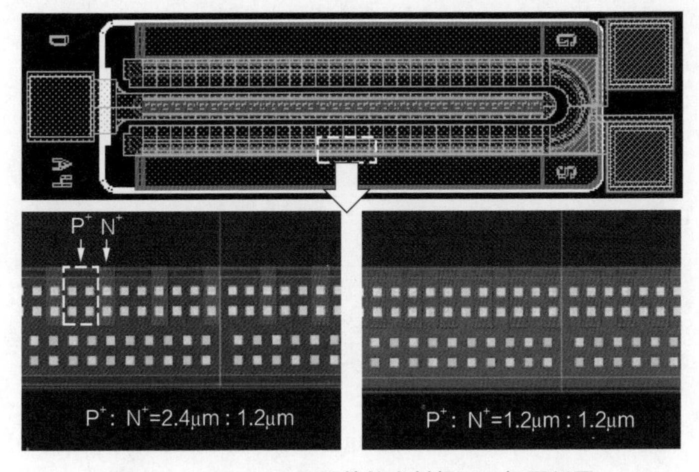

图 4.4　SOI-LIGBT 器件的发射极 PN 间隔版图

图 4.5 所示为不同 P^+: N^+ 间隔比例下的闩锁能力测试曲线，可以看出，采用直条 N^+ 发射极时，器件的闩锁电压低于 100V；P^+: N^+ 间隔为 1.2μm : 1.2μm 时，闩锁电压提高到了 500V 以上；进一步增加 P 的宽度，对闩锁电压的影响微乎其微，反而器件的电流会大幅下降。P^+: N^+ 间隔中，P 型部分主要起吸收空穴电流的作用，宽度越大，越有利于吸收空穴电流，但是 P 型部分的宽度越大，相同总沟道宽度条件下的 N 型部分的宽度就越小，电子电流密度随之减小，器件的电流密度也随之减小。

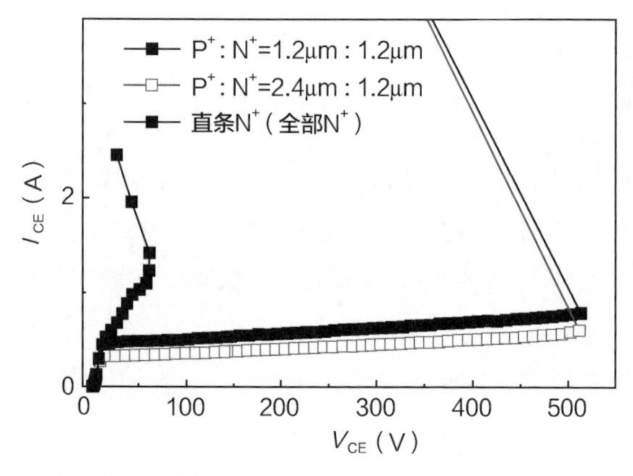

图 4.5　SOI-LIGBT 器件的闩锁能力测试曲线

图 4.6 所示为不同 P^+: N^+ 间隔条件下，闩锁电压 V_{LP} 随电流密度 J_{CE} 的变化趋势。可以看出，当电流密度降低到一定值时，闩锁电压基本不变。

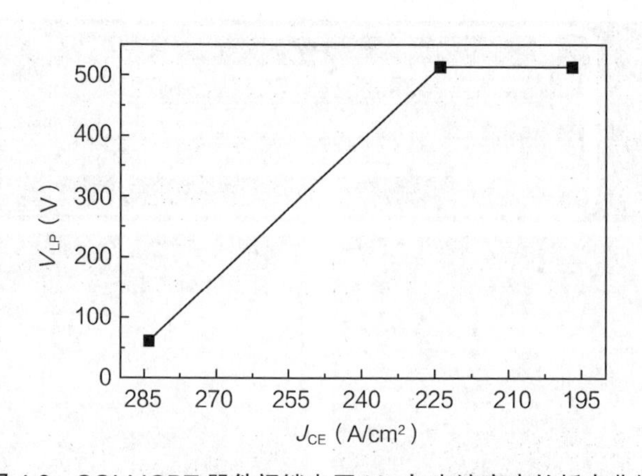

图 4.6　SOI-LIGBT 器件闩锁电压 V_{LP} 与电流密度的折中曲线

4.2　直角 U 型沟道技术

三相单片智能功率芯片一般用于直流无刷电机的驱动，而高压厚膜 SOI-LIGBT 器件是三相单片智能功率芯片中的关键器件[1-4]。为了降低单片智能功率芯片的成本，需要提高 SOI-LIGBT 器件的电流密度。

目前已经有多种技术可用于提升 SOI-LIGBT 器件的电流密度[1-3, 5-12]。在这些技术中，公认比较有效果的是多沟道技术。但是，在多沟道 SOI-LIGBT 器件中，相邻沟道间 P 型体区下方的寄生电阻会导致电子电流减小，当沟道数较多时，该技术的效果会大打折扣[8]。通常采用载流子存储层[2]或额外发射极 N 型阱[3, 8]来解决多沟道结构的这个问题，但是，为了达到降低相邻沟道间 P 型体区下方寄生电阻的效果，载流子存储层或者额外的 N 型阱通常需要较高的掺杂浓度，这又会导致 SOI-LIGBT 器件击穿电压的降低。为了克服多沟道结构的缺点，同时又能提升 SOI-LIGBT 器件的电流密度，本书课题组提出了一种可提升电流密度的结构，将其命名为 U 型沟道结构。

图 4.7 所示为直角 U 型沟道 SOI-LIGBT 器件与传统 SOI-LIGBT 器件的三维结构图。两种器件采用相同的掺杂浓度和相同的工艺流程制造。漂移区的掺杂浓度已经优化为最优值，漂移区的长度为 47μm。如图 4.7（a）所示，在单个元胞中，U 型沟道由平行沟道和垂直沟道组成，平行沟道的宽度为 W_{PC}，垂直沟道的宽度为 W_{OC}。

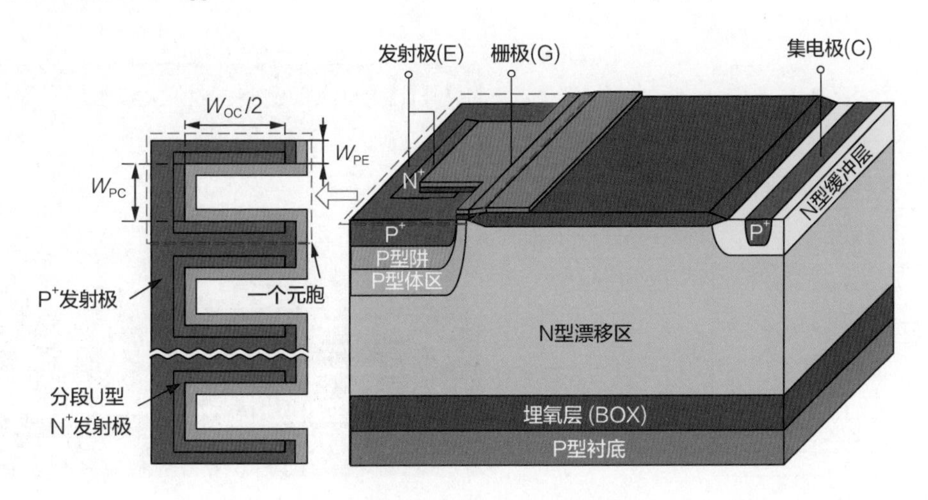

（a）直角U型沟道SOI-LIGBT器件

图 4.7　直角 U 型沟道 SOI-LIGBT 器件与传统 SOI-LIGBT 器件的三维结构图

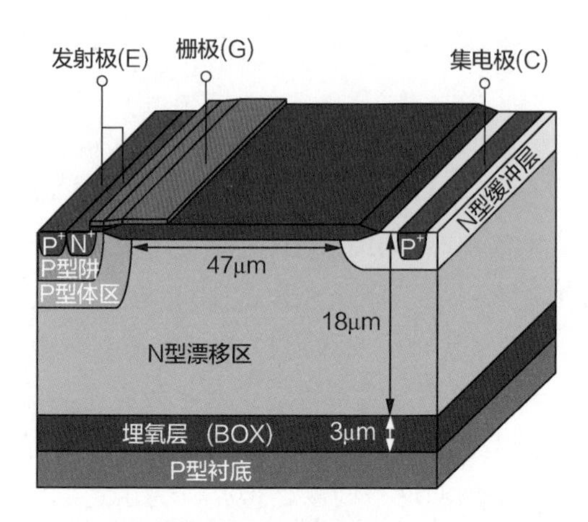

（b）传统SOI–LIGBT器件

图 4.7 直角 U 型沟道 SOI-LIGBT 器件与传统 SOI-LIGBT 器件的三维结构图（续）

图 4.8 所示为高压厚膜 SOI BCDI（Bipolar-CMOS-DMOS-IGBT）技术的关键工艺步骤。该套工艺采用 6 英寸 N 型外延圆片。SOI 层和 BOX 的厚度分别为 18μm 和 3μm。该工艺的第一步为沟槽隔离；第二步，通过离子注入形成 N 型缓冲层和 P 型体区；第三步，生长厚度为 5500Å 的场氧化层、结型场效应晶体管（Junction Field-Effect Transistor，JFET）区域离子注入、生长厚度为 370Å 的栅氧化层。P 型阱区域通过多晶硅栅极自对准形成。该工艺包括两层金属。图 4.9 所示为 U 型沟道 SOI-LIGBT 器件的显微照片和版图截图，版图中的器件总宽度为 1200μm。

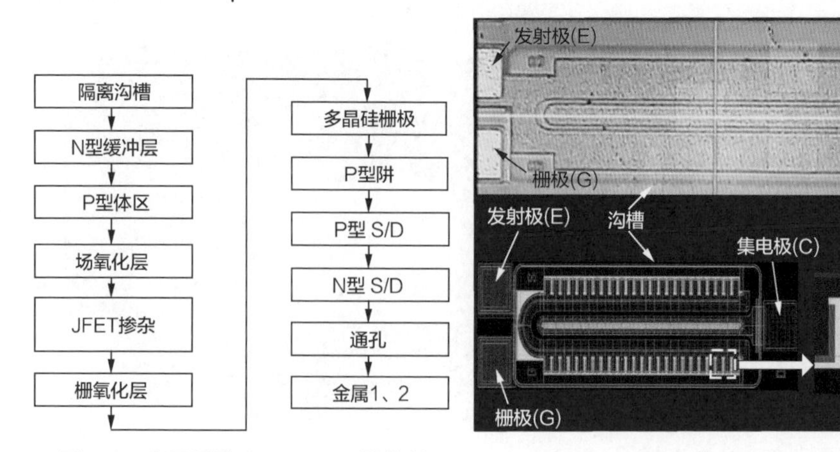

图 4.8 高压厚膜 SOI-LIGBT 器件的关键工艺步骤

图 4.9 U 型沟道 SOI-LIGBT 器件的显微照片与版图截图

下面对 U 型沟道 SOI-LIGBT 器件进行理论分析和仿真分析，采用 Sentaurus

软件进行器件三维结构编辑和电学参数仿真。首先，建立解析模型进行理论分析。图 4.10 所示为 U 型沟道 SOI-LIGBT 器件的简化结构原理图（俯视图）。L_{channel} 和 L_{d} 分别为沟道和 N 型漂移区的长度。平行沟道的沟道电阻为 R_{PC}，垂直沟道的总电阻为 R_{OC}，R_{drift} 和 R_{JFET} 分别是 N 型漂移区和 JFET 区域的电阻。$I_{\text{Conventional}}$ 和 I_{Proposed} 分别是传统 SOI-LIGBT 器件和 U 型沟道 SOI-LIGBT 器件的总电流。

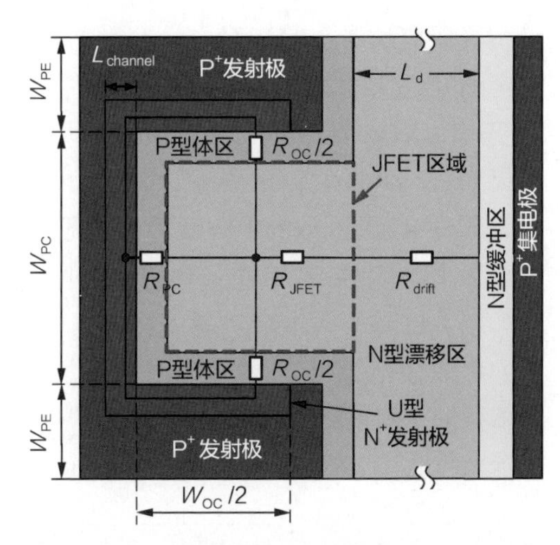

图 4.10　U 型沟道 SOI-LIGBT 器件的简化结构原理图（俯视图）

传统 SOI-LIGBT 器件与 U 型沟道 SOI-LIGBT 器件的总电流为

$$
\begin{aligned}
I_{\text{Proposed}} &= (1+\beta)V_{\text{C}} \Big/ \left\{ \left[(R_{\propto}/2) // R_{\text{PC}} // (R_{\propto}/2) \right] + R_{\text{JFET}} + R_{\text{drift}} \right\} \\
&= (1+\beta)V_{\text{C}} \Bigg/ \left[\frac{L_{\text{channel}}}{k(W_{\propto} + W_{\text{PC}})} + \frac{\alpha W_{\propto}/2}{k' W_{\text{PC}}} + \frac{L_{\text{d}}}{k'(2W_{\text{PE}} + W_{\text{PC}})} \right]
\end{aligned}
\tag{4.1}
$$

$$
I_{\text{Conventional}} = (1+\beta)V_{\text{C}} \Bigg/ \left[\frac{I_{\text{channel}}}{k(2W_{\text{PE}} + W_{\text{PC}})} + \frac{L_{\text{d}}}{k'(2W_{\text{PE}} + W_{\text{PC}})} \right] \tag{4.2}
$$

式（4.1）中，β 为 SOI-LIGBT 器件寄生三极管共发射极电流增益，V_{C} 为集电极电压。系数 k 和 k' 在计算线性电流和饱和电流时可分别用式（4.3）和式（4.4）进行表示：

$$
k = \mu_{\text{n}} C_{\text{ox}} V_{\text{C0}}, k' = N_{\text{d}} q \mu_{\text{n}} d \tag{4.3}
$$

$$
k = \mu_{\text{n}} C_{\text{ox}} (V_{\text{GE}} - V_{\text{TH}}), k' = N_{\text{d}} q \mu_{\text{n}} d \tag{4.4}
$$

式中，V_{C0} 是沟道末端的电势，V_{TH} 是阈值电压，V_{GE} 是栅极电压，N_{d} 是 N 型漂移区的掺杂浓度，μ_{n} 是电子迁移率，d 是漂移区的宽度。

当漂移区电阻 R_{drift} 远大于 JFET 区域电阻（$R_{\text{drift}} >> R_{\text{JFET}}$）时，U 型沟道 SOI-LIGBT 器件的电流可表示为

$$
I_{\text{Proposed}}\Big|_{\alpha \to 0} \approx I_{\text{Conventional}} \left[1 + \frac{L_{\text{d}} k W_{\text{OC}}}{(L_{\text{d}} k + L_{\text{channel}} k') W_{\text{PC}} + 2 L_{\text{channel}} k' W_{\text{PE}}} \right] \tag{4.5}
$$

由式（4.5）可以看出，关键的可变影响参数为 W_{PE}、W_{PC} 和 W_{OC}。下面通

过仿真研究这 3 个参数对电流密度 J_{CE} 的影响。如图 4.11（a）所示，对于任一给定的 W_{OC}，U 型沟道 SOI-LIGBT 器件都存在一个最优的 J_{CE}。随着 W_{PC} 的增大，J_{CE} 先增大后减小。当 W_{PC} = 10μm 时，可以得到最大的 J_{CE}。在相同 W_{PC} 的条件下，如果 W_{OC} < 80μm，J_{CE} 随着 W_{OC} 的增大而增大。当 W_{PC} < 10μm 或 W_{OC} > 80μm 时，因为此时 JFET 区域的电阻比较大，无法忽略，J_{CE} 呈现出退化趋势。

当 W_{PC} = 10μm 和 W_{OC} = 80μm 时，电流密度 J_{CE} 与闩锁电压 V_{LP} 的折中关系如图 4.11（b）所示。从图 4.11（b）中仿真的空穴电流分布可以看出，大部分空穴电流被相邻 N^+ 发射极之间的 P^+ 发射极所吸收。因此，增大 W_{PE} 有利于提升器件的抗闩锁能力，即有利于提高器件的闩锁电压 V_{LP}。但是，随着 W_{PE} 的增大，电流密度 J_{CE} 变小。为了获得大于 500V 的闩锁电压，W_{PE} 需要大于 5μm。

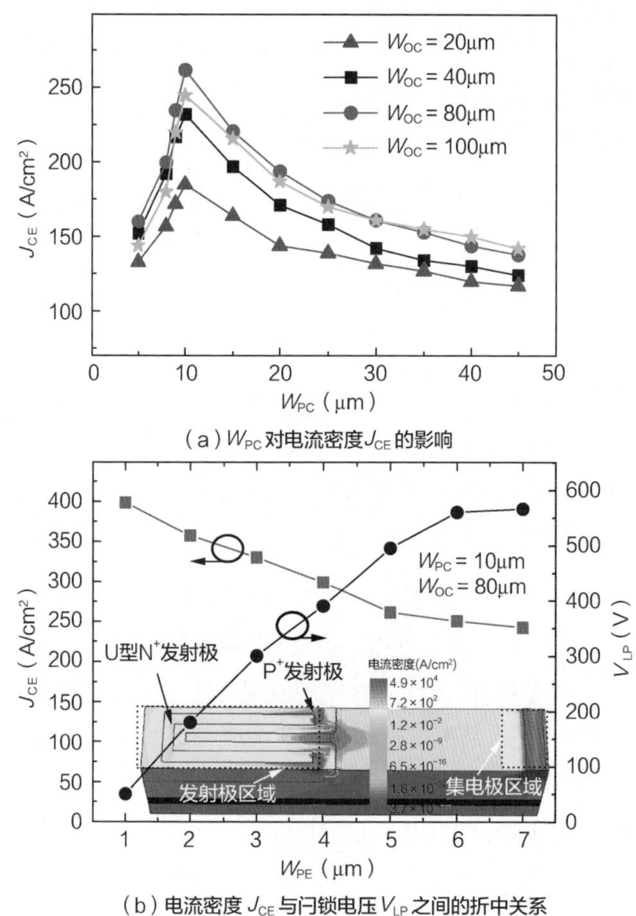

（a）W_{PC} 对电流密度 J_{CE} 的影响

（b）电流密度 J_{CE} 与闩锁电压 V_{LP} 之间的折中关系

图 4.11　尺寸参数对器件特性的影响

被测试的 U 型沟道 SOI-LIGBT 器件的 W_{PE}、W_{PC} 和 W_{OC} 分别为 6μm、10μm 和 40μm。图 4.12 所示为 U 型沟道 SOI-LIGBT 器件和传统 SOI-LIGBT 器件的 *I-V* 测试对比图，所加栅极电压 V_{GE} 为 5V。相比传统 SOI-LIGBT 器件，U 型沟道 SOI-LIGBT 器件在 V_{CE} = 3V 时的电流密度提升了 118%。如图 4.13 所示，当 W_{PE} = 6μm 时，U 型沟道 SOI-LIGBT 器件在 V_{CE} = 500V 时仍然可以不发生闩锁。减小 W_{PE} 会使闩锁电压变低，这是由于被 P^+ 发射极吸收的空穴数量在减少。图 4.14 所示为 U 型沟道 SOI-LIGBT 器件与其他 SOI-LIGBT 器件的击穿电压（BV）与比导通电阻（$R_{on,sp}$）折中关系对比。和其他 SOI-LIGBT 器件相比，U 型沟道 SOI-LIGBT 器件获得了更好的击穿电压与比导通电阻折中关系。

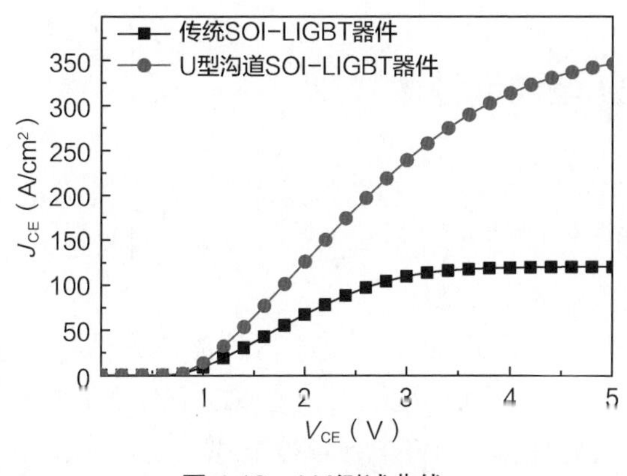

图 4.12　*I-V* 测试曲线

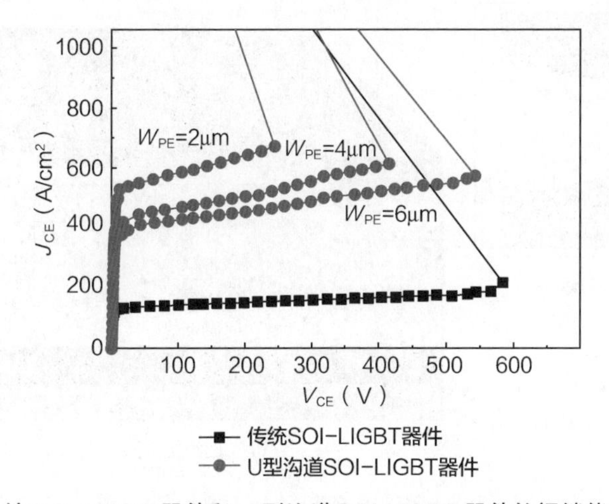

图 4.13　传统 SOI-LIGBT 器件和 U 型沟道 SOI-LIGBT 器件的闩锁能力测试曲线

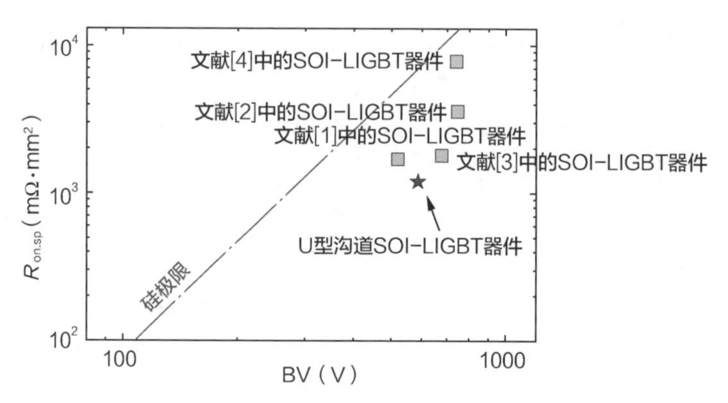

图 4.14　U 型沟道 SOI-LIGBT 器件与其他 SOI-LIGBT 器件的 BV 与 $R_{on.sp}$ 的折中关系

4.3　非直角 U 型沟道技术

在基本的 U 型沟道技术中，垂直沟道和平行沟道的夹角 α 为 90°。下面我们将通过建立解析模型和进行仿真实验研究 α 对器件性能的影响，进一步提升 U 型沟道 SOI-LIGBT 器件的性能。

图 4.15 所示为 U 型沟道 SOI-LIGBT 器件的三维结构示意图，图中 a、b、c 分别为平行沟道、垂直沟道以及 JFET 区域。每个元胞中，U 型沟道包含一个平行沟道和两个垂直沟道，JFET 区域被 U 型沟道所包围。

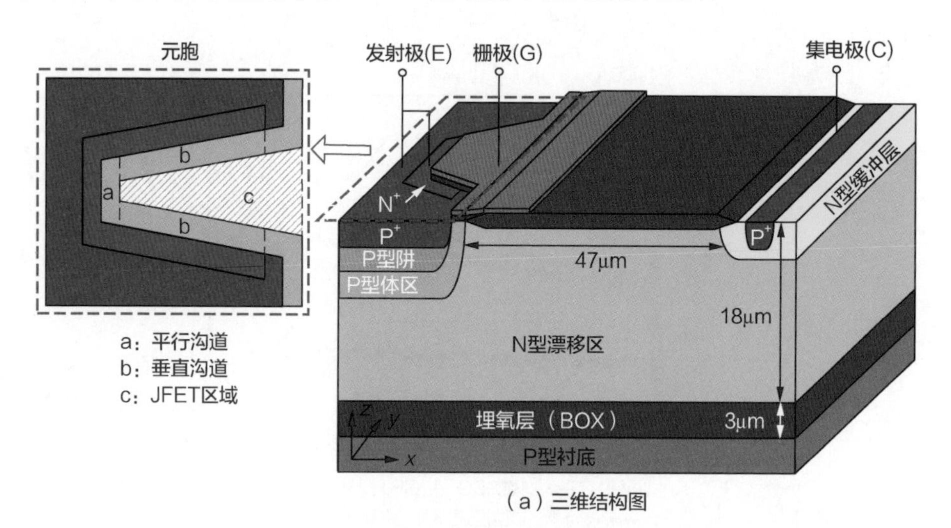

图 4.15　U 型沟道 SOI-LIGBT 器件的结构示意

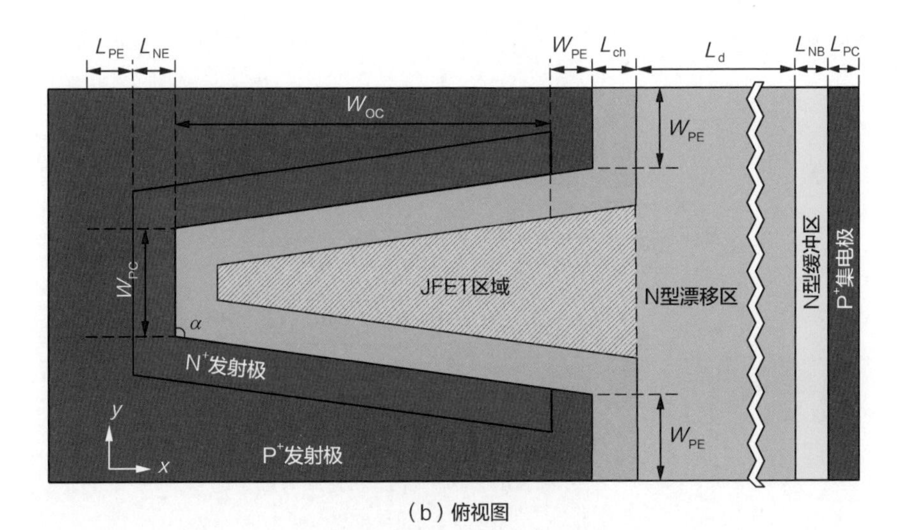

（b）俯视图

图 4.15　U 型沟道 SOI-LIGBT 器件的结构示意（续）

如图 4.15 所示，在单个元胞中，平行沟道的宽度为 W_{PC}，垂直沟道沿 x 方向的总宽度为 $2W_{OC}$，垂直沟道与平行沟道之间的夹角为 α。采用 MOS-BJT 模型，U 型沟道 SOI-LIGBT 器件的总电流可以表示为

$$I_{cell} = \frac{V_{CE} - V_d - \varphi_C}{R_{ch} + R_J}(1+\beta) \tag{4.6}$$

式（4.6）中，V_{CE} 是集电极—发射极电压，R_{ch} 是 U 型沟道的总电阻，R_J 是 JFET 区域的电阻，V_d 是贯穿漂移区的电势差，φ_C 是集电极侧 PN 结的内建电势，β 是寄生三极管的共发射极增益。

单个元胞的 U 型沟道 SOI-LIGBT 器件的面积为

$$\begin{aligned} S &= \left(L_d + W_{OC} + 2L_{PE} + L_{NE} + L_{ch} + L_{NB} + L_{PC}\right) \\ &\quad \times \left[2W_{PE} + W_{PC} + 2\left(W_{\propto} + L_{PE}\right)\tan\left(\alpha - 90^\circ\right)\right] \\ &= \left(L_d + W_{\propto}\right)W_d \end{aligned} \tag{4.7}$$

式（4.7）中，L_d、L_{PE}、L_{NE}、L_{ch}、L_{NB}、L_{PC} 分别是 N 型漂移区、P$^+$ 发射极区域、N$^+$ 发射极区域、U 型沟道、N 型缓冲层区域以及 P$^+$ 集电极区域的长度。其中，W_d 是 N 型漂移区的宽度。

于是，U 型沟道 SOI-LIGBT 器件的电流密度可以表示为

$$J_{CE} = \frac{I_{cell}}{S} = \frac{V_{CE} - V_d - \varphi_C}{\left(R_{ch} + R_J\right)\left(L_d' + W_{OC}\right)W_d}(1+\beta) \tag{4.8}$$

在式（4.8）中，R_{ch}、R_J 和 V_d 可以分别用式（4.9）、式（4.10）和式（4.11）[13]表示：

$$R_{ch}=\frac{L_{ch}}{C_{ox}\mu_n Z\left(V_{GE}-V_{TH}\right)} \tag{4.9}$$

$$R_J=\frac{W_{\propto}+L_{PE}}{2q\mu_n N_d t_J\left(W_{OC}+L_{PE}\right)\tan\left(\alpha-90^{\circ}\right)} \times \ln\left[\frac{W_{PC}-2L_{ch}+2\left(W_{\propto}+L_{PE}\right)\tan\left(\alpha-90^{\circ}\right)}{W_{PC}-2L_{ch}}\right] \tag{4.10}$$

$$V_d=\frac{2kT}{q}\ln\left[\frac{J_{CE}\left(L_d-W_{CE}\right)\left(L_d'+W_{OC}\right)}{2qt_d D_a n_i F\left(\left(L_d-W_{CE}\right)/L_a\right)}\right] \tag{4.11}$$

式（4.9）至式（4.11）中，N_d 是 N 型漂移区的掺杂浓度，t_d 是 N 型漂移区的厚度，t_J 是 JFET 区域的深度，V_{TH} 是阈值电压，V_{GE} 是栅极电压，μ_n 是电子迁移率，D_a 是双极扩散系数，n_i 是本征载流子浓度，L_a 是双极扩散长度。在式（4.9）中，Z 是 U 型沟道的总宽度，为$2W_{OC}/\cos(\alpha-90^{\circ})+W_{PC}$。在式（4.11）中，$F((L_d-W_{CE})/L_a)$ 为 [13]

$$F\left(\left(L_d-W_{CE}\right)/L_a\right)=\frac{\left[\left(L_d-W_{CE}\right)/L_a\right]\tanh\left(\left(L_d-W_{CE}\right)/L_a\right)}{\sqrt{1-0.25\tanh^4\left(\left(L_d-W_{CE}\right)/L_a\right)}}\mathrm{e}^{-\left[\left(L_d-W_{CE}\right)/L_a\right]^2} \tag{4.12}$$

根据式（4.8）至式（4.12），当 U 型沟道 SOI-LIGBT 器件的相关尺寸参数满足$\tan(\alpha-90^{\circ}) < \sqrt{(W_{PC}-2L_{ch})(2W_{PE}+W_{PC})}/2(W_{OC}+L_{PE})$时，$\partial J_{CE}/\partial\alpha>0$。因此，当 α 在 0 ～$\arctan(\sqrt{(W_{PC}-2L_{ch})(2W_{PE}+W_{PC})}/2(W_{OC}+L_{PE}))+90^{\circ}$ 范围内时，U 型沟道 SOI-LIGBT 器件的 J_{CE} 随着 α 的增大而增大。

如图 4.16 所示，在仿真结果和模型计算结果中，对于提升电流密度 J_{CE}，α 均存在其最优值。随着 α 的增大，J_{CE} 先增大后减小。当 $W_{PC}=10\mu m$、$W_{OC}=40\mu m$ 和 $W_{PE}=6\mu m$ 时，α 的最优值为 100°，并且仿真结果和模型计算结果一致。但是，模型计算的 J_{CE} 要小于仿真的 J_{CE}，导致这种差别的原因：一方面是由于栅极电压正偏会在 JFET 区域形成积累层，模型中并未计算积累层的影响；另一方面是由于从平行沟道和垂直沟道流出的电子路径存在差异，也未计算到模型中。无论是计算结果还是仿真结果，J_{CE} 都存在最优值。在其他尺寸参数不变时，器件的元胞宽度（间距）会随着 α 的增大而增大，元胞的密度也随之下降。

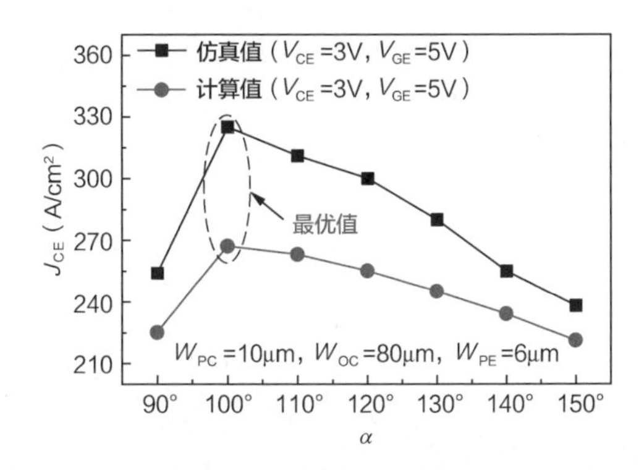

图 4.16　U 型沟道 SOI-LIGBT 器件的电流密度 J_{CE} 随着 α 的变化趋势

图 4.17 所示为 U 型沟道 SOI-LIGBT 器件三维仿真（半个元胞）在 V_{CE} = 3V 和 V_{GE} = 5V 条件下的电子电流分布情况。在相同的 W_{PC} = 10μm、W_{OC} = 40μm 和 W_{PE} = 6μm 条件下，当 α = 90° 和 α = 100° 时，半个元胞的宽度（W_d/2）分别是 11μm 和 18μm。从图中可以看出，在开态时，平行沟道和垂直沟道均注入电子到漂移区中。但是，沿着 U 型沟道的末端（沿 A_1-A_2 和 B_1-B_2 截线），电子电流密度分布非常不均匀，且当 α = 100° 时，电子电流密度分布相对均匀。

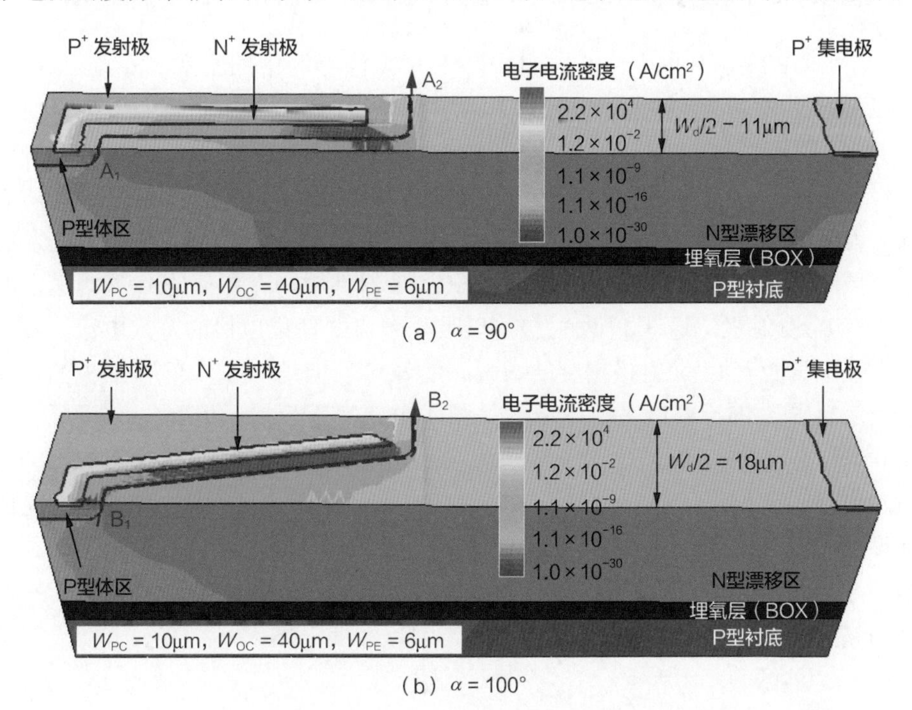

图 4.17　U 型沟道 SOI-LIGBT 器件三维仿真（半个元胞）在 V_{CE} = 3V 和 V_{GE} = 5V 条件下的电子电流密度分布

图 4.18 所示为沟道末端电势和电子电流密度沿 A_1-A_2 及 B_1-B_2 截线的分布情况。可以看出，当 α 从 90° 增大到 100°，沟道末端的电势均匀程度和电子电流密度的均匀程度都得到了改善。

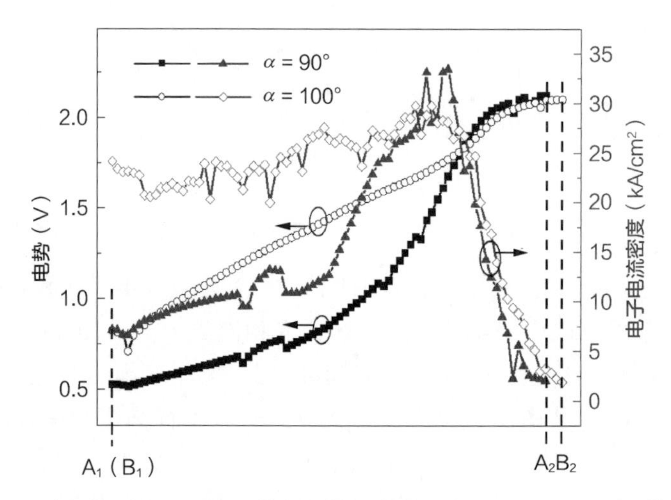

图 4.18　U 型沟道 SOI-LIGBT 器件的电势和电子电流沿 A_1-A_2 及 B_1-B_2 截线的分布

在 LIGBT 器件中，由 P^+ 集电极注入 N 型漂移区中的空穴，要流经 N^+ 发射极下方的 P 型体区才能最终流进 P^+ 发射极。当由 P 型体区和 N^+ 发射极组成的 PN 压降达到约 0.7V 时，由 N^+ 发射极、P 型体区、N 型漂移区组成的寄生三极管开启，器件发生闩锁。

为了研究 U 型沟道 SOI-LIGBT 器件的闩锁免疫能力，需要重点关注发射极区域的空穴电流。在 U 型沟道 SOI-LIGBT 器件中，在相邻的 U 型沟道之间设置有 P^+ 发射极，这些 P^+ 发射极可以吸收来自器件集电极的空穴电流。器件的闩锁电压随着 P^+ 发射极宽度的增大而增大 [14]。但是，如果 P^+ 发射极的宽度较大，会导致电流密度大幅下降。如图 4.19（b）所示，无论 α = 90° 还是 α = 100°，P^+ 发射极都吸收了大部分空穴，因此，在 C_3 到 C_4 之间以及 D_3 到 D_4 之间，空穴电流密度出现了峰值。对于 α 为 90° 的结构，在 C_1 到 C_2 之间，空穴电流密度极低，且在 C_2 到 C_3 之间突然变大。这说明空穴很难流到 C_1 到 C_2 之间的区域，比较容易在 C_2 到 C_3 之间的区域堆积。对于 α 为 100° 的结构，在 D_1 到 D_3 之间的区域，空穴电流密度相对均匀。因此，增大 α 将有利于增大闩锁电压。

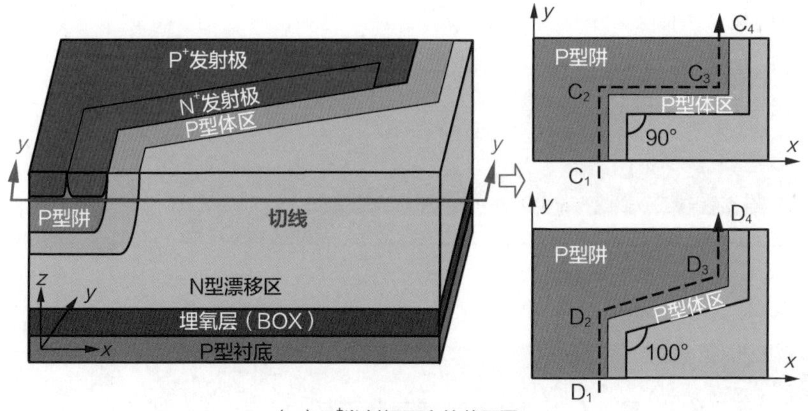

（a）N⁺发射极下方的截面图

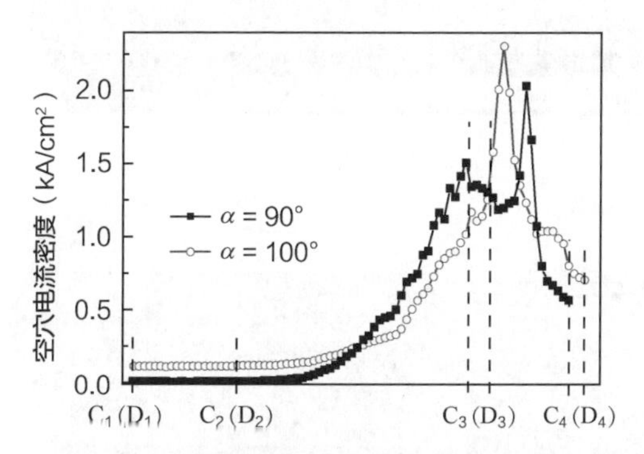

（b）α = 90° 和 α = 100° 时对应的空穴电流密度分布（V_{CE}=280V，V_{GE}=5V）

图 4.19　U 型沟道 SOI-LIGBT 器件的空穴电流密度分布

图 4.20 所示为 $\alpha = 90°$ 和 $\alpha = 100°$ 两种结构在 $V_{CE} = 280V$ 和 $V_{GE} = 5V$ 短路条件下的电离率分布和晶格温度分布。如图 4.20（a）所示，在短路时间持续到 1μs 时，$\alpha = 90°$ 和 $\alpha = 100°$ 两种结构有着相似的电离率分布且最大电离率点都位于靠近鸟嘴区（漂移区场氧化层的边缘）。如图 4.20（b）所示，两种结构的最大晶格温度点都位于 N 型漂移区的底部。但是，在 $\alpha = 90°$ 的结构中，JFET 区域存在一个额外的热点。JFET 区域局部的温升可能会导致在短路时发生动态闩锁。

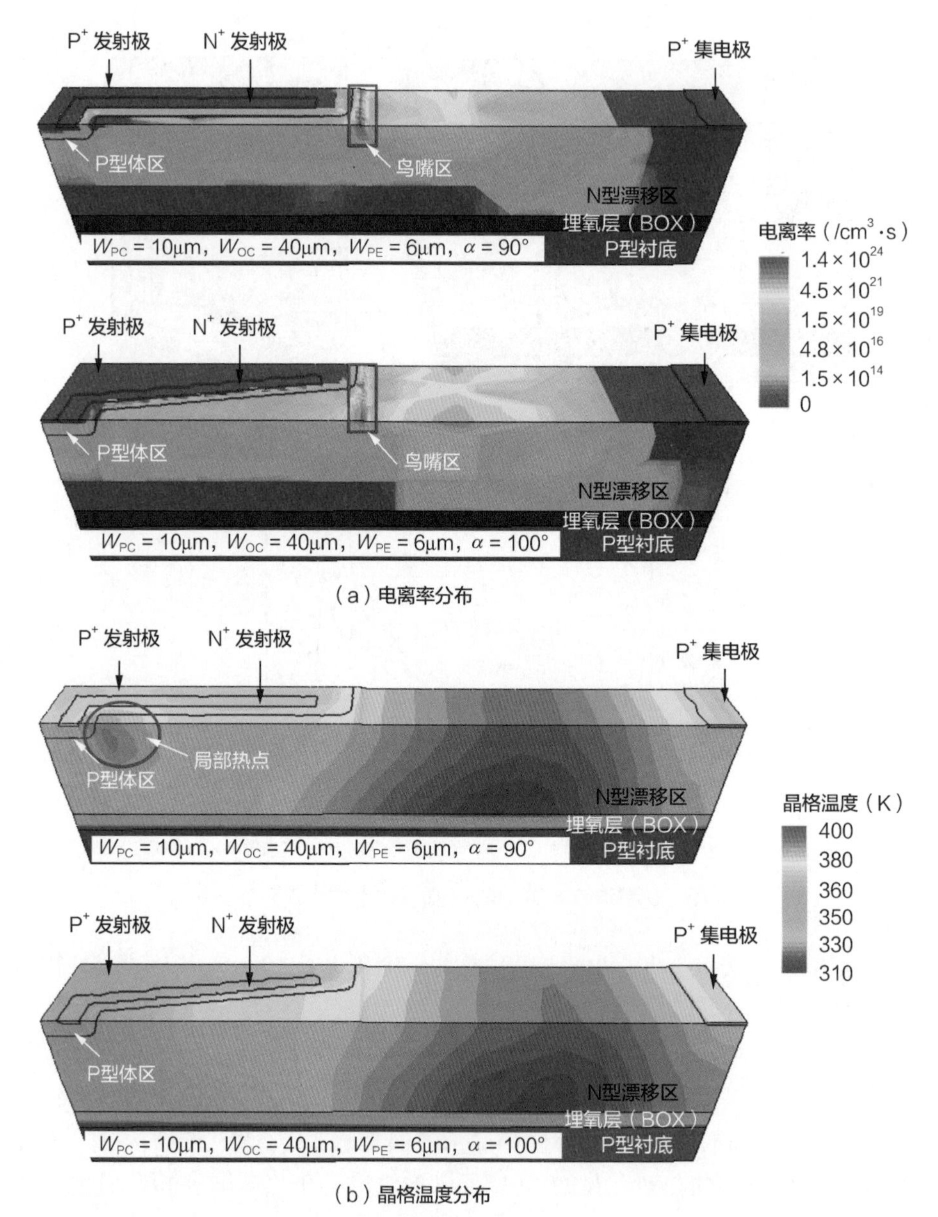

（a）电离率分布

（b）晶格温度分布

图 4.20　U 型沟道 SOI-LIGBT 器件在 V_{CE} = 280V 和 V_{GE} = 5V 短路条件下的物理特性

图 4.21 为 U 型沟道 SOI-LIGBT 器件的 SEM 剖面图。图 4.22（a）所示为 U 型沟道 SOI-LIGBT 器件的击穿电压测试曲线。当 W_{PE} = 6μm、W_{PC} = 10μm 及 W_{OC} = 40μm 时，α = 90°、100°、120° 及 150° 的 U 型沟道器件的击穿电压几乎相同，都约为 590V。图 4.22（b）所示为 U 型沟道 SOI-LIGBT 器件的 *I-V* 测

试曲线，测试条件为 $V_{CE} = 3V$ 及 $V_{GE} = 5V$，$\alpha = 90°$、$100°$、$120°$ 及 $150°$ 时器件的电流密度分别为 240A/cm²、305A/cm²、261A/cm² 及 190A/cm²。

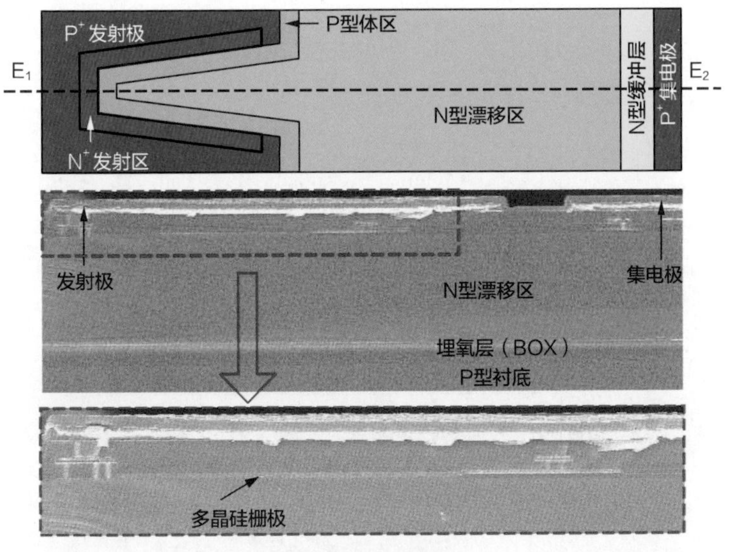

（a）沿 E_1-E_2 截线

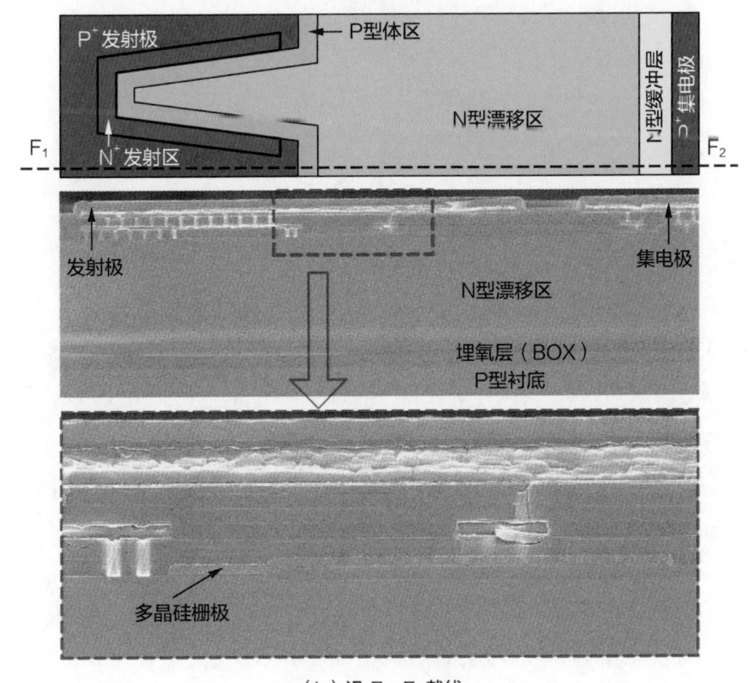

（b）沿 F_1-F_2 截线

图 4.21　U 型沟道 SOI-LIGBT 器件的 SEM 剖面图

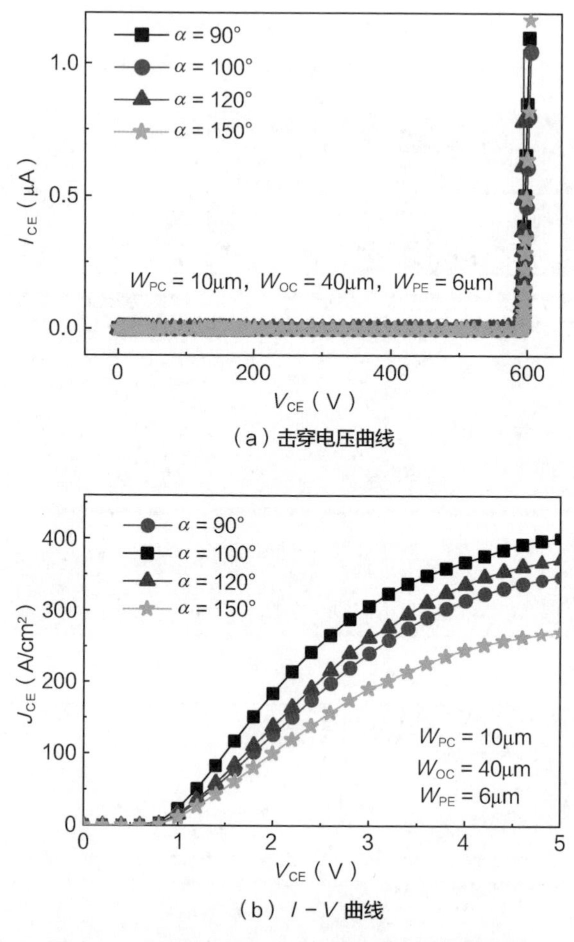

（a）击穿电压曲线

（b）$I-V$ 曲线

图 4.22　U 型沟道 SOI-LIGBT 器件的测试曲线

图 4.23 所示为 $\alpha = 90°$ 和 $\alpha = 100°$ 时，U 型沟道 SOI-LIGBT 器件的电流密度 J_{CE} 和闩锁电压 V_{LP} 随 W_{PE} 的变化趋势。闩锁电压 V_{LP} 采用 100ns 的传输线脉冲（Transmission Line Pulses，TLP）系统进行测试。V_{LP} 随着 W_{PE} 的增大而增大，因此比较宽的 W_{PE} 有利于提升 U 型沟道 SOI-LIGBT 器件的闩锁免疫能力。J_{CE} 随着 W_{PE} 的增大而减小，同时，J_{CE} 和 V_{LP} 之间存在明显的折中关系。前文已经提到，在 $\alpha = 100°$ 的结构中，JFET 区域的电势分布较为均匀且空穴电流堆积也得到了缓解，因此，相比于 $\alpha = 90°$ 的结构，$\alpha = 100°$ 的结构具有更好的 J_{CE}-V_{LP} 折中关系，J_{CE} 和 V_{LP} 分别改善了 27.1% 和 3.5%。结合 4.1 节的测试结果，

$\alpha = 100°$ 的结构相比于传统 SOI-LIGBT 器件，J_{CE} 提升了 177%。

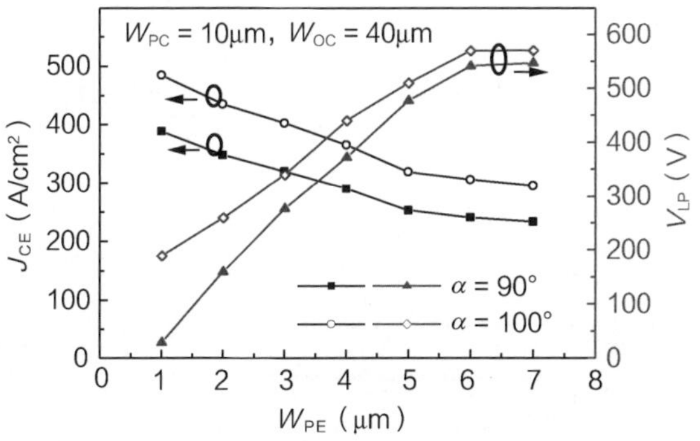

图 4.23　U 型沟道 SOI-LIGBT 器件的电流密度 J_{CE} 和闩锁电压 V_{LP} 随 W_{PE} 的变化趋势

图 4.24 所示为击穿电压 BV 与比导通电阻 $R_{on.sp}$ 的折中关系。图中把 U 型沟道 SOI-LIGBT 器件与多沟道、单沟道及三维沟道 SOI-LIGBT 器件进行了比较。U 型沟道 SOI-LIGBT 器件获得了极为优秀的击穿电压与 $R_{on.sp}$ 的折中关系。

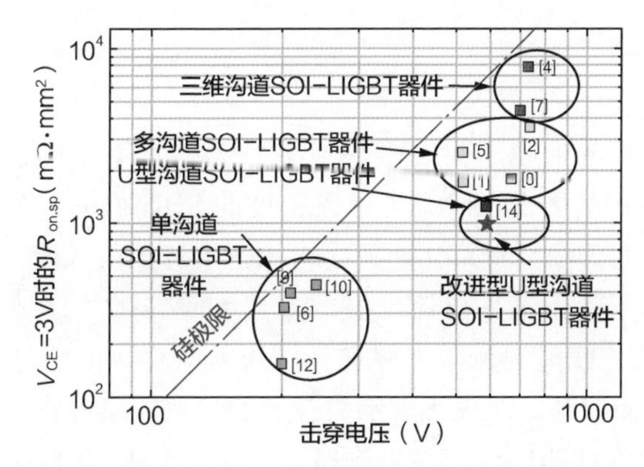

注：[1] 指文献 [1] 中的 SOI-LIGBT 器件。其余类同。

图 4.24　U 型沟道 SOI-LIGBT 器件与其他 SOI-LIGBT 器件的击穿电压与 $R_{on.sp}$ 的折中关系

图 4.25 所示为 $\alpha = 90°$ 和 $\alpha = 100°$ 时 U 型沟道 SOI-LIGBT 器件的短路测试波形。测试条件为：环境温度 $T_A = 25$℃，母线电压 $V_{BUS} = 280$V，栅极—发射极电压 $V_{GE} = 5$V，栅极电阻 $R_G = 10\Omega$。U 型沟道 SOI-LIGBT 器件采用 DIP8 封装，$\alpha = 90°$ 和 $\alpha = 100°$ 时，短路维持电流密度 J_{CE} 分别为 550A/cm^2 和 627A/cm^2，短路承受时间分别为 2.2μs 和 5.1μs。

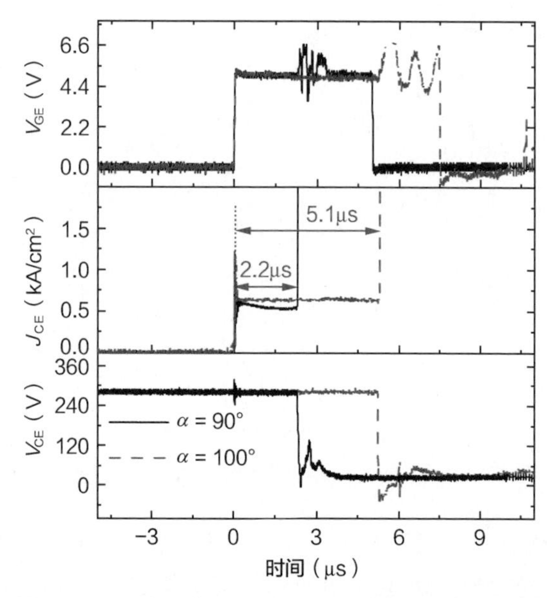

图 4.25　U 型沟道 SOI-LIGBT 器件的短路测试波形

4.4　本章小结

为了降低芯片的面积，实现芯片的小型化，具有大电流密度的高压厚膜 SOI-LIGBT 器件必不可少，研究大电流密度的 SOI-LIGBT 器件一直以来备受产业界和学术界的关注。本章先研究了电流密度与抗闩锁能力的折中关系；然后介绍了一种用于提升器件电流密度的 U 型沟道技术，该技术在 SOI-LIGBT 器件的发射极采用 U 型沟道，大幅提升了注入漂移区中的电子电流，且电子电流主要在硅表面流动，避免了多沟道技术的缺点，通过建立解析模型证明 U 型沟道能够提升器件的电流密度。同时，研究了 U 型沟道各个组成部分的尺寸及平行沟道和垂直沟道的夹角 α 对电流密度的影响，解析模型表明，在一定范围内增大 α 可以进一步提高器件的电流密度。仿真结果表明，增大 α 有利于降低 U 型沟道拐角处的电流集中，避免产生局部热点，提高器件的闩锁电压。此外，还分析了 U 型沟道的载流子分布，优化了电流密度与闩锁电压的折中关系。实验结果表明，相比传统 SOI-LIGBT 器件，采用 U 型沟道技术的 SOI-LIGBT 器件，其电流密度可提升 177%，同时获得 500V 以上的闩锁电压。U 型沟道 SOI-LIGBT 器件获得了国际先进的击穿电压与比导通电阻 $R_{on,sp}$ 的折中关系。

参考文献

[1] NAKAGAWA A, FUNAKI H, YAMAGUCHI Y, et al. Improvement in lateral IGBT design for 500V 3A one chip inverter ICs[C]. IEEE 11th International Symposium on Power Semiconductor Devices and ICs, 1999:321-324.

[2] SHIGEKI T, AKIO N, YOUICHI A, et al. Carrier-storage effect and extraction-enhanced lateral IGBT (E^2LIGBT): A super-high speed and low on-state voltage LIGBT superior to LDMOSFET[C]. IEEE 24th International Symposium on Power Semiconductor Devices and ICs, 2012:393-396.

[3] HARA K, WADA S, SAKANO J, et al. 600V single chip inverter IC with new SOI technology[C]. IEEE 26th International Symposium on Power Semiconductor Devices and ICs, 2014:418-421.

[4] ZHU J, SUN W, QIAN Q, et al. 700V thin SOI-LIGBT with high current capability[C]. IEEE 25th International Symposium on Power Semiconductor Devices and ICs, 2013:119-122.

[5] FUNAKI H, MATSUDAI T, NAKAGAWA A, et al. Multi-channel SOI lateral IGBTs with large SOA[C]. IEEE 9th International Symposium on Power Semiconductor Devices and ICs, 1997:33-36.

[6] LU D, JIMBO S, FUJISHIMA N. A low on-resistance high voltage SOI-LIGBT with oxide trench in drift region and hole bypass gate configuration[C]. IEEE 2005 International Electron Devices Meeting, 2005:381-384.

[7] ZHU J, SUN W, DAI W, et al. TC-LIGBTs on the thin SOI layer for the high voltage monolithic ICs with high current density and latch-up immunity[J]. IEEE Transactions on Electron Devices, 2014, 61(11):3814-3820.

[8] SAKANO J, SHIRAKAWA S, HARA K, et al. Large current capability 270V lateral IGBT with multi-emitter[C]. IEEE 22nd International Symposium on Power Semiconductor Devices and ICs, 2010:83-86.

[9] LU D, MIZUSHIMA T, KITAMURA A, et al. Retrograded channel SOI-LIGBTs with enhanced safe operating area[C]. IEEE 20th International Symposium on Power Semiconductor Devices and ICs, 2008:32-35.

[10] LIU S, SUN W, HUANG T, et al. Novel 200V power devices with large current capability and high reliability by inverted HV-well SOI technology[C]. IEEE 25th International Symposium on Power Semiconductor Devices and ICs, 2013:115-118.

[11] TRAJKOVIC T, UDUGAMPOLA N, PATHIRANA V, et al. 800V lateral IGBT in bulk Si for

low power compact SMPS applications[C]. IEEE 25th International Symposium on Power Semiconductor Devices and ICs, 2013:401-404.

[12] TSUJIUCHI M, NITTA T, IPPOSHI T, et al. Evolution of 200V lateral-IGBT technology[C]. IEEE 26th International Symposium on Power Semiconductor Devices and ICs, 2014:426-429.

[13] CHOO S. Effect of carrier lifetime on the forward characteristics of high-power devices[J]. IEEE Transactions on Electron Devices, 1970, 17(9):647-652.

[14] ZHU J, SUN W, ZHANG L, et al. High voltage thick SOI-LIGBT with high current density and latch-up immunity[C]. IEEE 27th International Symposium on Power Semiconductor Devices and ICs, 2015:169-172.

第 5 章　高压厚膜 SOI-LIGBT 器件的鲁棒性

第 4 章已经介绍了一种电流密度提升技术（U 型沟道技术），该技术可以有效提升 SOI-LIGBT 器件的电流密度；然而，对于 SOI-LIGBT 器件来说，电流密度的提升往往会导致关断和短路的鲁棒性变差。在关断鲁棒性方面，电流密度的提升会使并联使用的 SOI-LIGBT 器件各跑道之间的电流不一致问题变得严重；在短路鲁棒性方面，电流密度的提升会导致短路状态时器件发热问题更为严重。本章对上述两方面的内容进行了研究。在关断鲁棒性方面，以单沟道 SOI-LIGBT 器件为对象，分析多跑道并联 SOI-LIGBT 器件在大电流和大电压条件下的关断失效波形，通过仿真手段重现失效现象，对失效机理进行研究并提出解决方案；在短路鲁棒性方面，将重点研究 U 型沟道 SOI-LIGBT 器件短路过程中的载流子分布、温度分度、电势分布等物理特性，提出提升 U 型沟道 SOI-LIGBT 器件短路能力的方案，并进行实测验证。此外，本章还对 di/dt 控制技术、低温条件下的击穿电压漂移现象等内容进行了详细讲解。

5.1　关断鲁棒性

5.1.1　多跑道并联 SOI-LIGBT 器件的非一致性关断特性

为了满足不同驱动能力的要求，集成在单片智能功率芯片中的 SOI-LIGBT 器件一般采用多跑道并联的形式来增大输入电流，通过调节跑道数来调节输出电流。然而，多跑道并联后，各跑道之间由于工艺误差及互连线寄生效应等原因会存在一定的非一致性行为。对于作为高侧及低侧开关器件的 SOI-LIGBT 器件来说，需要能够在母线电压及额定电流条件下正常关断。在感性负载关断过程中，恒定的电感电流强制流入 SOI-LIGBT 器件，直到 FWD 完全续流之后，SOI-LIGBT 器件的电流才降为零。在关断的瞬态过程中，电感电流流过 SOI-LIGBT 器件，集电极—发射极电压快速上升到母线电压，在这个过程中，器件承受着高电压和大电流双重应力的作用，有可能会导致失效发生。为了满足上述应用要求，非常有必要优化 SOI-LIGBT 器件的关断鲁棒性，尤其是多跑道并联时，非一致性行为会导致器件异常脆弱。

目前已有相关文献对 IGBT 器件在感性负载开关下的鲁棒性进行了研究[1-3]，但是这些文献多集中于分立的纵向 IGBT 器件[1]或多芯片合封的 IGBT 模块[2-3]，对单芯片 LIGBT 器件的研究少之又少。文献 [1] 通过在栅极总线及终端区域的版图薄弱点确认了分立 IGBT 器件的关断失效机理。文献 [2] 研究了多芯片 IGBT 模块在过载情况下的失效机理，经研究发现，失效的原因是多芯片之间的电热失配所导致的二次击穿。文献 [3] 研究了内部栅极电阻的差异所导致的多芯片间的非一致性，这种非一致性最终导致单个芯片发生闩锁，而多芯片栅极电阻的差异化是由于不合理的打线或者封装框架。

本节将研究多跑道并联 SOI-LIGBT 器件感性负载关断时，在大电流和大电压共同作用下失效的物理机制。该机理和多芯片合封的 IGBT 模块[2-3]及分立纵向 IGBT 器件[1]的失效机理有很大差别，对于 SOI 基器件来说是特有的。首先，我们将通过器件的关断失效波形及开态 *I-V* 特性来初步确认失效原因；然后，通过二维电热仿真来复原失效现象并从载流子分布、电势分布等物理特征来进一步确认失效原因；最后，通过实验来验证机理的正确性。为了方便研究，本节采用单沟道 SOI-LIGBT 器件进行研究，但是研究结论和改进措施也适用于 U 型沟道 SOI-LIGBT 器件。

图 5.1 所示为 550V（级别）多跑道并联 SOI-LIGBT 器件的截面结构。每条跑道包含两个对称的元胞。器件的掺杂浓度和尺寸参数与本书课题组已研制的 SOI-LIGBT 器件[4]保持一致，其中 N 型漂移区的掺杂浓度为 $8.3\times10^{14}/\mathrm{cm}^3$，BOX 下方的 P 型衬底电阻率为 10Ω · cm。器件顶层硅和 BOX 的厚度分别为 18μm 和 3μm。在单个元胞中，N 型漂移区的长度为 47μm。在第一条跑道和第 *n* 条跑道的边缘设有 DOT，用于将 SOI-LIGBT 器件与同一芯片中的其他芯片或电路进行隔离。

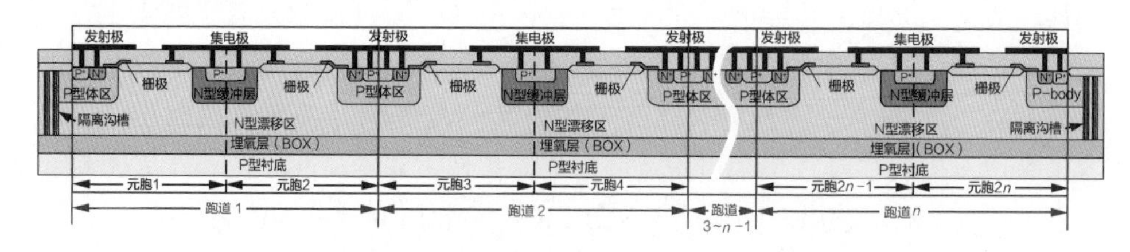

图 5.1　550V（级别）多跑道并联 SOI-LIGBT 器件的截面结构

图 5.2（a）所示为六跑道并联 SOI-LIGBT 器件的俯视照片。六跑道并联 SOI-LIGBT 器件的额定直流电流为 1A，即 0.167A/ 跑道。如图 5.2（b）所示，单跑道 SOI-LIGBT 器件采用跑道型的版图。在有源区中，集电极区域环绕包

围发射极区域，在 HVI 区，在发射极金属下方的硅中设有双沟槽来屏蔽 HVI 对击穿电压的影响[5-7]。

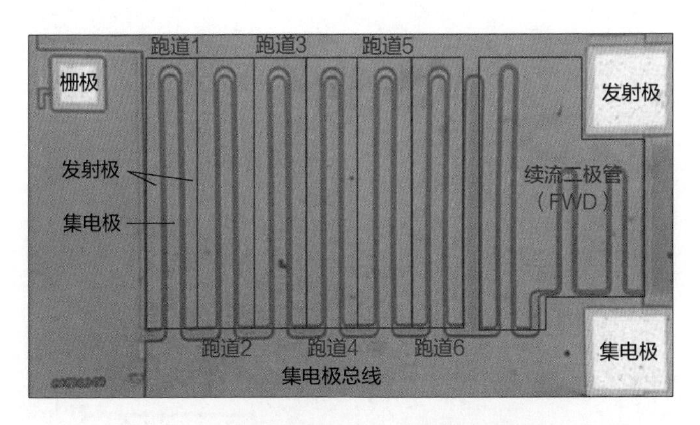

（a）六跑道并联SOI-LIGBT器件的俯视照片

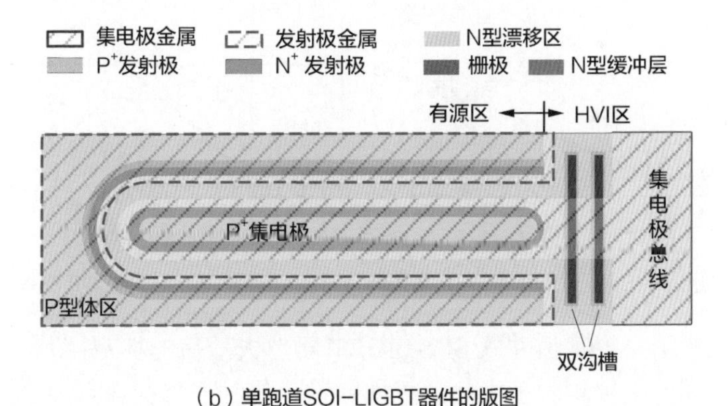

（b）单跑道SOI-LIGBT器件的版图

图 5.2　器件照片和版图

图 5.3 所示为感性负载开关测试电路原理。母线电压为 450V，电感负载为 3mH。图 5.4（a）和（b）分别为六跑道和单跑道 SOI-LIGBT 器件的感性负载测试波形。如图 5.4（a）所示，六跑道 SOI-LIGBT 器件在集电极—发射极电压 V_{CE} 上升到母线电压后发生失效，集电极—发射极电流 I_{CE} 突然急剧上升，同时 V_{CE} 发生崩塌，临界的失效电流为 0.17A/ 跑道。如图 5.4（b）所示，单跑道 SOI-LIGBT 器件在远高于六跑道 SOI-LIGBT 器件电流（0.326A/ 跑道）的条件下仍能正常关断。因此，可以判断，SOI-LIGBT 器件关断的失效是由于多跑道之间的电流串扰或者失配。

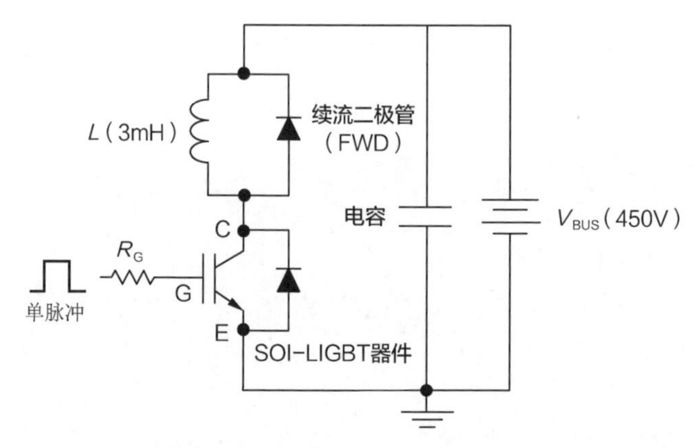

图 5.3　感性负载开关测试电路原理

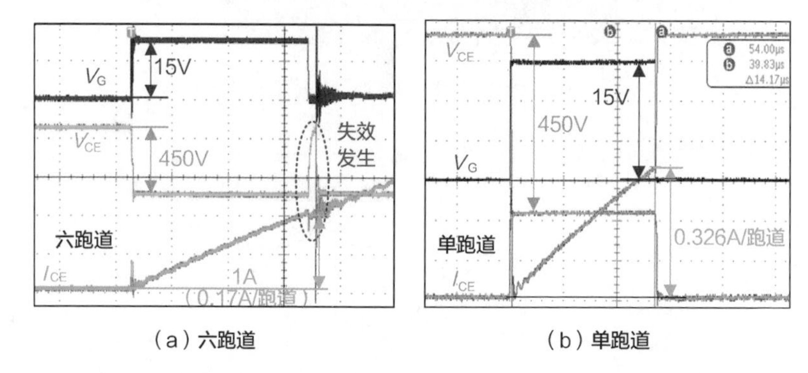

（a）六跑道　　　　（b）单跑道

图 5.4　SOI-LIGBT 器件的感性负载开关测试波形（V_G 为栅极信号）

图 5.5 所示为多跑道并联 SOI-LIGBT 器件失效后的坏点照片。可以看出，4 个样片烧坏的位置均位于中间位置的跑道，这种局部的坏点说明，在关断过程中，电流最终集中在位于中间位置的跑道中。电流集中效应会随着跑道数的增加而变得愈发严重。

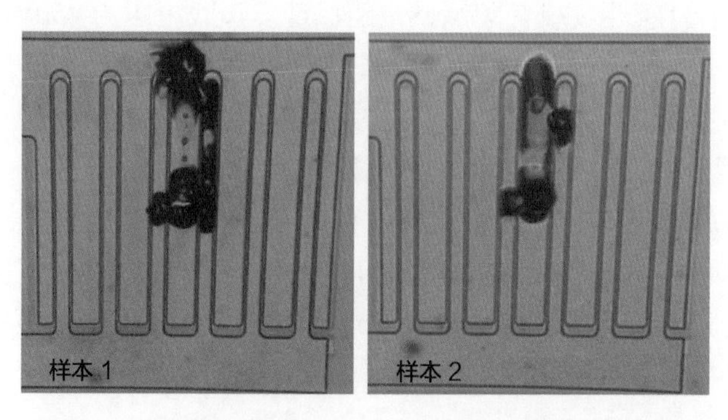

图 5.5　多跑道并联 SOI-LIGBT 器件失效后的坏点照片

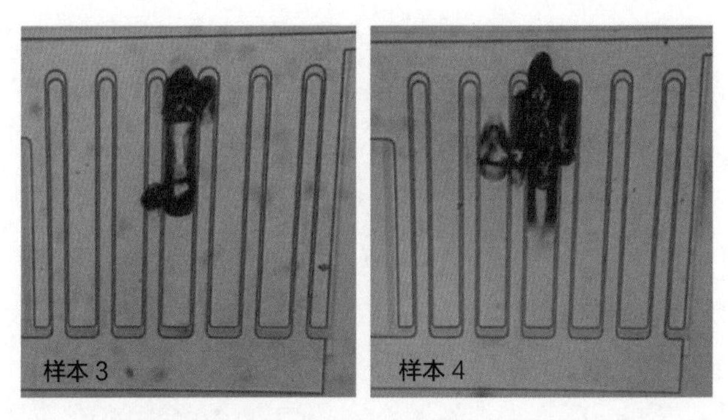

图 5.5　多跑道并联 SOI-LIGBT 器件失效后的坏点照片（续）

图 5.6 所示为临界失效电流测试值随跑道数的变化趋势。当跑道数从 2 个增加到 6 个时，临界失效电流从 0.21A/ 跑道降到了 0.17A/ 跑道。除此之外，临界失效电流随着栅极电阻 R_G 的增大而微弱增大。

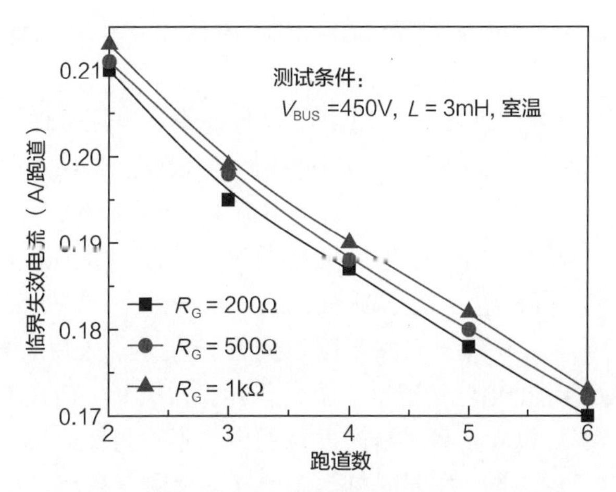

图 5.6　临界失效电流测试值随跑道数的变化趋势

图 5.7 为单跑道及六跑道 SOI-LIGBT 器件的开态 *I-V* 测试曲线。曲线采用 100ns 传输线脉冲测试获得。从图中可以看出，发生闩锁之前，器件能够承受 0.8A/ 跑道以上的电流（I_{CE}），远远大于器件关断失效的临界电流。同时，六跑道 SOI-LIGBT 器件的闩锁电流 I_{CE} 和单跑道 SOI-LIGBT 器件的闩锁电流几乎一样，这说明，开态时，多跑道之间是均匀导通的，由此怀疑跑道间的失配仅发生在关断瞬态过程中。

对六跑道 SOI-LIGBT 器件进行仿真来还原失效现象。使用 Sentaurus TCAD 软件进行仿真，采用的物理模型包括 Philips unified 迁移率模型、High-field saturation 迁移率模型、Perpendicular field dependence 迁移率模型、Shockley-Read-Hall 复合模型、Band-to-band Auger 复合模型以及 Lackner 雪崩发生模型。

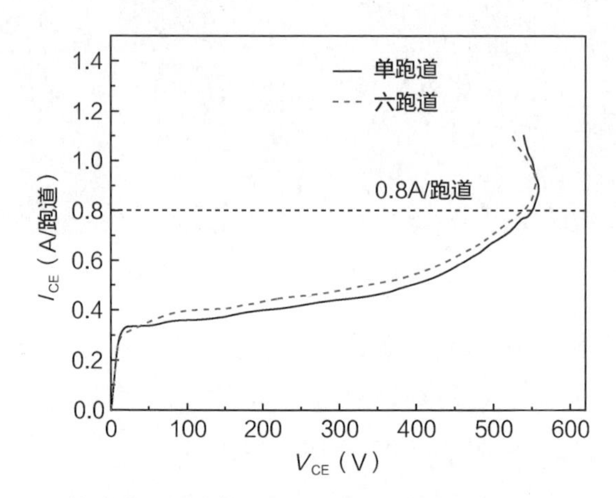

图 5.7　单跑道及六跑道 SOI-LIGBT 器件的开态 I-V 测试曲线

图 5.8（a）所示为六跑道 SOI-LIGBT 器件在不同电流条件下的关断仿真波形。在相对低的电流（0.08A/ 跑道）情况下，六跑道 SOI-LIGBT 器件可以正常关断，在 V_{CE} 电压上升到 450V 之后，电流 I_{CE} 下降到 0A。在相对高的电流（0.18A/ 跑道）情况下，器件的失效现象通过仿真得以重现，V_{CE} 电压上升到 450V 之后又突然下降，电流 I_{CE} 持续变大。

图 5.8（b）所示为 6 条分立并联跑道的连接关系。采用 6 条独立的跑道，即使是在 0.18A/ 跑道的电流情况下，器件仍能正常关断。而在 6 条跑道集成的器件中，通过仿真可以观察到关断时严重的电流不均匀性，如图 5.8（c）所示。在 t_0 时刻，器件开始关断；在 t_1 时刻，跑道 3 的电流突然急剧增大，同时其他跑道的电流开始降低；在 t_1 ～ t_2 内，电流进行了重新分布，不均匀性在 t_3 时刻暂时消失；在 t_3 ～ t_4 内，电流不均匀性再次出现，跑道 4 的电流增大，同时其他跑道的电流减小；在 t_4 时刻，绝大部分的电感负载电流由跑道 4 来承受，V_{CE} 从 450V 开始“崩塌”；在 t_4 时刻之后，跑道 4 的电流持续增大，导致器件的晶格温度快速上升。

上述电流不均匀性疑似是由硅内部的电流路径产生的，而对于 6 条分立的跑道来说，关断时基本不存在电流集中现象，如图 5.8（d）所示。

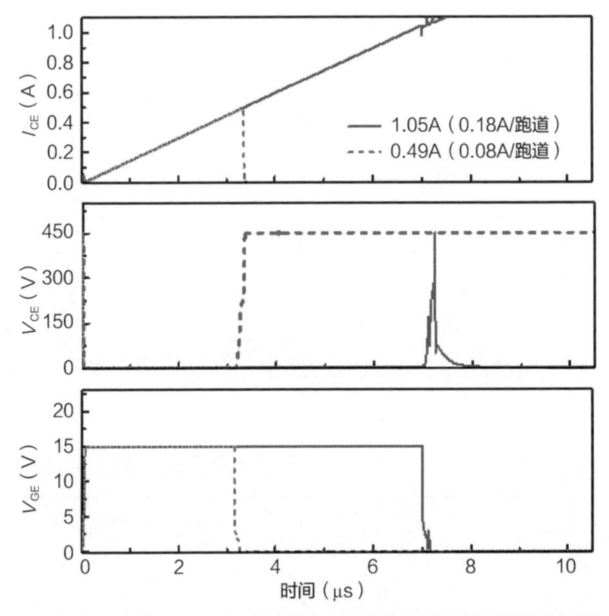

（a）六跑道SOI-LIGBT器件在不同电流条件下的关断仿真波形

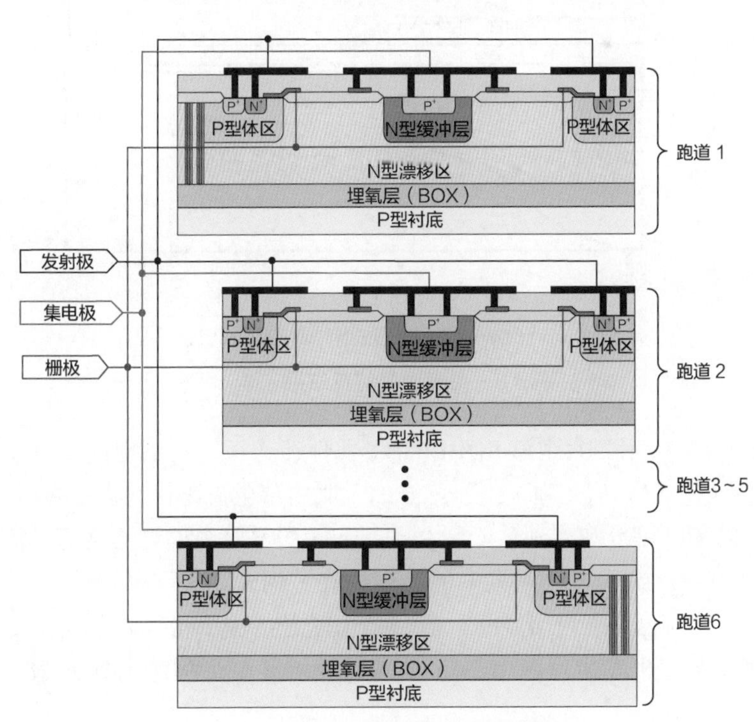

（b）6条分立并联跑道的连接关系

图 5.8　关断波形仿真结果

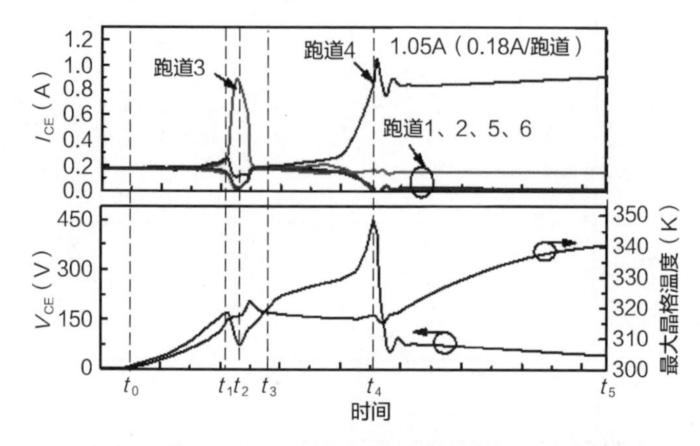

（c）六跑道SOI-LIGBT器件关断时各跑道的电流分量仿真波形

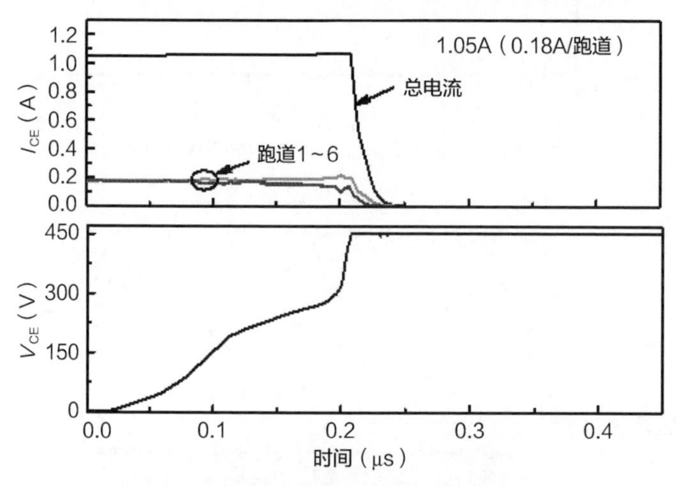

（d）6条分立并联跑道关断时的电流仿真波形

图 5.8 关断波形仿真结果（续）

图 5.9（a）所示为六跑道 SOI-LIGBT 器件在 t_0 ～ t_4 内的电流密度分布。在 t_2 时刻，可以观察到从元胞 7 到元胞 6 的一股内部电流路径（蓝色线所示）。此外，在 t_4 时刻，可以观察到从元胞 9 到元胞 8 的一股内部电流路径（蓝色线所示）。图 5.9（b）揭示了电流集中的过程，在 t_4 时刻，为了承受其他元胞转移来的电流，闩锁会发生在元胞 8。值得指出的是，由于仿真的不稳定性，仿真时电流集中会随机发生在跑道 3（元胞 5 或元胞 6）或者跑道 4（元胞 7 或元胞 8）中。

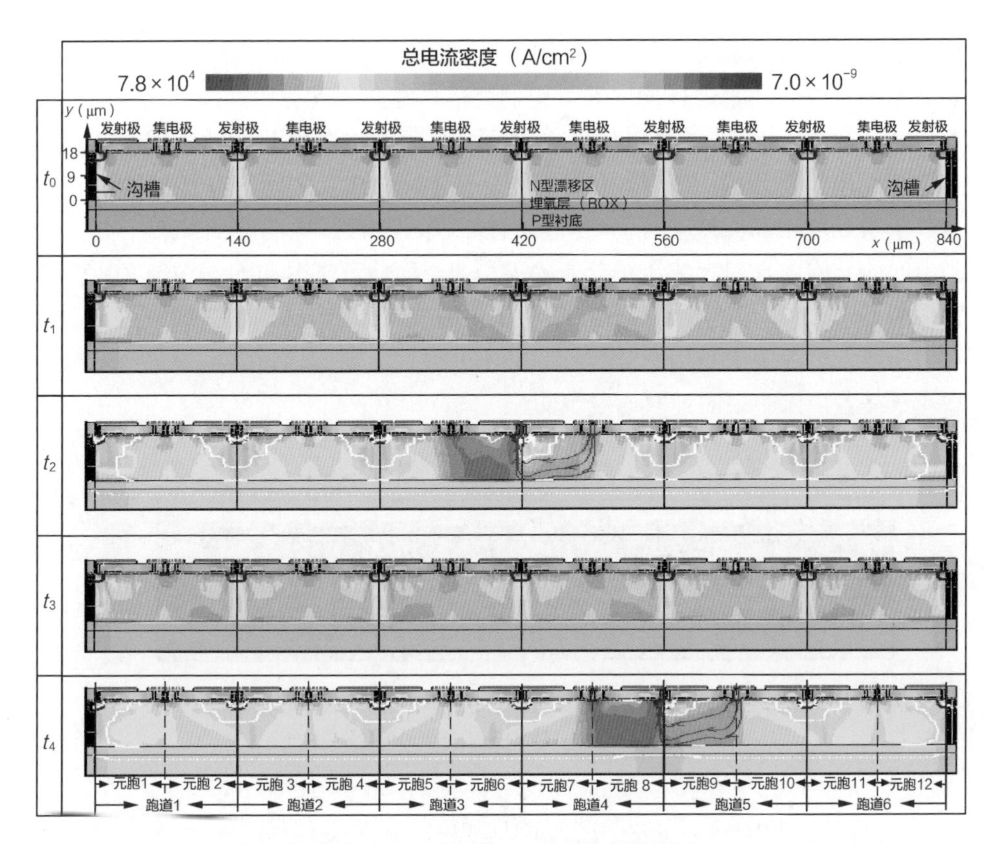

（a）六跑道SOI-LIGBT器件在 t_0 ~ t_4 内的电流密度分布

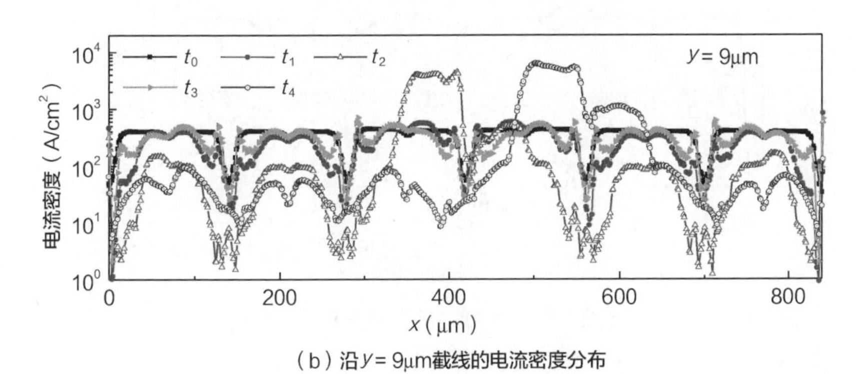

（b）沿 y = 9μm截线的电流密度分布

图 5.9　关断时的电流密度分布

下面分析导致电流不均匀性产生的原因。图 5.10（a）为六跑道 SOI-LIGBT 器件在 t_1 时刻的电势分布图。在跑道 1 和跑道 6 的边缘，由于有隔离沟槽的存在，电势进行了重新分布。在元胞 1 和元胞 12 中，N 型漂移区从 P 型体区和隔离沟槽一边缘同时进行横向和纵向的耗尽。在其他元胞中，漂移区仅仅从 P 型体区开始纵向耗尽。如图 5.10（b）所示，由于上述耗尽行为的不同，在边缘元胞（元胞 1 和元胞 12）和中间元胞（元胞 2 ～ 10）之间存在耗尽的不一致性。由于元胞 1 和元胞 12 的耗尽速度比较快，漂移区中的存储载流子被挤压到中间的元胞中，引起载流子分布的不均匀，而载流子分布的不均匀又加剧了耗尽的不一致性，最终导致载流子集中于中间位置的跑道（跑道 3 或跑道 4）上。综上所述，电流集中是由于耗尽行为的不一致性，耗尽行为的不一致性引起了载流子在各个元胞中的抽取速度不同。

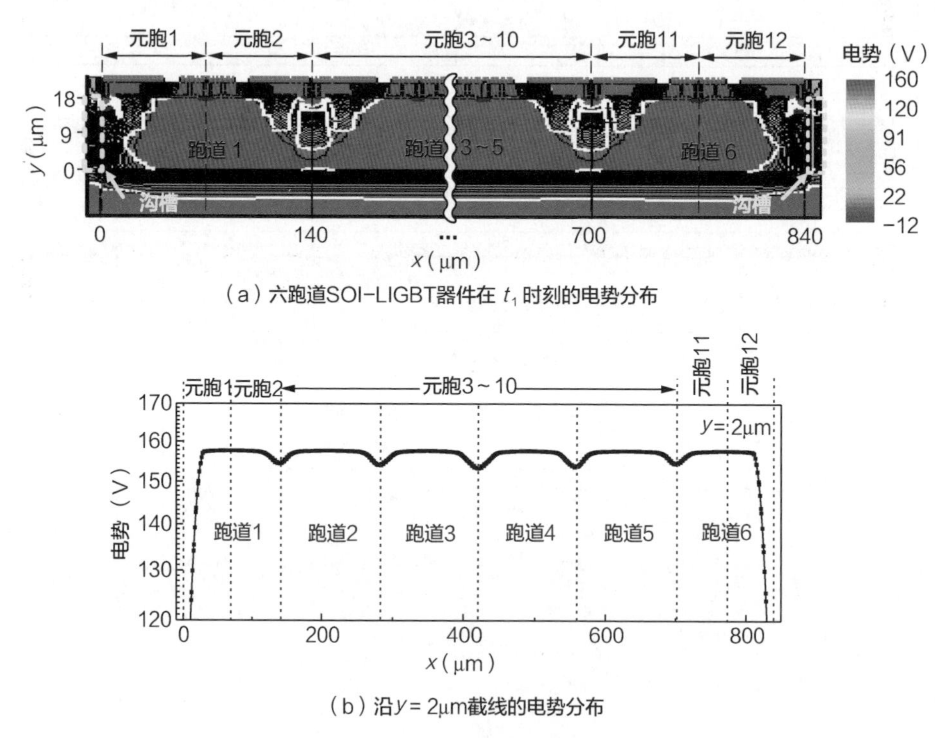

（a）六跑道SOI-LIGBT器件在 t_1 时刻的电势分布

（b）沿 y = 2μm截线的电势分布

图 5.10　关断时的电势分布

为了进一步验证上述机理，对不带边缘隔离沟槽的结构进行了仿真。消除了边缘隔离沟槽对元胞 1 和元胞 12 耗尽行为的影响，六跑道 SOI-LIGBT 器件的电流分量和电势分布均匀性得到了极大改善，如图 5.11 所示。但是，在实际应用中，边缘隔离沟槽能够将器件和电路隔离开来，防止信号串扰和漏电，因此必不可少。

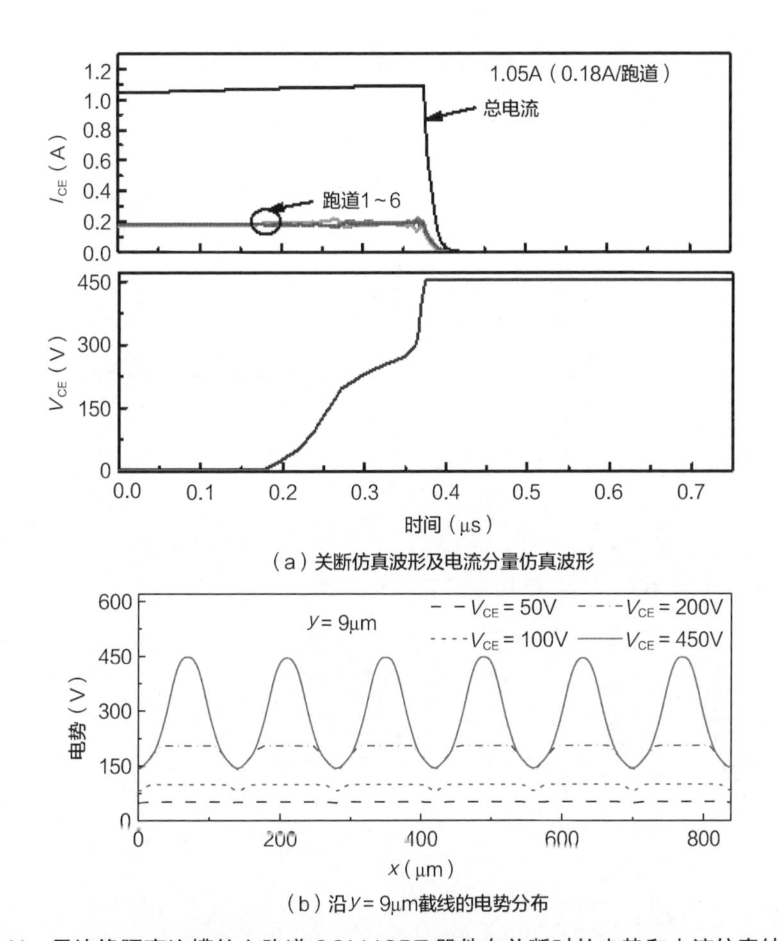

（a）关断仿真波形及电流分量仿真波形

（b）沿 y = 9μm截线的电势分布

图 5.11　无边缘隔离沟槽的六跑道 SOI-LIGBT 器件在关断时的电势和电流仿真结果

5.1.2　非一致性关断行为的改进

为了通过实验手段来验证所分析的失效机理，我们在每条跑道之间加入了隔离沟槽，如图 5.12 所示。

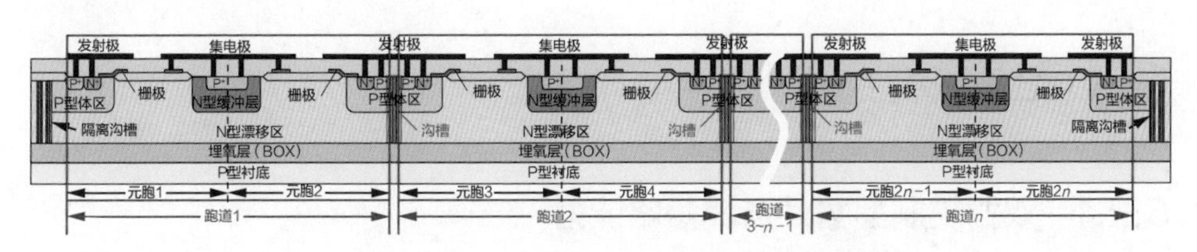

图 5.12　改进型六跑道 SOI-LIGBT 器件的截面结构

由于各跑道以并联形式连接，在相邻跑道间加入隔离沟槽不会影响器件的总电流密度。图 5.13 所示为改进型六跑道 SOI-LIGBT 器件的关断测试波形。在母线电压为 450V 的情况下，器件可以正常关断 0.33A/跑道的电流。图 5.14 所示为 SOI-LIGBT 器件的最大不失效电流随跑道数的变化趋势，采用 200Ω 的栅极电阻，跑道数从 2 个到 6 个的 SOI-LIGBT 器件均能在 0.33A/跑道的电流情况下正常关断。

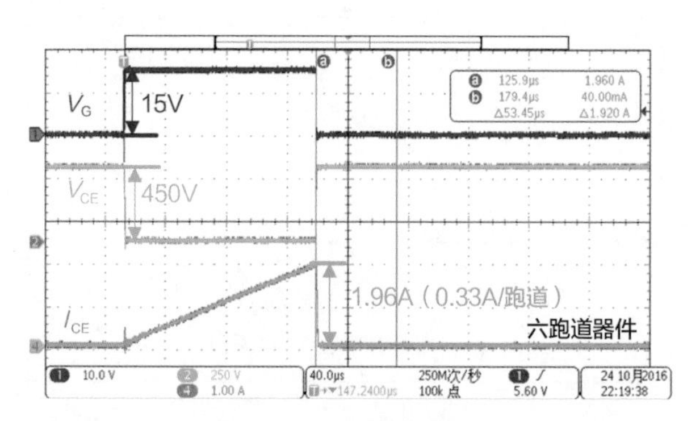

图 5.13　改进型六跑道 SOI-LIGBT 器件的关断波形

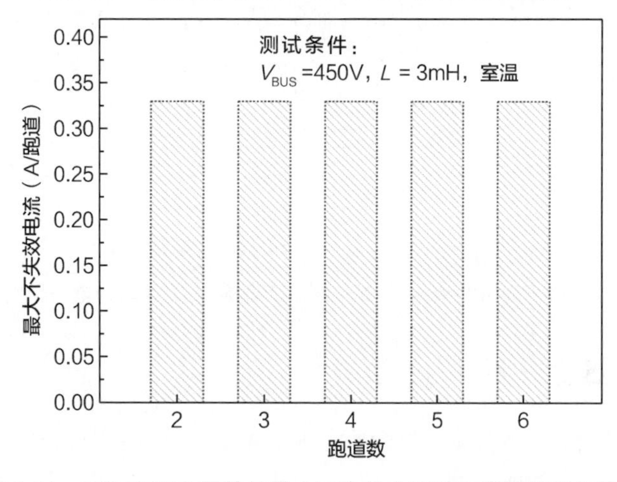

图 5.14　SOI-LIGBT 器件的最大不失效电流随跑道数的变化趋势

5.2　短路鲁棒性

5.2.1　双栅控制型器件及其短路能力

本书课题组基于 DOT SOI-LIGBT 器件提出了一种双栅控制结构，能大幅提升器件的短路能力。对于 DOT SOI-LIGBT 器件来说，在漂移区中采用 DOT

可以使漂移区的长度大约缩短一半[8]，因此器件的面积能够大幅缩减。但是，在 DOT SOI-LIGBT 器件中，空穴需要绕过 DOT 经过比较长的路径才能流出器件[9]，会导致短路状态下 N^+ 发射极区域的晶格温度明显上升，引发闩锁或热崩现象。下面采用仿真手段揭示双栅 DOT SOI-LIGBT 器件的机理。

如图 5.15（a）所示，传统 DOT SOI-LIGBT 器件的特征在于：漂移区中植入了一个 DOT；存在一个槽栅，该槽栅延伸到 BOX 的上表面[10]。A 区域为 N^+ 发射极下方的区域，B 区域为漂移区中靠近 DOT 的区域。N 型漂移区的厚度 t_{epi} 为 16μm，DOT 的深度 t_d 为 11μm，DOT 的宽度 W_d 为 10μm。图 5.15（b）所示为本书课题组提出的一种双栅 DOT SOI-LIGBT 器件，和传统 DOT SOI-LIGBT 器件相比，G_2 位于 DOT 中。

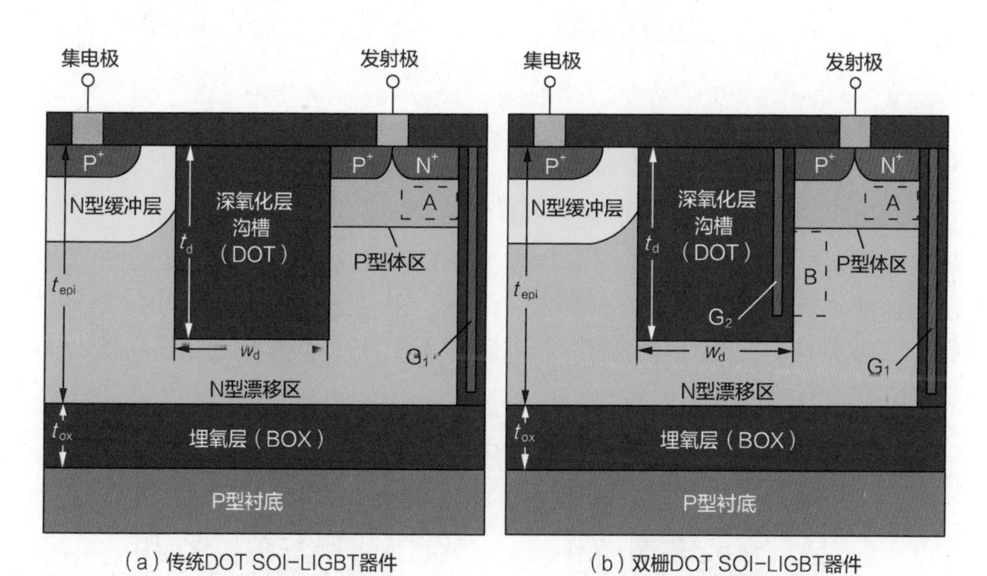

（a）传统DOT SOI-LIGBT器件　　（b）双栅DOT SOI-LIGBT器件

图 5.15　传统和双栅 DOT SOI-LIGBT 器件的截面结构

图 5.16 所示为关态时两种器件的电势分布，图中 V_{G_1} 和 V_{G_2} 分别为 G_1 和 G_2 的电位。G_2 作为发射极侧纵向场板，当其接地时，能够屏蔽来自集电极侧的横向电场。在相同尺寸和掺杂浓度的条件下，双栅 DOT SOI-LIGBT 器件的耐压比传统 DOT SOI-LIGBT 器件低了 9V 左右。

图 5.17 所示为开态时两种器件的空穴电流密度分布，集电极—发射极电压 V_{CE} 设置为 300V。在传统 DOT SOI-LIGBT 器件中，空穴沿着 G_1 流动，经过 N^+ 发射极下方的区域（区域 A）流向 P^+ 发射极。一旦横向流过区域 A 的空穴电流密度达到临界值，由 N^+ 发射极、P 型体区以及 N 型漂移区组成的寄生三

极管被激活。

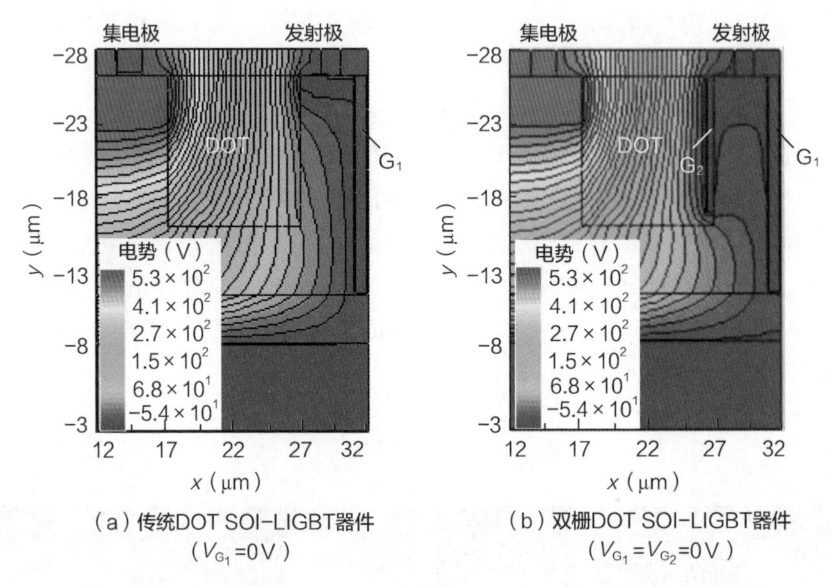

（a）传统DOT SOI-LIGBT器件（V_{G_1}=0V）

（b）双栅DOT SOI-LIGBT器件（$V_{G_1}=V_{G_2}$=0V）

图 5.16　关态时两种器件的电势分布

如图 5.17(b) 所示，在双栅 DOT SOI-LIGBT 器件中，G_2 所加电压为负压，能够在区域 B 形成空穴反型层。因此，在双栅 DOT SOI-LIGBT 器件中存在一条额外的空穴低阻通道，流过区域 A 的空穴电流密度相比传统 DOT SOI-LIGBT 器件会大幅下降。

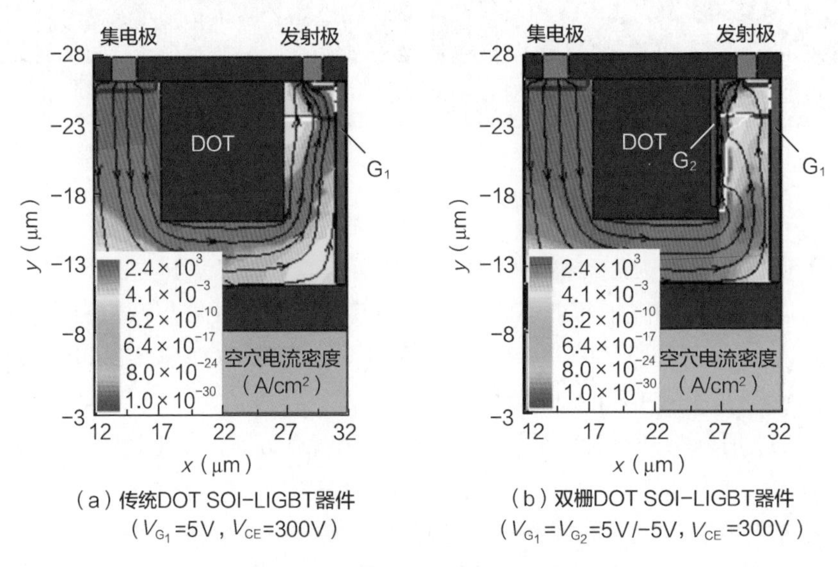

（a）传统DOT SOI-LIGBT器件（V_{G_1}=5V，V_{CE}=300V）

（b）双栅DOT SOI-LIGBT器件（$V_{G_1}=V_{G_2}$=5V/−5V，V_{CE}=300V）

图 5.17　开态时两种器件的空穴电流密度分布

除了作为额外的空穴电流路径，空穴反型层还可以充当额外的热量耗散通道。图 5.18 所示为两种器件的空穴热通量分布，在传统 DOT SOI-LIGBT 器件中，空穴电流产生的热量只能通过区域 A 进行耗散，而在双栅 DOT SOI-LIGBT 器件中，热量可以通过区域 A 和 B 同时进行耗散。对于 SOI-LIGBT 器件来说，热量会沿着电流的路径进行传递，空穴的流动路径即为热量传递的路径。在双栅 DOT SOI-LIGBT 器件中，空穴可以通过区域 B 流向发射极。

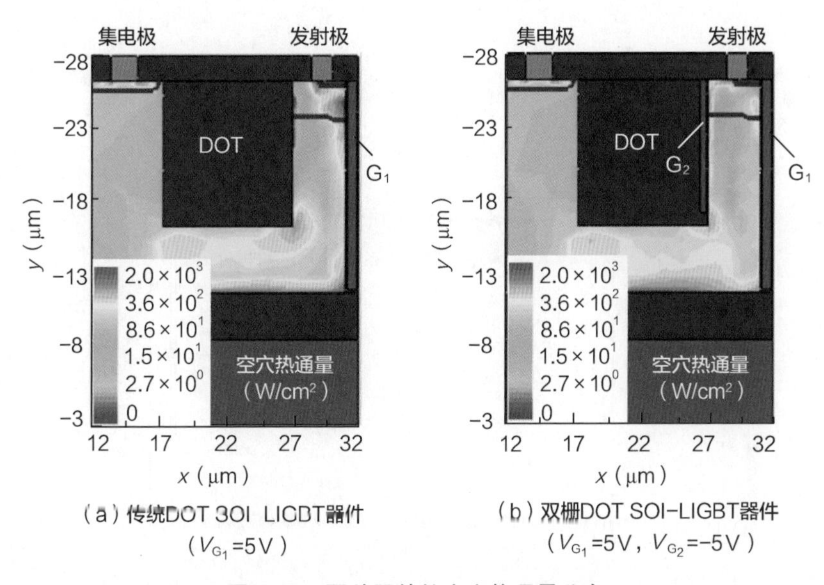

（a）传统DOT SOI-LIGBT器件（V_{G_1}=5V）

（b）双栅DOT SOI-LIGBT器件（V_{G_1}=5V，V_{G_2}=-5V）

图 5.18　两种器件的空穴热通量分布

图 5.19 所示为两种器件的晶格温度分布。两种器件的最大晶格温度几乎相同，但是由于双栅 DOT SOI-LIGBT 器件中存在额外的空穴电流路径，其区域 A 的晶格温度相比传统 DOT SOI-LIGBT 器件要低。因此，双栅 DOT SOI-LIGBT 器件达到了两种效果：第一，G_2 形成了额外的电流路径，使流过区域 A 的空穴电流密度降低了；第二，额外的电流路径提供了额外的散热通道，抑制了区域 A 晶格温度的上升。这两种效果都可以推迟短路状态时寄生三极管的开启。

传统 DOT SOI-LIGBT 器件和双栅 DOT SOI-LIGBT 器件基于 550V SOI 工艺制造。如图 5.20 所示，传统 DOT SOI-LIGBT 器件和双栅 DOT SOI-LIGBT 器件的击穿电压分别为 534V 和 525V。

图 5.21 所示为两种器件的短路波形。两种器件均采用 DIP8 封装，在相同的峰值电流（2.2A）情况下，传统 DOT SOI-LIGBT 器件和双栅 DOT SOI-LIGBT 器件的短路维持时间分别为 2.2μs 和 3.4μs。

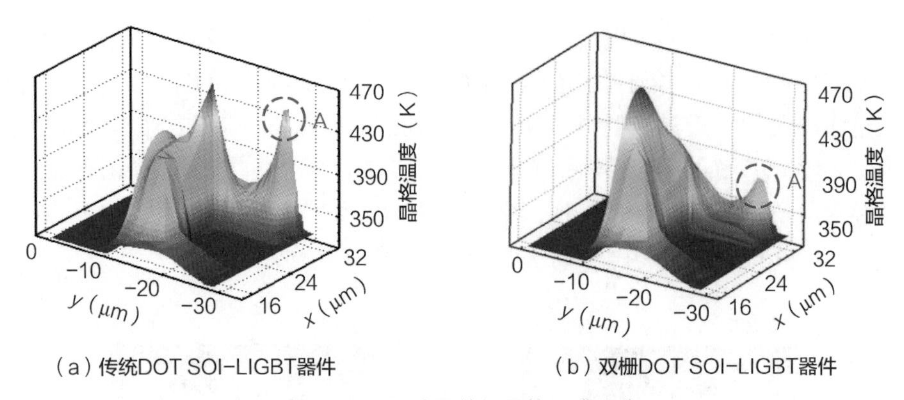

（a）传统DOT SOI-LIGBT器件　　（b）双栅DOT SOI-LIGBT器件

图 5.19　两种器件的晶格温度分布

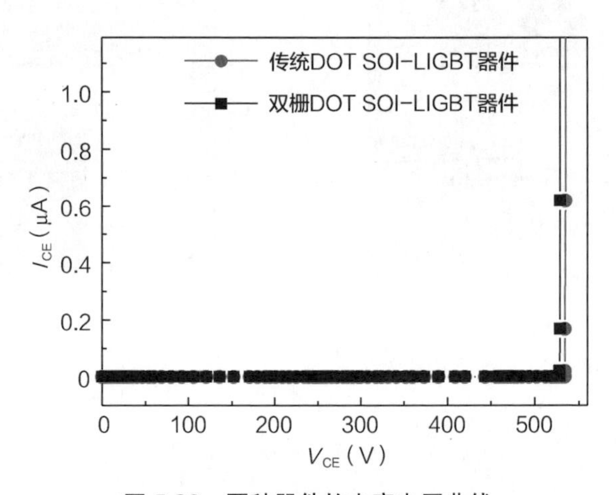

图 5.20　两种器件的击穿电压曲线

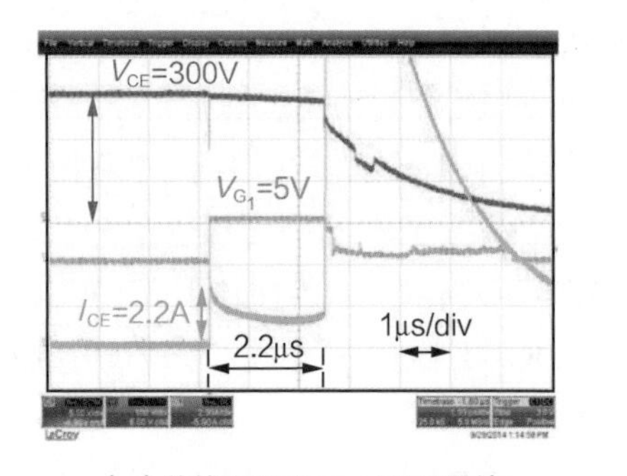

（a）传统DOT SOI-LIGBT器件
（V_{G_1}=5V，V_{CE}=300V）

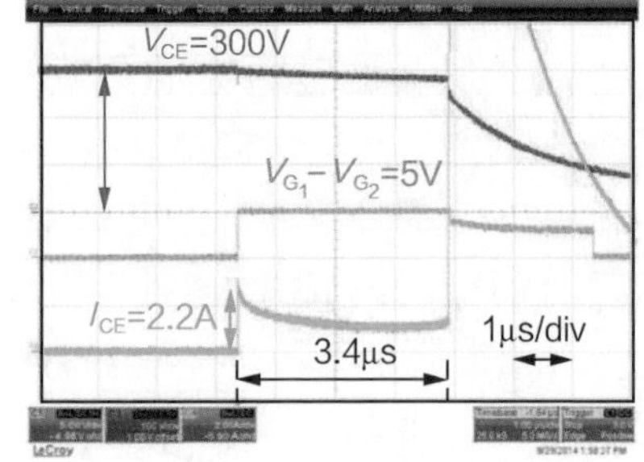

（b）双栅DOT SOI-LIGBT器件
（V_{G_1}=5V，V_{G_2}=−5V，V_{CE}=300V）

图 5.21　两种器件的短路波形

5.2.2　沟槽栅 U 型沟道器件的特性

第 4 章曾介绍了平面栅 U 型沟道 SOI-LIGBT 器件 [11-12]。U 型沟道技术能够显著降低器件的导通压降（V_{ON}），增强电导调制效应。采用该技术，器件获得了比多沟道器件 [13-14] 更低的 V_{ON}。但是，电导调制效应增强后，会增加漂移区中存储的载流子数量，导致关断损耗 E_{OFF} 变大。除此之外，开态击穿电压 BV_{ON} 对 V_{ON} 非常敏感 [12]，通过调节 P^+ 集电极浓度或者 U 型沟道尺寸来降低 V_{ON}，会导致 BV_{ON} 降低，这限制了器件 V_{ON} 的进一步改善。

沟槽栅 U 型沟道（Trench Gate U-shaped channel，TGU）SOI-LIGBT 器件如图 5.22（a）所示。与图 5.22（b）所示的平面栅 U 型沟道（Planar Gate U-shaped channel，PGU）SOI-LIGBT 器件相比，TGU SOI-LIGBT 器件的发射极侧存在两个沟槽栅（G_1 和 G_2），其中 G_1 作为栅极，G_2 作为空穴阻挡层。

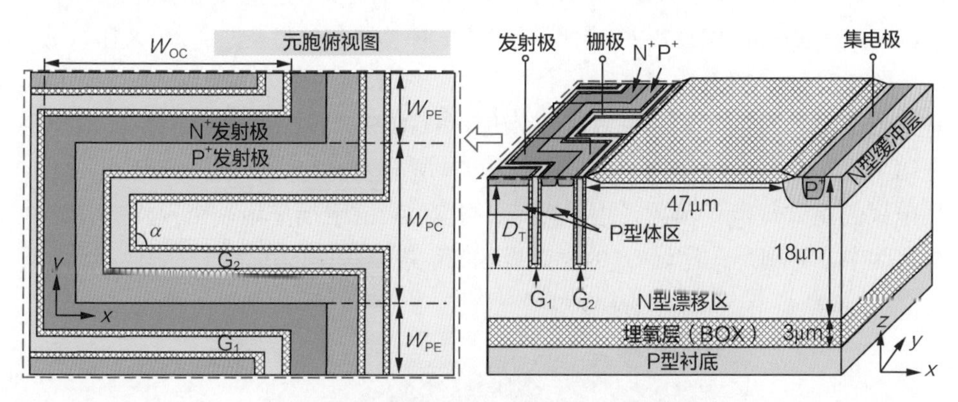

（a）沟槽栅U型沟道（TGU）SOI-LIGBT器件

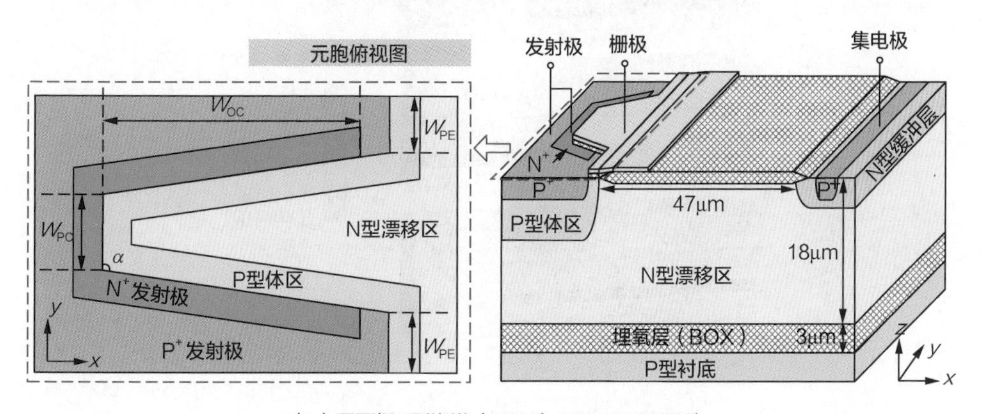

（b）平面栅U型沟道（PGU）SOI-LIGBT器件

图 5.22　U 型沟道 SOI-LIGBT 器件的结构

和 PGU SOI-LIGBT 器件的结构相同，TGU SOI-LIGBT 器件的沟道由平行沟道和垂直沟道组成，平行沟道和垂直沟道的夹角为 α，垂直沟道沿 x 方向的沟道总宽度为 $2W_{OC}$。单个元胞中，沿 y 方向的平行沟道宽度为 $W_{PC}+2W_{PE}$。G_1 和 G_2 由 70nm 厚的侧壁氧化层和填充的多晶硅组成。D_T 是沟槽的深度。N^+ 和 P^+ 发射极设置在 G_1 和 G_2 之间的区域，N^+ 和 P^+ 发射极的长度相同，均为 3μm。G_1 和 G_2 的间距为 6μm，W_{PE} 和 D_T 分别为 6μm 和 12μm。PGU 和 TGU 器件采用相同的尺寸和掺杂浓度，漂移区的长度为 47μm，BOX 的厚度为 3μm，漂移区的掺杂浓度为 $8.3\times10^{14}/cm^3$，P 型衬底的电阻率为 10Ω · cm，漂移区的厚度为 18μm。

开态 I-V 仿真时，栅极电压设置为 15V。图 5.23（a）所示为 PGU SOI-LIGBT 器件和 TGU SOI-LIGBT 器件在开态电流密度为 $100A/cm^2$ 时的空穴密度分布。除了 PGU SOI-LIGBT 器件和 TGU SOI-LIGBT 器件，对一种不带有 G_2 的 TGU 器件也进行了仿真，用于对比。为了加快仿真，3 种器件均采用半个元胞进行了仿真，W_{PC} 为 15μm，W_{OC} 为 20μm，α 为 90°，P^+ 集电极的掺杂浓度为 $5\times10^{19}/cm^3$。

图 5.23（b）中对比了 3 种器件的沿 A_1-A_2 截线的空穴密度分布。G_1 和 G_2 对载流子分布进行了调制。在发射极侧，TGU SOI-LIGBT 器件的空穴电流密度明显大于其他两种器件，这要归功于 G_2 所产生的空穴存储效应。当来自 P^+ 集电极的空穴载流子流向发射极时，由于有 G_2 的阻挡作用，空穴将被存储在漂移区中，特别是在靠近 G_2 的发射极区域，电导调制的增强将会降低 V_{ON}。

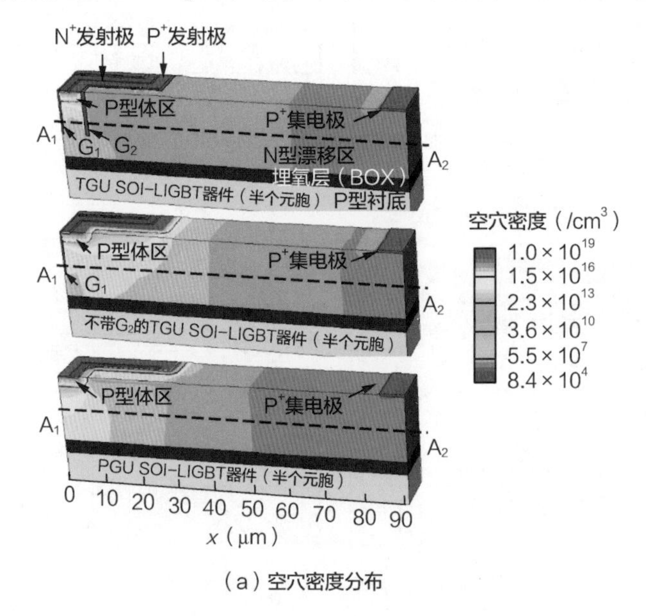

（a）空穴密度分布

图 5.23　3 种器件的空穴密度分布

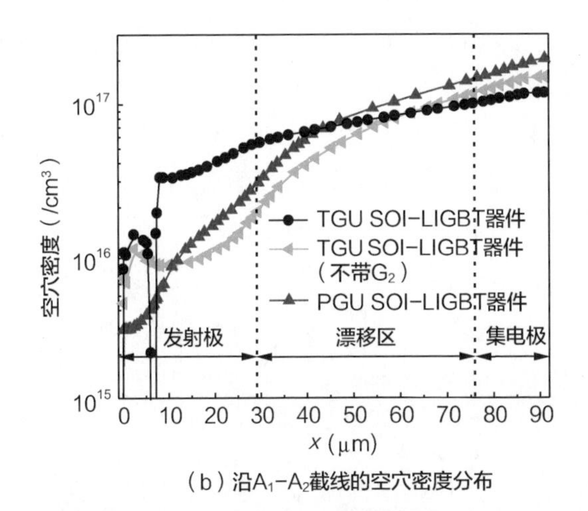

（b）沿 A_1–A_2 截线的空穴密度分布

图 5.23　3 种器件的空穴密度分布（续）

从图 5.23（b）中还可以看出，在 TGU SOI-LIGBT 器件以及不带 G_2 的 TGU SOI-LIGBT 器件中，集电极侧的空穴密度都比 PGU SOI-LIGBT 器件要低。从槽栅沟道流出的电子电流比平面栅沟道流出来的电子电流要小，削弱了 TGU SOI-LIGBT 器件中发射极的空穴注入。在 TGU SOI-LIGBT 器件中，发射极区域的载流子密度较高，而集电极区域的载流子密度较低，因此整体的载流子分布较为均匀。当 $x > 43.4\mu m$ 时，TGU SOI-LIGBT 器件的空穴载流子密度远低于 PGU SOI-LIGBT 器件；在仿真结构的右边界（$x = 92\mu m$），空穴从 PGU SOI-LIGBT 器件中的 $2\times10^{17}/cm^3$ 减少到了 TGU SOI-LIGBT 器件中的 $1\times10^{1}/cm^3$。漂移区中（$x > 43.4\mu m$）以及集电极侧较低的载流子密度有利于 TGU SOI-LIGBT 器件的快速关断。

图 5.24 所示为 TGU SOI-LIGBT 器件中 W_{PC} 和 α 对 V_{ON} 的影响，图中的 V_{ON} 为器件输出电流密度 J_{CE} 为 $100A/cm^2$ 时的 V_{ON}。在图 5.24（a）中，随着 W_{PC} 的增大，V_{ON} 先减小后增大。当 $W_{PC} = 15\mu m$ 和 $W_{OC} = 20\mu m$ 时，器件获得了最优的 V_{ON}（1.11V）。

在图 5.24（b）中，V_{ON} 随着 α 的增大而增大，由于 TGU SOI-LIGBT 器件中不存在表面区域的 JFET 效应，V_{ON} 随 α 的变化趋势与 PGU SOI-LIGBT 器件中明显不同。在本书的 4.2 节中，我们已经研究了 PGU SOI-LIGBT 器件，其 V_{ON} 随 α 先变小后变大。TGU SOI-LIGBT 器件中最优的 α 为 90°，而 PGU SOI-LIGBT 器件中最优的 α 为 100° [12]。在 PGU SOI-LIGBT 器件中，获得最优 V_{ON} 的尺寸为：$W_{PC} = 10\mu m$，$W_{OC} = 40\mu m$ 以及 $\alpha = 100°$ [12]。而在 TGU SOI-LIGBT 器件中，最优的尺寸为：$W_{PC} = 15\mu m$，$W_{OC} = 20\mu m$ 以及 $\alpha = 90°$。

图 5.25 所示为 PGU SOI-LIGBT 器件和 TGU SOI-LIGBT 器件在最优尺寸下的 I-V、关态击穿及开态击穿特性曲线。如图 5.25（a）所示，TGU

SOI-LIGBT 器件的 V_{ON} 相比 PGU SOI-LIGBT 器件要低，这和图 5.23 分析出的结论一致。在开态电流密度 J_{CE} 为 100A/cm^2 时，PGU SOI-LIGBT 器件和 TGU SOI-LIGBT 器件的 V_{ON} 分别为 1.22V 和 1.11V。除此之外，G_1 和 G_2 对击穿电压的影响极小，由于 G_2 的侧壁氧化层可以耐压，TGU SOI-LIGBT 器件获得了比 PGU SOI-LIGBT 器件稍微高一点的击穿电压。

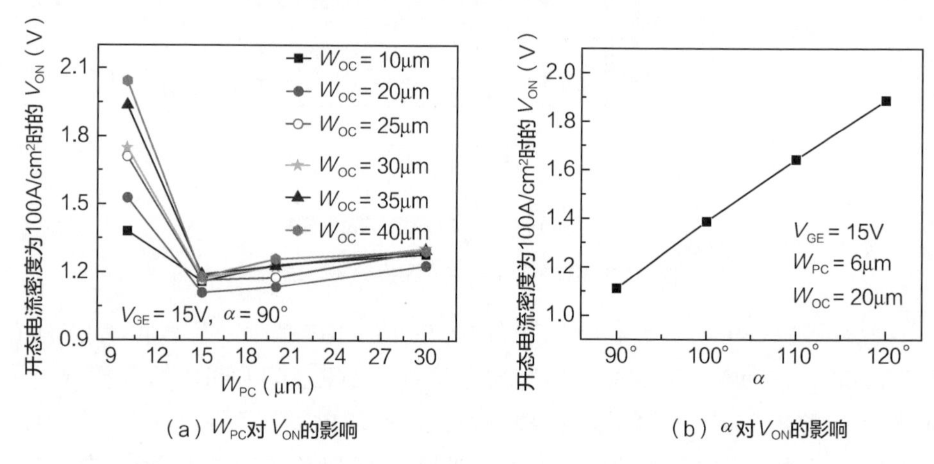

（a）W_{PC}对 V_{ON}的影响　（b）α 对 V_{ON}的影响

图 5.24　TGU SOI-LIGBT 器件的尺寸参数对导通压降 V_{ON} 的影响

如图 5.25（b）所示，PGU SOI-LIGBT 器件和 TGU SOI-LIGBT 器件的击穿电压分别为 561V 和 569V。图 5.25（c）中比较了两种器件的开态击穿特性。当电流密度大于 780A/cm^2 时，PGU SOI-LIGBT 器件显示出了闩锁特性，曲线在 V_{CE} = 523V 时折回。在 TGU SOI-LIGBT 器件中，空穴载流子不需要流过 N$^+$ 发射极下方的区域就可以达到 P$^+$ 发射极，因此在一定程度上避免了寄生 NPN 三极管的开启。

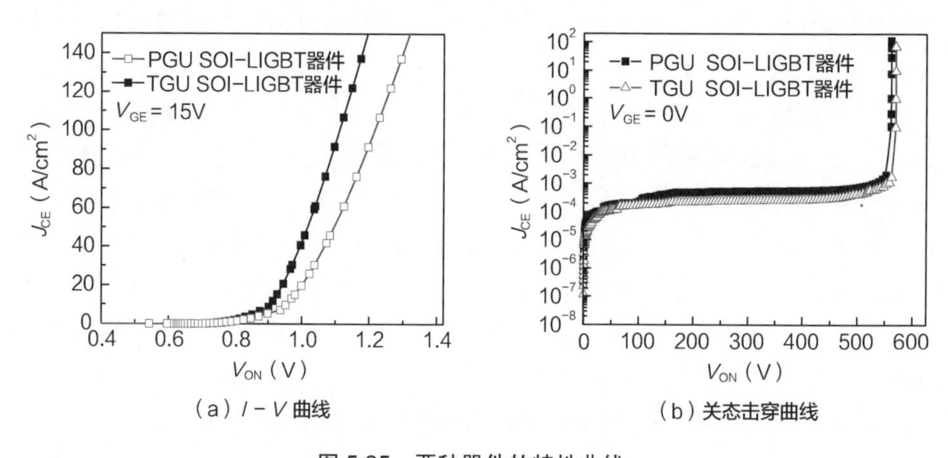

（a）I－V 曲线　（b）关态击穿曲线

图 5.25　两种器件的特性曲线

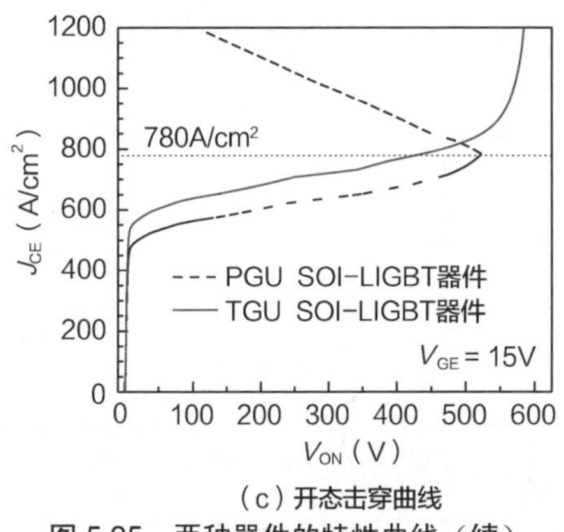

（c）开态击穿曲线

图 5.25　两种器件的特性曲线（续）

如图 5.26 所示，TGU SOI-LIGBT 器件的雪崩击穿点位于 G_2 的底部，器件能够承受 1200A/cm^2 的雪崩电流而不发生曲线折回。发生曲线折回可以认为是器件的寄生 NPN 三极管已经开启，一般来说会发生不可逆转的损坏。

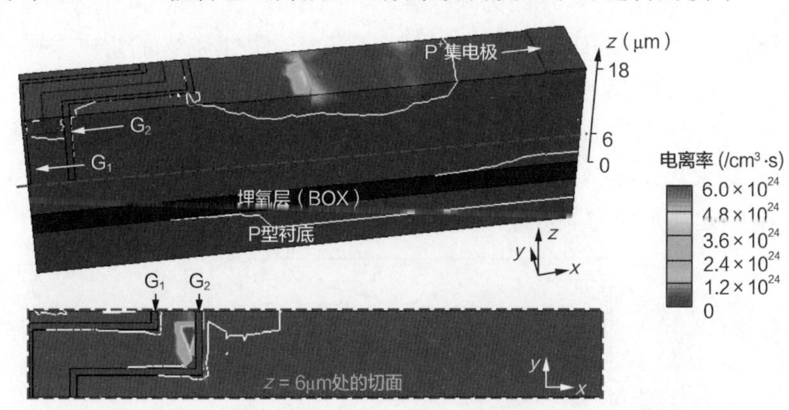

图 5.26　TGU SOI-LIGBT 器件在开态击穿时的电离率分布（V_{CE} = 531V，V_{GE} = 15V）

图 5.27（a）所示为 PGU SOI-LIGBT 器件和 TGU SOI-LIGBT 器件的感性负载关断波形。测试条件为：母线电压为 300V，开态电流密度为 100A/cm^2，栅极电阻为 100Ω，电感负载为 3mH。通过调节 P$^+$ 集电极的掺杂浓度，使两种器件的 V_{ON} 在开态电流密度为 100A/cm^2 时都为 1.22V。从关断波形可以看出，TGU SOI-LIGBT 器件的关断速度比 PGU SOI-LIGBT 器件要快。

图 5.27（b）所示为关断时漂移区中沿 A_1-A_2 截线的空穴密度分布。在 t_0 时刻（关断的起始阶段），TGU SOI-LIGBT 器件的空穴密度要比 PGU SOI-LIGBT 器件低，特别是在集电极附近的区域。在关断过程中，存储在漂移区中的载流子逐渐被移除。可以看出，TGU SOI-LIGBT 器件中存储载流子的抽取速度快

于 PGU SOI-LIGBT 器件。同时，因为集电极区域的载流子密度比较低，TGU SOI-LIGBT 器件的电流拖尾时间也较短。

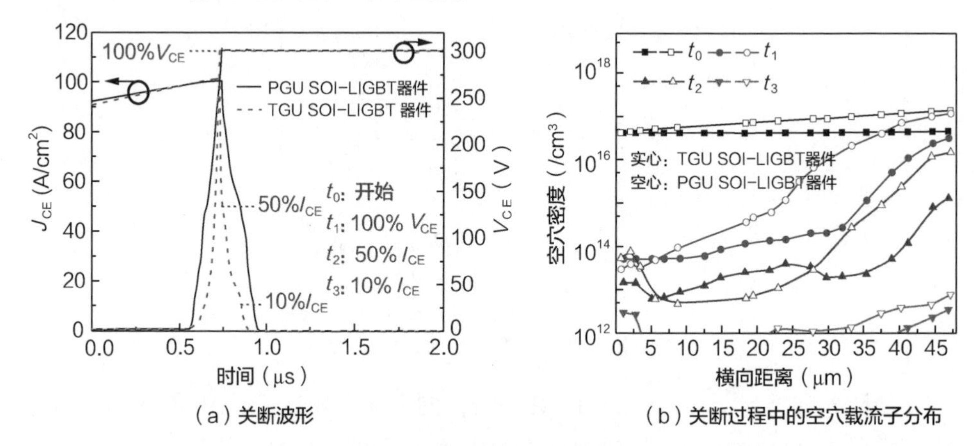

（a）关断波形　　（b）关断过程中的空穴载流子分布

图 5.27　两种器件的关断特性对比

图 5.28 所示为两种器件的关断损耗—导通压降 E_{OFF}-V_{ON} 和开态击穿电压—导通压降 BV_{ON}-V_{ON} 的折中关系曲线。TGU SOI-LIGBT 器件的折中关系要远优于 PGU SOI-LIGBT 器件，PGU SOI-LIGBT 器件的 E_{OFF} 为 6.5mJ/cm^2，当 V_{ON} 同为 1.22V 时，TGU SOI-LIGBT 器件的 E_{OFF} 相比 PGU SOI-LIGBT 器件可以减少 53.3%，为 3.1mJ/cm^2。因为 TGU SOI-LIGBT 器件具有较强的闩锁免疫能力，其 BV_{ON} 随 V_{ON} 变化的敏感度相比 PGU SOI-LIGBT 器件要低。

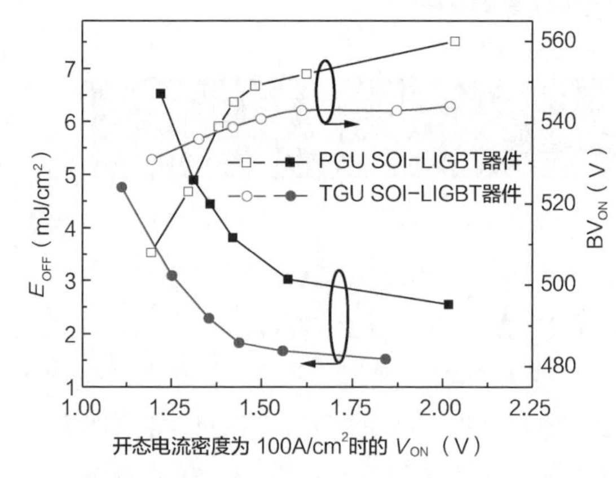

图 5.28　两种器件的关断损耗—导通压降 E_{OFF}-V_{ON} 和开态击穿电压—导通压降 BV_{ON}-V_{ON} 的折中关系曲线

5.2.3　平面栅与沟槽栅 U 型沟道器件的短路特性对比

本小节将研究 PGU SOI-LIGBT 器件和 TGU SOI-LIGBT 器件的短路特性。

表 5.1 中给出了两种器件的关键设计参数。

表 5.1　两种器件的关键设计参数

参数	TGU SOI-LIGBT 器件	PGU SOI-LIGBT 器件
P 型衬底电阻率（Ω·cm）	10	10
BOX 厚度（μm）	3	3
N 型漂移区长度（μm）	47	47
顶层硅厚度（μm）	18	18
N 型漂移区掺杂浓度（/cm^3）	8.3×10^{14}	8.3×10^{14}
G_1 深度 D_T（μm）	12	—
G_2 深度 D_T（μm）	12	—

如图 5.29（a）所示，两种器件均采用跑道型版图形式，即低压区域围绕着高压区域在版图上形成跑道的形状。跑道的中心区域为集电极，包括 N 型缓冲层和 P^+ 集电极；外围为发射极，包括 P 型体区、N^+ 发射极、P^+ 发射极以及多晶硅栅极。器件分为有源区和 HVI 区两个部分，集电极金属跨越 HVI 区的上方，从器件引出并与其他器件进行连接。在 HVI 区采用双沟槽技术来屏蔽 HVI 对击穿电压的影响。

在 TGU SOI-LIGBT 器件中，G_1 和 G_2 通过拐角区域的多个沟槽来实现互连，如图 5.29（b）所示。两种器件均采用东南大学与无锡华润上华联合研发的 550V SOI 工艺来制造。该套工艺采用 6 英寸 N 型外延圆片，第一步为沟槽隔离，通过离子注入形成 N 型缓冲层和 P 型体区。场氧化层的厚度为 5500Å。

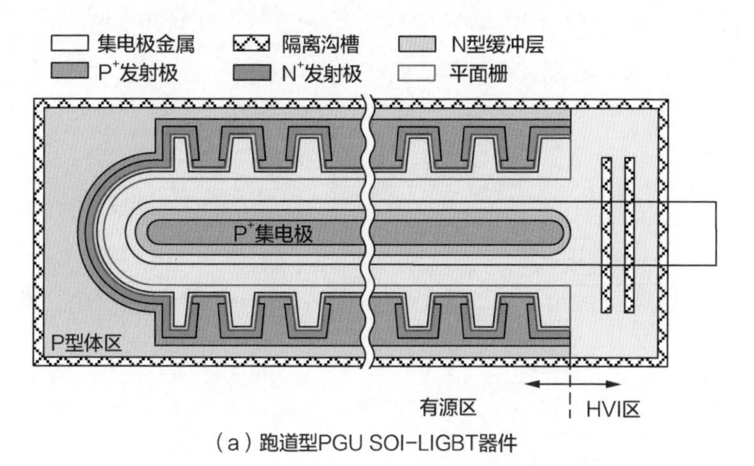

（a）跑道型PGU SOI-LIGBT器件

图 5.29　U 型沟道 SOI-LIGBT 器件俯视图

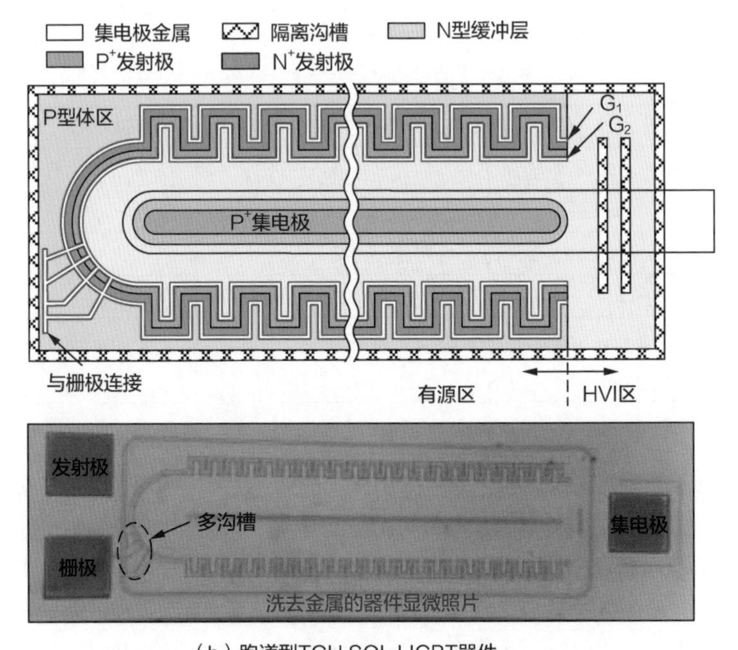

（b）跑道型TGU SOI-LIGBT器件

图 5.29　U 型沟道 SOI-LIGBT 器件俯视图（续）

图 5.30 所示为 TGU SOI-LIGBT 器件和 PGU SOI-LIGBT 器件的关键工艺步骤，两种器件制造流程的主要区别在于栅极的形成。TGU SOI-LIGBT 器件中的沟槽栅（G_1 和 G_2）由 70nm 厚的侧壁氧化层（栅氧化层）和填充的多晶硅组成。

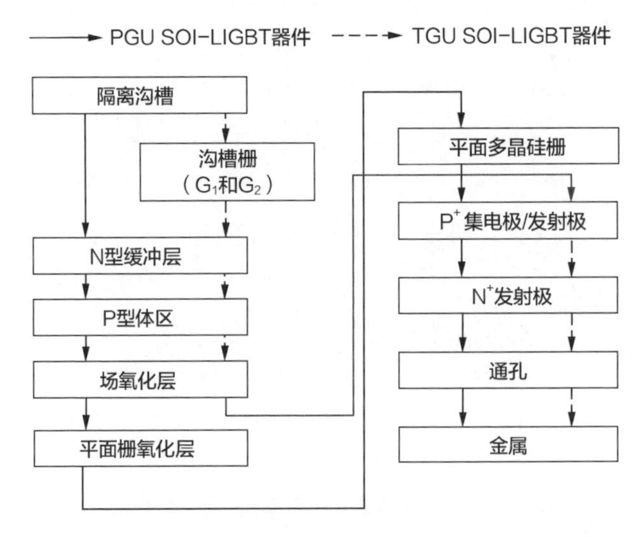

图 5.30　TGU SOI-LIGBT 器件和 PGU SOI-LIGBT 器件的关键工艺步骤

TGU SOI-LIGBT 器件和 PGU SOI-LIGBT 器件均可获得 500V 以上的击穿电压。图 5.31（a）所示为两种器件在 V_{CE} = 500V 时的等电势分布。在 PGU SOI-LIGBT 器件中，电势线从 P 型体区 /N 型漂移区结开始纵向扩展，而在 TGU SOI-LIGBT 器件中，电势线从 G_2 开始延伸。图 5.31（b）所示为两种器件沿 A_1-A_2 和 B_1-B_2 截线的电势分布，可以看出，G_2 的侧壁氧化层承受了 16.1V 的电压。

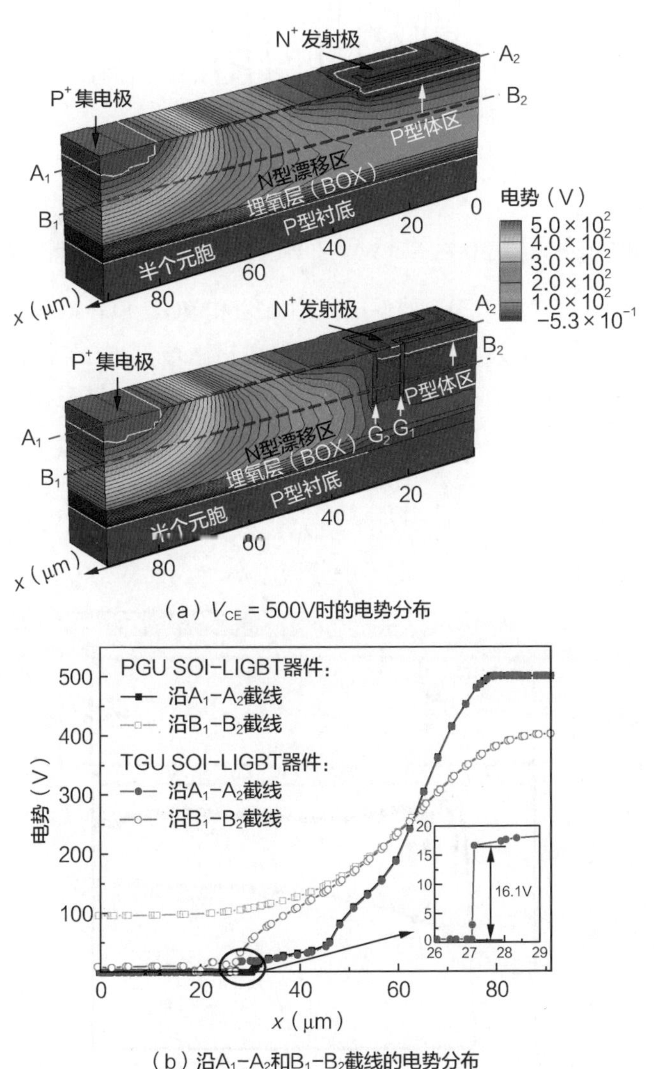

图 5.31　PGU SOI-LIGBT 器件和 TGU SOI-LIGBT 器件的电势分布

图 5.32 所示为两种器件在不同 W_{OC} 和 W_{PC} 条件下的击穿电压测试值。两

种器件的击穿电压分布都比较均匀，由于 G_2 承受了额外的电压，因此 TGU SOI-LIGBT 器件的击穿电压比 PGU SOI-LIGBT 器件略高。

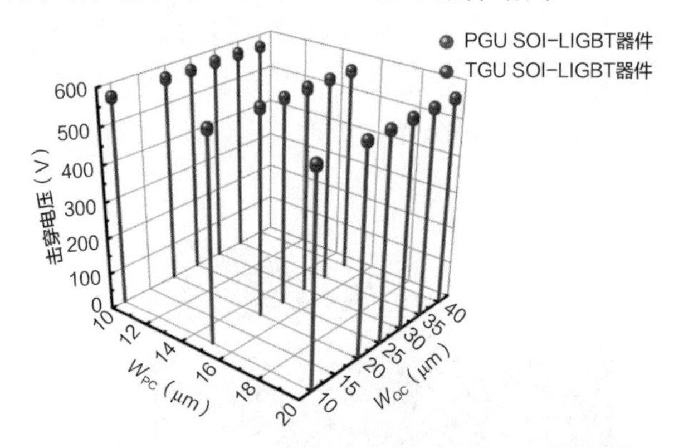

图 5.32　两种器件在不同 W_{OC} 和 W_{PC} 条件下的击穿电压测试值

开态时，TGU SOI-LIGBT 器件的导通行为和 PGU SOI-LIGBT 器件有着明显的不同。图 5.33 所示为两种器件导通时发射极区域的电子电流密度分布。在 PGU SOI-LIGBT 器件中，从 N^+ 发射极流出的电子在进入漂移区之前，主要从硅的表面流动。如图 5.33（a）所示，PGU SOI-LIGBT 器件的表面电子电流浓度非常高（沿 C_1-C_2 截线）。在 TGU SOI-LIGBT 器件中，G_1 和 G_2 使电子电流的分布有了明显改变。如图 5.33（b）所示，外延层中间区域（沿 D_1-D_2 截线）和底部区域（沿 D_1-D_2 截线）的电子电流密度高于表面（沿 C_1-C_2 截线）。

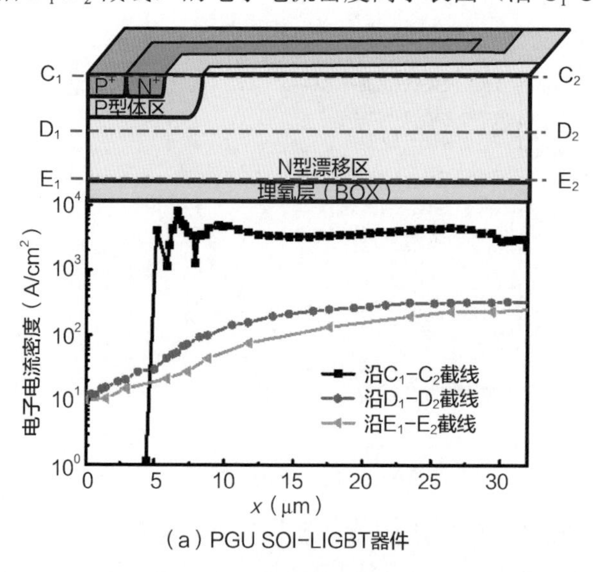

（a）PGU SOI-LIGBT器件

图 5.33　两种器件导通时发射极区域的电子电流密度分布

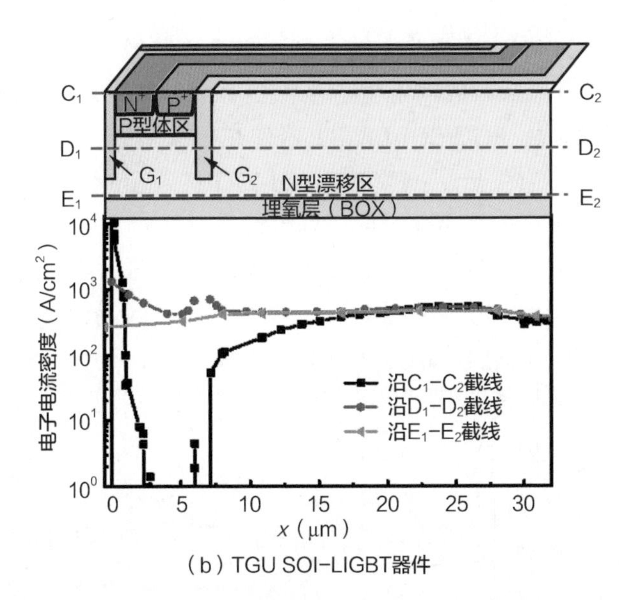

（b）TGU SOI-LIGBT器件

图 5.33 两种器件导通时发射极区域的电子电流密度分布（续）

图 5.34 中比较了两种器件在各自最优尺寸 [15] 下的空穴密度分布。通过改变 P^+ 集电极的掺杂浓度，将两种器件在 100A/cm^2 时的 V_{ON} 调节为 1.22V。在 TGU SOI-LIGBT 器件中，由于 G_2 的阻挡作用，引起了空穴载流子的存储效应，使集电极区域的空穴密度得到了增强。在发射极区域，TGU SOI-LIGBT 器件的空穴密度远大于 PGU SOI-LIGBT 器件；而在集电极区域，TGU SOI-LIGBT 器件呈现出了更低的空穴密度。

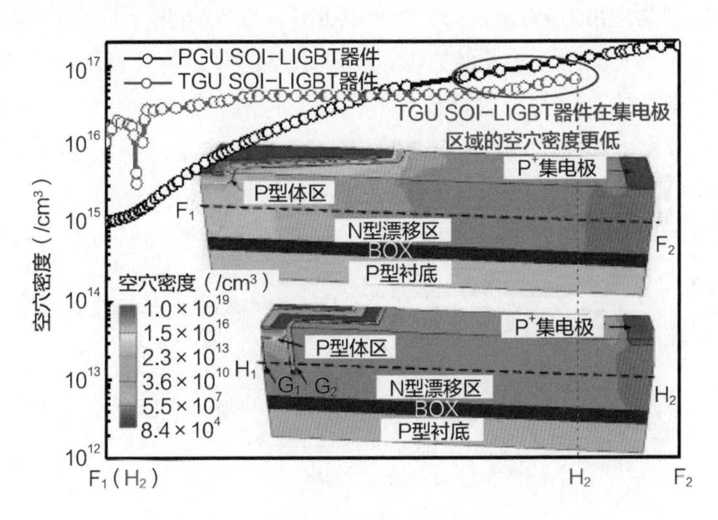

图 5.34 两种器件导通时的空穴密度分布

由于 PGU SOI-LIGBT 器件的电子电流主要从硅表面流动，由 N^+ 发射极、P 型体区及 N 型漂移区组成的寄生三极管很容易被触发。图 5.35 所示为两种器件的开态 *I-V* 曲线。PGU SOI-LIGBT 器件在电流密度为 757A/cm² 时发生闩锁，曲线在 510V 处发生折回；在 TGU SOI-LIGBT 器件中，部分电子电流不需要经过 N^+ 发射极下方的 P 型体区就可以直接垂直流向 P^+ 发射极，可以推迟寄生 NPN 三极管的开启。因此，即便是在 1100A/cm² 的电流密度情况下，TGU SOI-LIGBT 器件仍不发生闩锁。除了闩锁免疫能力，导通行为的不同将导致两种器件在短路状态时的晶格温度分布不同。

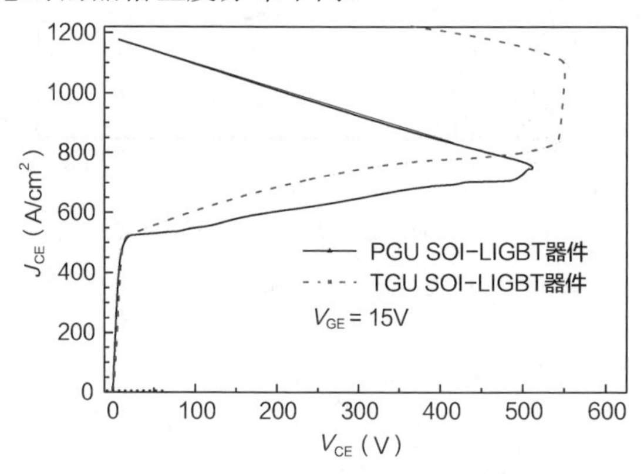

图 5.35　两种器件的开态 *I-V* 曲线

在仿真过程中，集电极和发射极的热阻设置为 0.1cm²K/W，衬底的热阻通过 *I-V* 的测试曲线和仿真曲线进行校准，最终通过校准设置为 0.57cm²K/W。仿真选用的热模型为“thermodynamic”和“hydro”。图 5.36 所示为两种器件在 V_{CE} = 400V 和 V_{GE} = 15V 条件下短路状态时的电流密度分布，两种器件均在各自的最优尺寸条件下进行仿真。为了进行公平的比较，将两种器件在 V_{CE} = 400V 和 V_{GE} = 15V 时的电流密度调节为 600A/cm²。图 5.36（a）和（b）显示了两种器件中的电流路径（蓝线）。在 TGU SOI-LIGBT 器件中，由于 G_1 和 G_2 的作用，发射极侧漂移区底部的电流密度较高，电流密度的分布进而会影响器件的热特性。

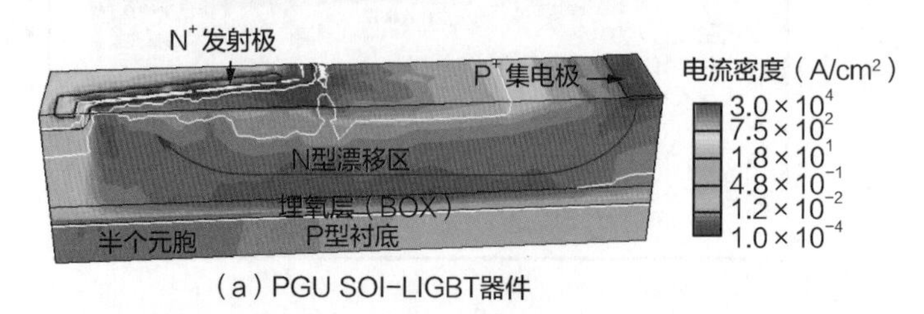

（a）PGU SOI-LIGBT器件

图 5.36　两种器件短路状态时的电流密度分布（V_{CE}=400V，V_{GE}=15V）

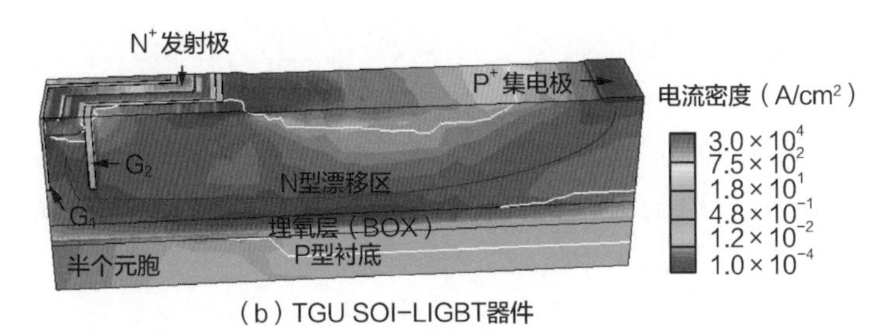

（b）TGU SOI-LIGBT器件

图 5.36 两种器件短路状态时的电流密度分布（V_{CE}=400V，V_{GE}=15V）（续）

图 5.37 所示为两种器件在短路持续到 1μs 时的晶格温度分布。在 PGU SOI-LIGBT 器件中，最大的晶格温度点位于集电极侧漂移区的底部。而在 TGU SOI-LIGBT 器件中，存在相对较大面积的热点，该热点从漂移区中部延伸到发射极侧。

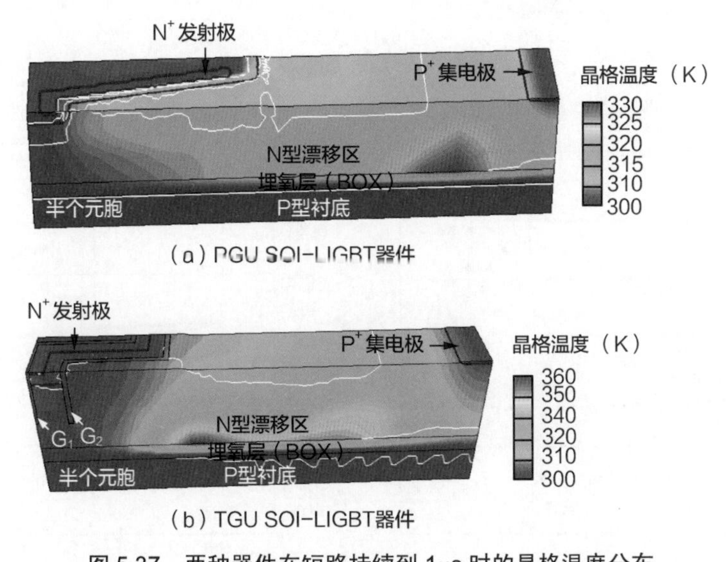

（a）PGU SOI-LIGBT器件

（b）TGU SOI-LIGBT器件

图 5.37 两种器件在短路持续到 1μs 时的晶格温度分布

图 5.38 所示为两种器件在不同的电流密度下 0 ～ 1μs 时间内的晶格温度仿真曲线。在相同的电流密度下，TGU SOI-LIGBT 器件的最大晶格温度上升速度比 PGU SOI-LIGBT 器件快。

通过调节 P⁺ 集电极的掺杂浓度，V_{CE} = 400V 和 V_{GE} = 15V 条件下可获得不同的电流密度 J_{CE}。短路测试的条件为：环境温度 T_A = 25℃，直流总线电压 V_{BUS} = 400V，栅极电压 V_{GE} = 15V，栅极电阻 R_G = 10Ω。图 5.39（a）和（b）所示分别为 J_{CE} 为 590A/cm² 和 680A/cm² 时的短路测试波形。如图 5.39（a）所示，虽

然 TGU SOI-LIGBT 器件的晶格温度上升较快，但当 J_{CE} 为 590A/cm^2 时，TGU SOI-LIGBT 器件获得了较长的短路承受时间（t_{SC}），比 PGU SOI-LIGBT 器件的短路承受时间长了 49%。但是，当 J_{CE} 更大时（680A/cm^2），TGU SOI-LIGBT 器件的 t_{SC} 反而低于 PGU SOI-LIGBT 器件，同时由于自热效应明显，TGU SOI-LIGBT 器件的电流出现了明显的下降趋势。

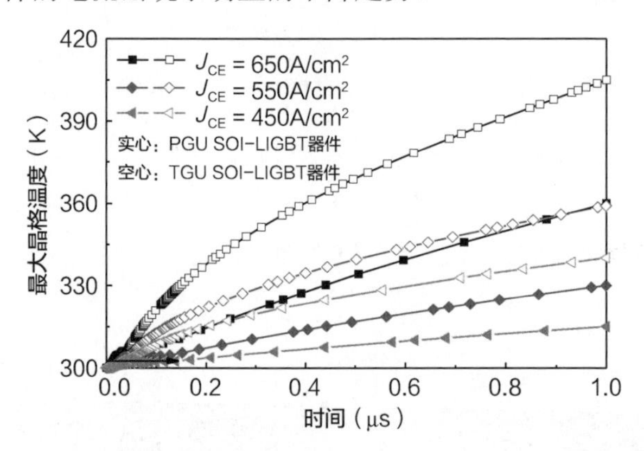

图 5.38　两种器件在不同的电流密度下 0 ～ 1μs 时间内的晶格温度仿真曲线

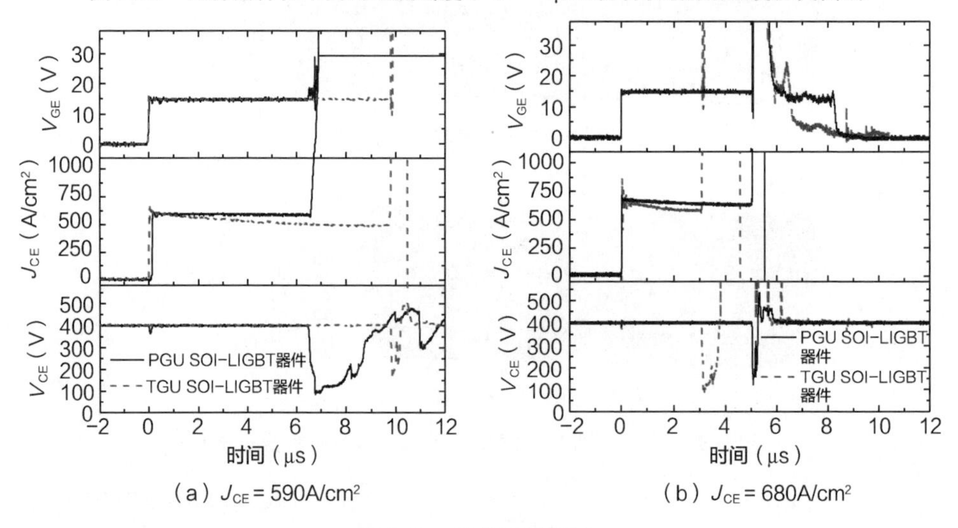

图 5.39　短路测试波形

图 5.40 所示为两种器件的 J_{CE}-t_{SC} 折中关系曲线。两种器件均采用 DIP8 封装形式。当 $J_{CE} < 640$A/cm^2 时，TGU SOI-LIGBT 器件的 t_{SC} 远大于 PGU SOI-LIGBT 器件；当 $J_{CE} > 640$A/cm^2 时，PGU SOI-LIGBT 器件的 J_{CE}-t_{SC} 折中关系反而优于 TGU SOI-LIGBT 器件，同时，TGU SOI-LIGBT 器件的 t_{SC} 随 J_{CE} 的变化十分敏感。在 TGU SOI-LIGBT 器件中，快速上升的晶格温度会引起器件

的热击穿，因此，当 $J_{CE} > 640A/cm^2$ 时，J_{CE}-t_{SC} 折中关系比 PGU SOI-LIGBT 器件差。当电流密度相对更小时，器件损坏的原因主要是动态闩锁，此时，TGU SOI-LIGBT 器件获得了较好的 J_{CE}-t_{SC} 折中关系。

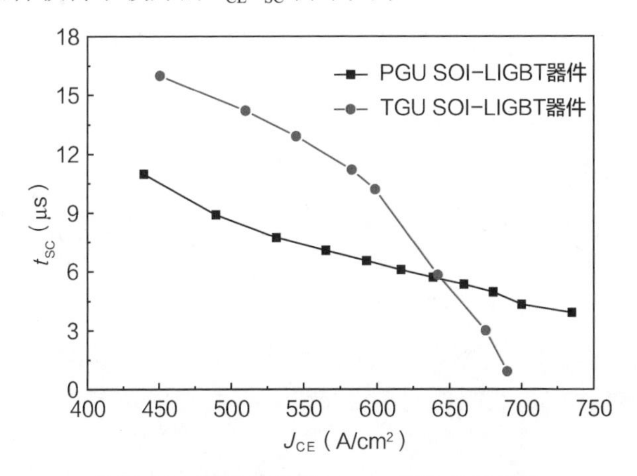

图 5.40　两种器件的 J_{CE}-t_{SC} 折中关系曲线

图 5.41 所示为 TGU SOI-LIGBT 器件在短路失效时的空穴电流密度分布。从图 5.41（a）中可以看出，当 $J_{CE} = 590A/cm^2$ 时，空穴电流流向了 N^+ 发射极，这说明寄生 NPN 三极管被触发，发生闩锁。如图 5.41（b）所示，在大电流密度（$680A/cm^2$）下，没有观察到明显的闩锁，短路失效可以断定为热失效。

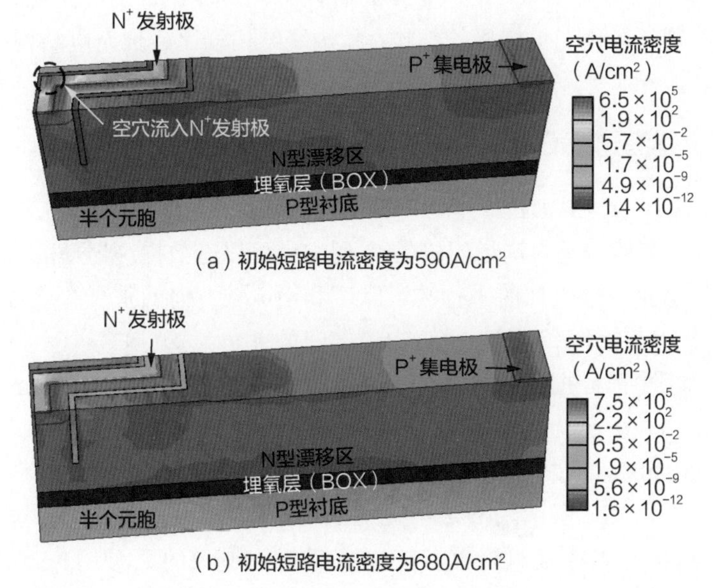

（a）初始短路电流密度为590A/cm²

（b）初始短路电流密度为680A/cm²

图 5.41　TGU SOI-LIGBT 器件在短路失效时的空穴电流密度分布

5.3 开启电流过冲与 di/dt 控制技术

作为反并联了 FWD 的开关器件，SOI-LIGBT 器件用于钳位感性负载的桥式拓扑电路中，要求具有低的 di/dt 和开启损耗。在开启瞬态过程中，高的 di/dt 通常会引起严重的电磁干扰，导致栅极驱动电路无法控制器件。文献 [16-18] 中提出了 di/dt 可控性这个概念。较强的 di/dt 可控性意味着 di/dt 的大小对栅极电阻 R_G 的变化非常敏感。文献 [19] 提出了一种具有浮空 P 型阱的 IGBT 器件来抑制栅极电压 V_G 过冲和改善 di/dt 可控性。文献 [20] 进一步提出了与沟槽栅分离的深浮空 P 型阱结构。文献 [21-22] 中用深浮空 N 型阱替代了文献 [20] 中的深浮空 P 型阱来减少沟槽栅下方的空穴集聚，从而进一步提升 di/dt 可控性。从沟槽栅角度来说，侧栅 [23]、鳍式 P 型体区 [24-25] 和沟槽屏蔽栅 [26] 结构能够降低寄生电容从而获得优秀的 di/dt 可控性。文献 [27] 通过额外的空穴路径在开关损耗和 di/dt 可控性之间达到了良好的折中关系。上述技术都是针对纵向 IGBT 器件提出的，不可直接移植到 LIGBT 器件中。对于 LIGBT 器件来说，文献 [11-12, 15, 28-29] 中提出了 U 型沟道结构来提升器件的电流密度和闩锁能力。该结构独有的多晶硅栅极覆盖的 U 型 JFET 区域，使不可控的 di/dt 和 V_G 过冲在平面栅 U 型沟道（PGU）SOI-LIGBT 器件中成为不可忽视的问题。

下文将详细解释 PGU SOI-LIGBT 器件 V_G 过冲和 di/dt 可控性差的原因，然后介绍一种具有预充电栅极的结构；和传统结构相比，预充电结构的 di/dt 降低了 74%。

5.3.1 U 型沟道 SOI-LIGBT 器件的 di/dt 可控性

传统 PGU SOI-LIGBT 器件的元胞俯视图和三维示意图如图 5.42 所示。由一个平行沟道和两个垂直沟道组成的 U 型沟道可以有效提高器件的电流密度和闩锁能力 [28]。沿 y 轴方向的平行沟道宽度和沿 x 轴方向的垂直沟道宽度分别为 W_{PC} 和 $2W_{OC}$，其中平行沟道和垂直沟道之间的夹角为 α。在每个元胞中，JFET 区域都被 U 型多晶硅栅极所覆盖。下面所讨论器件的宽度为 7200mm。

图 5.43（a）所示为感性负载开关的测试原理，感性负载的大小为 5mH，母线电压为 280V，本书仿真采用的 FWD 具有和 PGU SOI-LIGBT 器件相同的尺寸。如图 5.43（b）所示，传统 PGU SOI-LIGBT 器件在开启瞬态过程中存在明显的 V_G 过冲。当栅极电阻 R_G 等于 100Ω 时，最大的 V_G 为 11.64V，di/dt 为 139A/μs，开启损耗 E_{ON} 为 4.96mJ/cm^2。当 R_G 等于 3000Ω 时，此时最大的 V_G

为 11.07V，di/dt 为 78A/μs，E_{ON} 为 6.98mJ/cm^2。由上述数据可以发现，虽然 R_G 增长了 30 倍，但是 di/dt 却只减少了 43.9%。

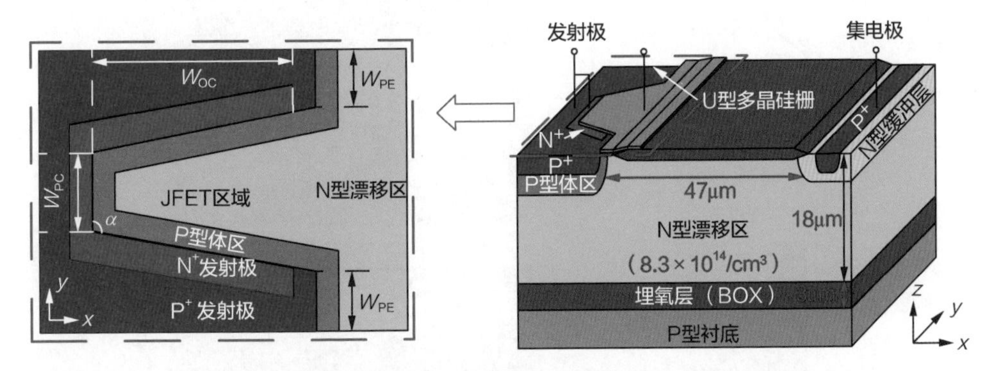

图 5.42　PGU SOI-LIGBT 器件的元胞俯视图和三维示意图
（W_{PC} = 10μm，W_{OC} = 40μm，W_{PE} = 6μm，α = 100°）

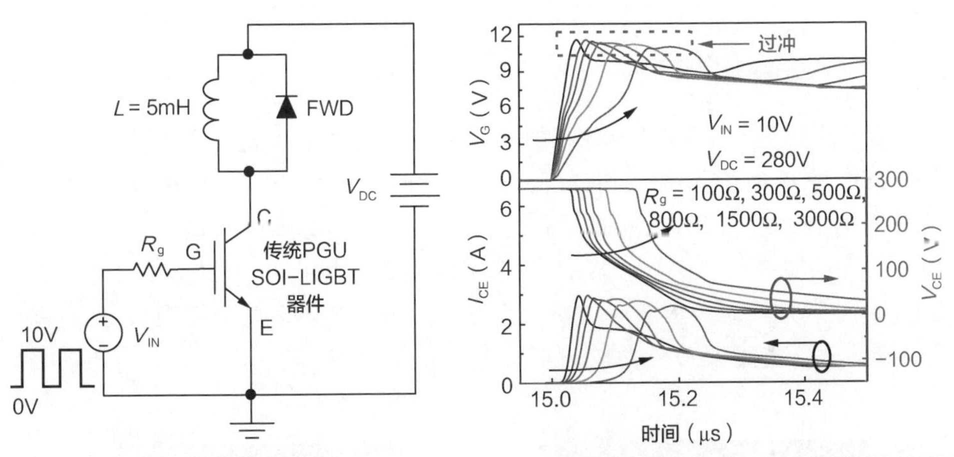

（a）感性负载开关测试原理图　　（b）不同 R_g 条件下的PGU SOI-LIGBT器件的开启波形图

图 5.43　感性负载开关测试原理图与测试结果

图 5.44 所示为传统 PGU SOI-LIGBT 器件发射极侧的空穴电流浓度分布。可以发现，在开启瞬态过程中，大量的空穴在 JFET 区域聚集，造成 A 处的电压 V_A 急剧上升。在 t_0 ～ t_1 时间内，V_G 的增量略大于 V_A 的增量（dΔV/dt=d(V_A−V_G)/dt=−7V/s）。在 t_1 ～ t_2 时间内，V_A 急剧上升且 dΔV/dt 为 58.5V/μs。上述数据表明，JEFT 区域出现了空穴集聚效应，产生了从 JFET 区域流向栅极的位移电流，进而导致 V_G 过冲和失控的 di/dt。该机理和纵向 IGBT 器件中 V_G 过冲产生的机理类似[21-22]。

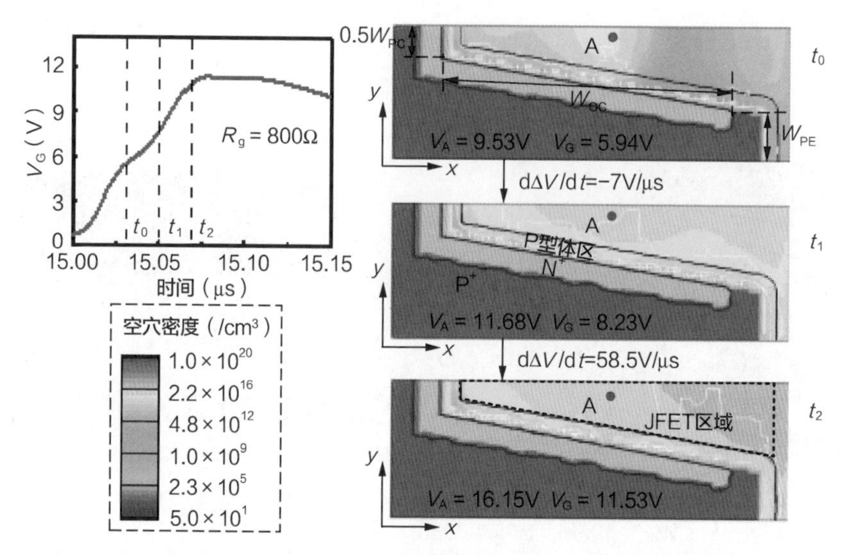

图 5.44 传统 PGU SOI-LIGBT 器件发射极侧硅表面的空穴密度分布

5.3.2 预充电控制技术

为了抑制 V_G 过冲和获得优越的 di/dt 可控性，本书课题组提出了一种双栅 PGU SOI-LIGBT 器件，如图 5.45（b）所示。和传统 PGU SOI-LIGBT 器件相比，双栅 PGU SOI-LIGBT 器件的主要特征在于：由两个分离的栅极 G_1 和 G_2 共同构成器件的栅极。其中，栅极 G_1 用来开启器件，栅极 G_2 用来保护器件免受 JFET 区域空穴集聚效应造成的影响。同时，本小节还研究了栅极 G_1 和 G_2 两种连接方式（模式 A 和模式 B）的不同影响。

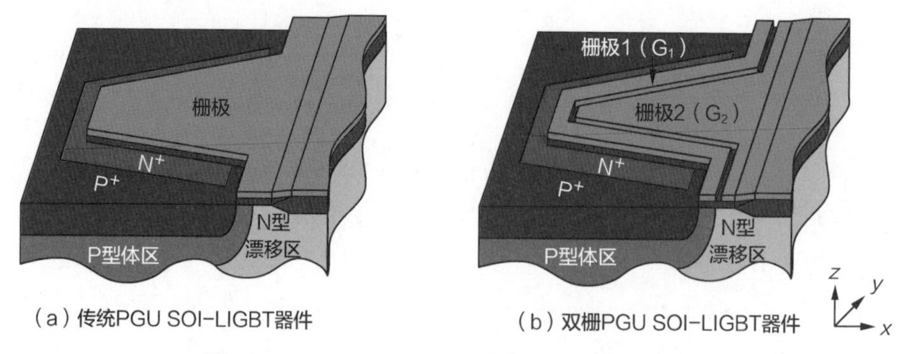

图 5.45 PGU SOI-LIGBT 器件发射极的三维结构

图 5.46（a）所示为栅极 G_1 和 G_2 在模式 A 下的连接示意，栅极 G_2 接地用

于释放位移电流，从而避免位移电流流过栅极 G_1 所引起的 V_G 过冲。从图 5.46 中我们可以发现，模式 A 下的栅极 G_1 电压 V_{G_1} 峰值低于传统 PGU SOI-LIGBT 器件的栅极电压 V_G 峰值，这说明模式 A 下的双栅 PGU SOI-LIGBT 器件能够有效抑制 V_G 过冲。但是，如图 5.47(a) 所示，栅极 G_2 接地也加剧了 JFET 区域的空穴集聚，并削弱了漂移区中的电导调制，因此造成器件的 V_{ON} 增大（如图 5.47(b) 所示）。

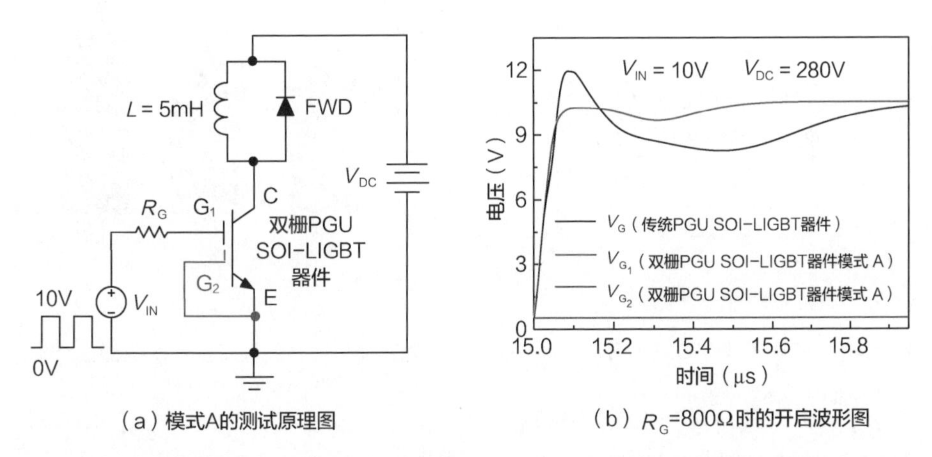

（a）模式A的测试原理图　　（b）R_G=800Ω时的开启波形图

图 5.46　双栅 PGU SOI-LIGBT 器件（模式 A）的感性负载开关测试原理图与测试结果

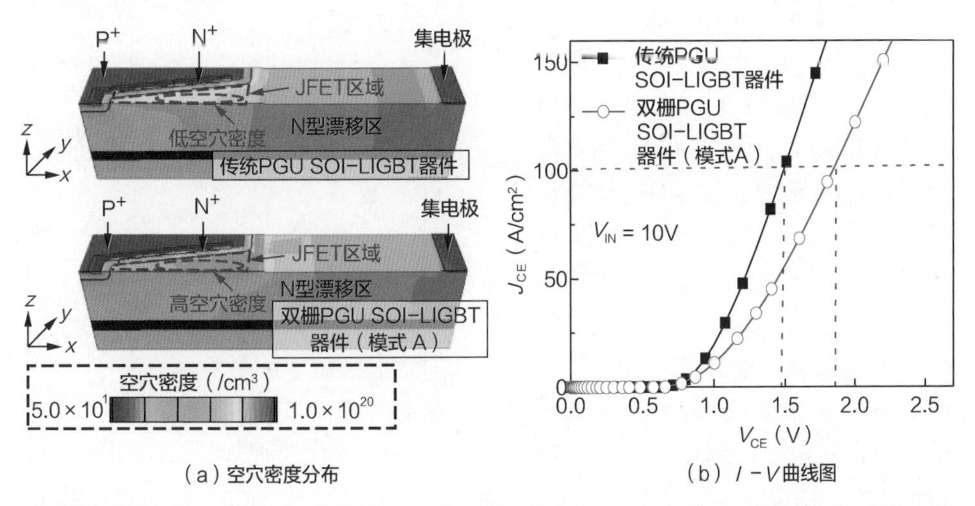

（a）空穴密度分布　　（b）$I-V$ 曲线图

图 5.47　双栅 PGU SOI-LIGBT 器件（模式 A）和传统 PGU SOI-LIGBT 器件的空穴密度分布及 I-V 曲线

图 5.48(a) 所示为双栅 PGU SOI-LIGBT 器件预充电连接方式（模式 B）的原理。栅极 G_2 通过栅极电阻 R_{G_2}($R_{G_2} \ll R_G$) 和栅极脉冲 V_{IN} 相连，可有效

抑制 JFET 区域的空穴集聚效应。如图 5.48（b）所示，采用模式 B 的双栅 PGU SOI-LIGBT 器件的 V_{ON} 低于采用模式 A 的双栅 PGU SOI-LIGBT 器件的 V_{ON}，和传统 PGU SOI-LIGBT 器件的 V_{ON} 接近。

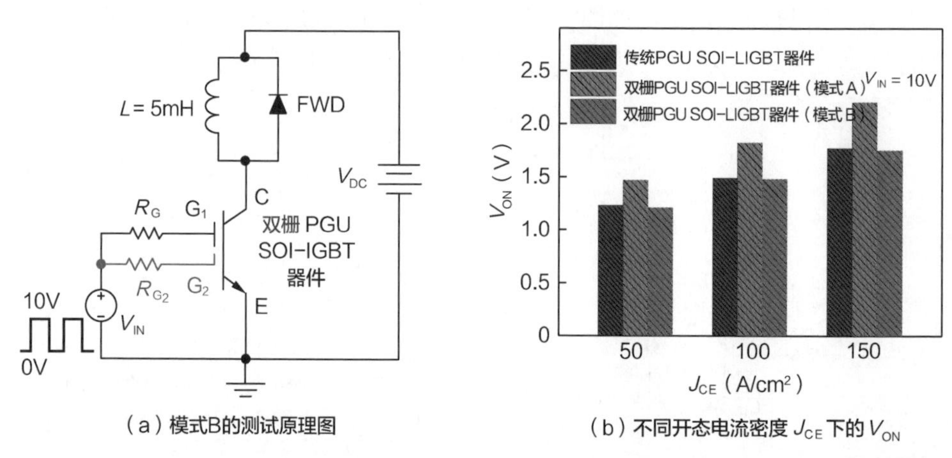

（a）模式B的测试原理图

（b）不同开态电流密度 J_{CE} 下的 V_{ON}

图 5.48　双栅 PGU SOI-LIGBT 器件（模式 B）的感性负载开关测试原理图与测试结果

图 5.49 比较了传统 PGU SOI-LIGBT 器件与双栅 PGU SOI-LIGBT 器件（模式 B）的 V_G、I_{CE} 和 dΔV/dt 特性曲线。由于 $R_{G_2} << R_G$，因此 G_2 远早于 G_1 先充电至栅极脉冲峰值（预充电模式）。在 I_{CE} 开始流经器件的 t_A 时刻，G_2 已经被充电至栅极脉冲峰值。由于 G_2 在空穴集聚和 V_A 开始增长之前已经被充电，因此 G_2 的电压 V_{G_2} 始终能够满足 $V_A - V_{G_2} < 0$ 的条件，即 dΔV/dt<0，这就意味着不会产生从 JFET 区域流向栅极的位移电流。因此，在开启瞬态过程中，栅极完全可以通过 R_G 被控制。图 5.50 比较了不同 R_{G_2} 条件下的 V_{G_2} 和 dΔV/dt 曲线，可以发现，增加 R_{G_2} 将会减缓 G_2 充电的速度而增加 dΔV/dt。当 dΔV/dt 的峰值开始变为正值时，V_G 发生过冲，因此应尽可能选择阻值小的 R_{G_2} 来保证 dΔV/dt 处于负值，继而达到消除位移电流和 V_G 过冲的目的。

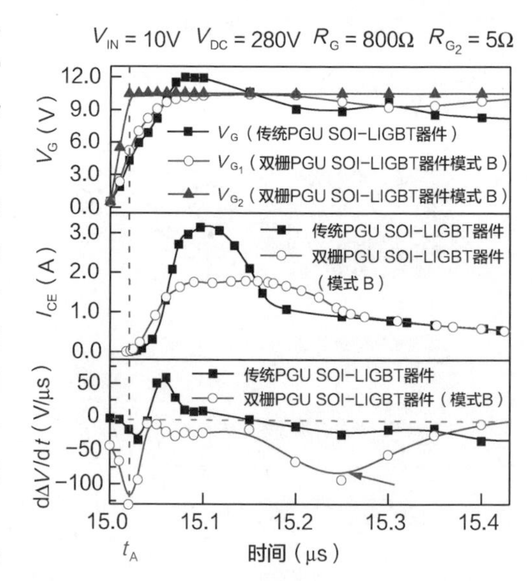

图 5.49　双栅 PGU SOI-LIGBT 器件（模式 B）和传统 PGU SOI-LIGBT 器件的 V_G、I_{CE} 和 dΔV/dt 曲线

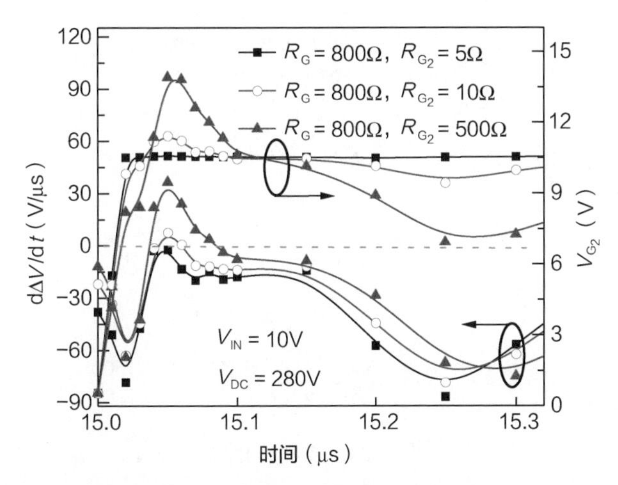

图 5.50　不同 R_{G_2} 条件下的 V_{G_2} 和 dΔV/dt 曲线

图 5.51（a）所示为不同 R_G 条件下 E_{ON} 和 di/dt 之间的折中关系。和传统 PGU SOI-LIGBT 器件相比，双栅 PGU SOI-LIGBT 器件显示出了更好的 E_{ON} 和 di/dt 折中关系。图 5.51（b）所示为 E_{ON}=5.28mJ/cm^2 时的开启波形。和传统 PGU SOI-LIGBT 器件相比，双栅 PGU SOI-LIGBT 器件工作在模式 A 和模式 B 方式下的 di/dt 分别下降了 71% 和 74%。如图 5.52 所示，双栅 PGU SOI-LIGBT 器件与传统 PGU SOI-LIGBT 器件相比，其 di/dt 对 R_G 的变化更加敏感，这意味着双栅 PGU SOI-LIGBT 器件具有更好的 di/dt 可控性。模式 B（预充电模式）可以通过 Bipolar-CMOS-DMOS-IGBT（BCDI）工艺平台 [28] 实现，该平台能够实现 SOI-LIGBT 器件和不同阻值栅极电阻的单片集成。

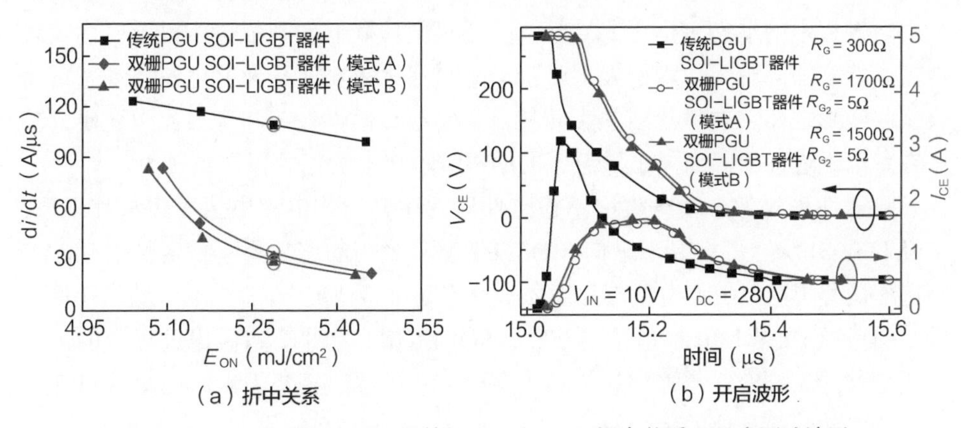

图 5.51　PGU SOI-LIGBT 器件的 E_{ON} 和 di/dt 折中关系及开启测试波形

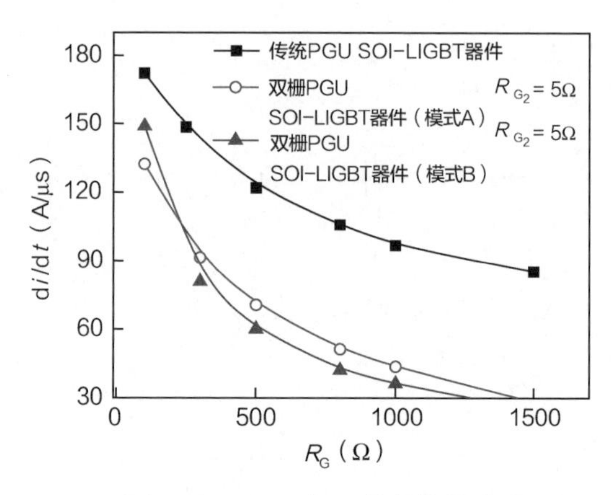

图 5.52 di/dt 对 R_G 的依赖关系

上文讨论了双栅 U 型沟道 SOI-LIGBT 器件抑制栅极电压 V_G 过冲和提高 di/dt 可控性的机制。在开启瞬态过程中，采用模式 A 和模式 B 两种连接方式的双栅 PGU SOI-LIGBT 器件都可以屏蔽位移电流。模式 A 通过将栅极 G_2 接地来获得稳定的栅极电压 V_{G_1}，模式 B 通过对栅极 G_2 进行预充电来保证 $d\Delta V/dt<0$。但是，采用模式 A 时，器件的导通压降 V_{ON} 有所上升。模式 B 可以在不增加导通压降 V_{ON} 的情况下获得优越的 di/dt 可控性。

5.4 击穿电压漂移现象

对于功率级的开关器件，动态雪崩稳定性是决定器件是否会失效的关键特性之一[30-31]。文献 [3, 32-33] 报道了分立纵向 IGBT 器件在钳位或非钳位感性负载关断过程中的动态雪崩不稳定性。当栅极电压降低到阈值电压以下时，负载电流不能立即降至零，将引发器件的动态雪崩来承受（导通）电流。动态雪崩会引起波形振荡、电流丝或热点转移，最终导致器件失效和烧毁。上述研究都是在室温下进行的，而关于低温下的动态雪崩特性的相关报道则较少。

除器件失效外，动态雪崩不稳定性通常还会导致击穿电压发生漂移现象。文献 [34-35] 研究了室温下纵向 MOSFET 器件中由动态雪崩不稳定性引起的击穿电压漂移现象。击穿电压漂移现象被证明与掺杂浓度分布[34]或非均匀耗尽扩展[35]有关。文献 [36] 报道了 −40℃下 SOI-LIGBT 器件动态雪崩过程中的击穿电压漂移现象。空穴集聚被认为是击穿电压负漂移的主要因素，但文献 [36] 中并没有对此进行具体的机理解释。

下文将研究 SOI-LIGBT 器件在低温（−40℃）下击穿电压的负漂移和正漂

移。通过模型和仿真揭示正负漂移的具体机理，并通过实验进行验证。5.4.1 小节介绍了动态雪崩的测试方法、器件的结构和测试条件。5.4.2 小节揭示了击穿电压漂移现象在低温（−40℃）条件下发生而在室温（25℃）和高温（125℃）条件下不发生的原因，随后通过 TCAD 仿真讨论了击穿电压发生漂移的机理。5.4.3 小节给出了动态雪崩稳定性的优化策略，并进行了实验验证。

5.4.1　低温动态雪崩测试

图 5.53 所示为本书课题组所研究的高压 SOI-LIGBT 器件的俯视照片和截面结构。如图 5.53（a）所示，单个叉指 SOI-LIGBT 器件由两个对称的元胞（cell1 和 cell2）组成。在单个叉指结构布局中，集电极区域被发射极区域所包围。外围的两个深氧化层沟槽将器件与其他器件（如高压 FWD、中压 PMOS/NMOS 和无源器件）隔离开。如图 5.53（b）所示，发射极侧包括 N^+/P^+ 发射极和 P 型体区，集电极侧包括 N 型缓冲层和 P^+ 集电极，场板设置在场氧化层上，以减少硅区域表面的电场集聚。P 型衬底和 N 型漂移区的掺杂浓度分别为 $1.3\times10^{15}/cm^3$ 和 $8.3\times10^{14}/cm^3$。N 型漂移区的长度和 BOX 的厚度分别为 L_d 和 t_{BOX}，单个叉指 SOI-LIGBT 器件的总宽度为 1200μm。动态雪崩测试电路的电极连接如图 5.53（b）所示。图中栅极接地，以保证器件的沟道始终处于关断状态。使用电流源从器件的集电极灌入恒定的电流（I_{CE}），测试期间，器件的衬底始终接地（V_{SUB}=0V）。

图 5.54 所示为动态雪崩测试系统，利用 Keithley2410 可以产生恒定的电流（I_{CE}），将其灌入 SOI-LIGBT 器件的集电极并测量集电极—发射极之间的电压 V_{CE}。I_{CE} 从零时刻开始线性增长，在 50ms 时到达 1μA，随后 I_{CE} 保持在 1μA 不变。在器件沟道关闭（V_{GE}=0V）时，电流从集电极流向发射极，器件内部发生动态雪崩，集电极—发射极之间产生电压 V_{CE}，在 0 ～ 100s 内记录 V_{CE} 的值。测试时，SOI-LIGBT 器件被放置在高低温箱内。

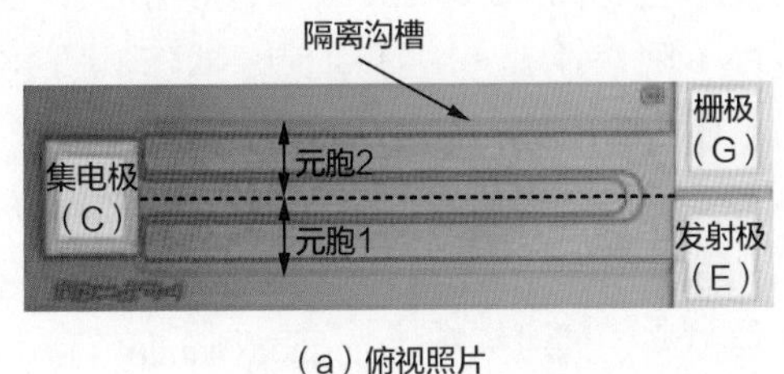

（a）俯视照片

图 5.53　SOI-LIGBT 器件的俯视照片及截面结构

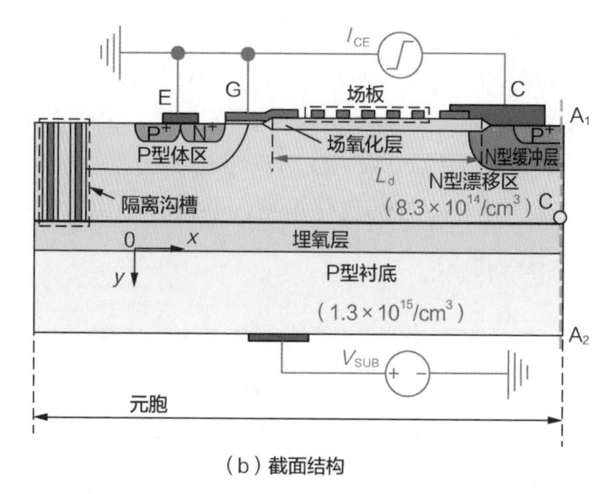

（b）截面结构

图 5.53　SOI-LIGBT 器件的俯视照片及截面结构（续）

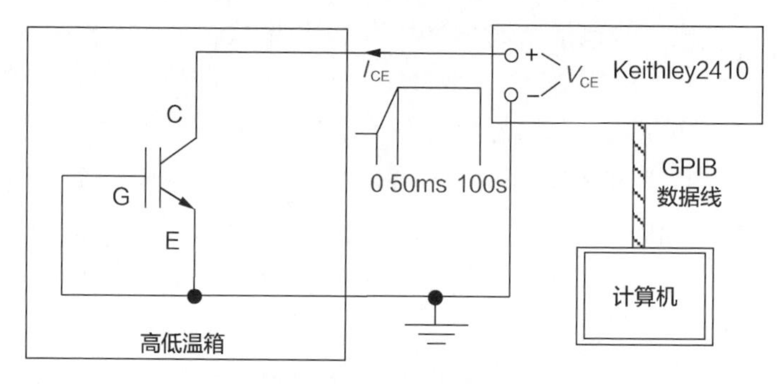

图 5.54　动态雪崩测试系统

图 5.55 所示为 SOI-LIGBT 器件（器件 1，L_d=45μm，t_{BOX}=3.5μm）在 −40℃、25℃和 125℃ 3 种环境温度 T_A 下 V_{CE} 随时间变化的关系图，每种环境温度下均采用全新的器件样品进行测试。如图 5.55 所示，V_{CE} 在 t_1 时刻之前快速上升。出人意料的是，T_A = −40℃时的初始 V_{CE} 高于 T_A=25℃时的初始 V_{CE}。V_{CE} 仅在 T_A=−40℃时发生负漂移，而在 T_A=25℃和 125℃条件下均保持稳定。T_A= −40℃时，V_{CE} 在 t_1 ～ t_2 期间缓慢下降，在 t_2 ～ t_3 期间大幅下降。t_3 时刻之后，V_{CE} 稳定在 556V。利用 Sentaurus TCAD 软件对该器件进行了仿真，采用的物理模型包括 Shockley-Read-Hall 复合模型、Band-to-band Auger 复合模型和 Lackner 雪崩发生模型、High-field saturation 迁移率模型、Philips unified 迁移率模型和 Perpendicular filed dependence 迁移率模型。同时采用“thermodynamic”和“Hydro”模型对动态雪崩过程进行了热计算。发射极、集电极和衬底电极的热阻分别校准为 0.1cm²K/W、0.1cm²K/W 和 0.57cm²K/W[37]。从图 5.55 可以发现，模拟曲线与实测曲线吻合良好。

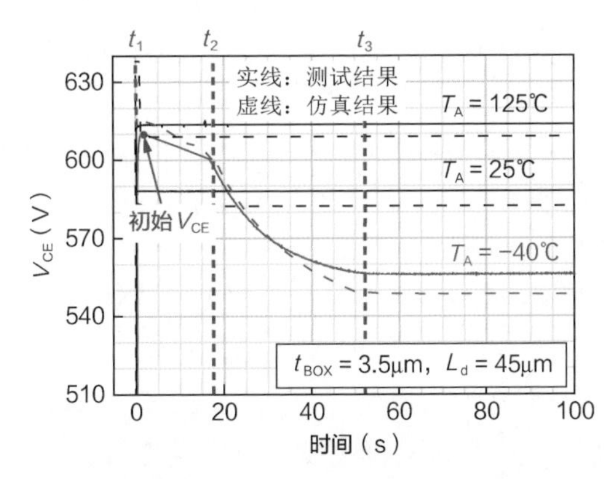

图 5.55　SOI-LIGBT 器件（器件 1）在 -40℃、25℃和 125℃的环境温度 T_A 下 V_{CE} 随时间变化的关系图

5.4.2　动态雪崩稳定性机理

图 5.56(a) 所示为器件 1 仿真和实测的静态击穿曲线，器件 1 的静态击穿电压（BVS）可以通过不断增加 V_{CE} 获得。器件 1 在 T_A = −40℃、25℃和 125℃环境温度下的 BVS 分别为 556V、587V 和 613V。图 5.56(b) 所示为器件 1 在静态击穿时的碰撞电离率分布图，其静态击穿点（最大碰撞电离率点）被设计在集电极侧底部，以避免由表面击穿可能引起的问题[38-39]。器件 1 的击穿位置表明器件的纵向击穿电压（BVV）低于器件的横向击穿电压（BVL）。器件 1 的静态击穿电压就是图 5.55 中 t_3 时刻稳定的 V_{CE} 值。T_A= −40℃时，t_1 时刻的初始 V_{CE}（610V）远高于器件的静态击穿电压，这是由器件的 BVV 动态增加所导致的。当 BVL>BVV 时，动态增加的 BVV 会推迟器件击穿进而产生一个较高的初始 V_{CE}。

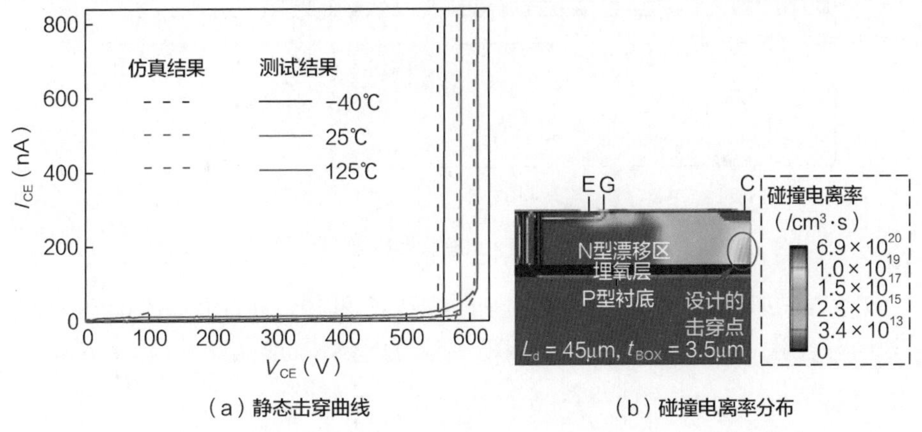

（a）静态击穿曲线　　（b）碰撞电离率分布

图 5.56　器件 1 的静态击穿曲线（T_A=−40℃、25℃和 125℃）及碰撞电离率分布

如图 5.57 所示，本书课题组提出了一种电荷耦合模型来解释 V_{CE} 发生漂移的原因。在 t_1 时刻之前，V_{CE} 随 I_{CE} 的增长而增长。t_1 时刻之后，雪崩击穿电压建立。在器件沟道关闭的情况下，集电极侧产生的空穴沿着BOX的上表面流动，流向发射极。空穴会在图 5.53（b）中的 A 区域发生集聚，BOX 表面累积的空穴与 P 型衬底中的负电荷耦合，导致 P 型衬底中的耗尽层在 T_A= −40℃时发生扩展。T_A=25℃或 125℃时的 BVV 包括漂移区和 BOX 承受的电压（图 5.57（a）中的 V_d 和 V_B），但是 T_A= −40℃时的 BVV 还额外包括了 P 型衬底承受的电压（图 5.57（b）中的 V_S）。由于 P 型衬底耗尽层的扩展，T_A= −40℃时的 BVV 比预期要高。T_A=25℃和 125℃时的 P 型衬底没有发生耗尽层扩展，是因为区域 A 没有发生明显的空穴集聚。

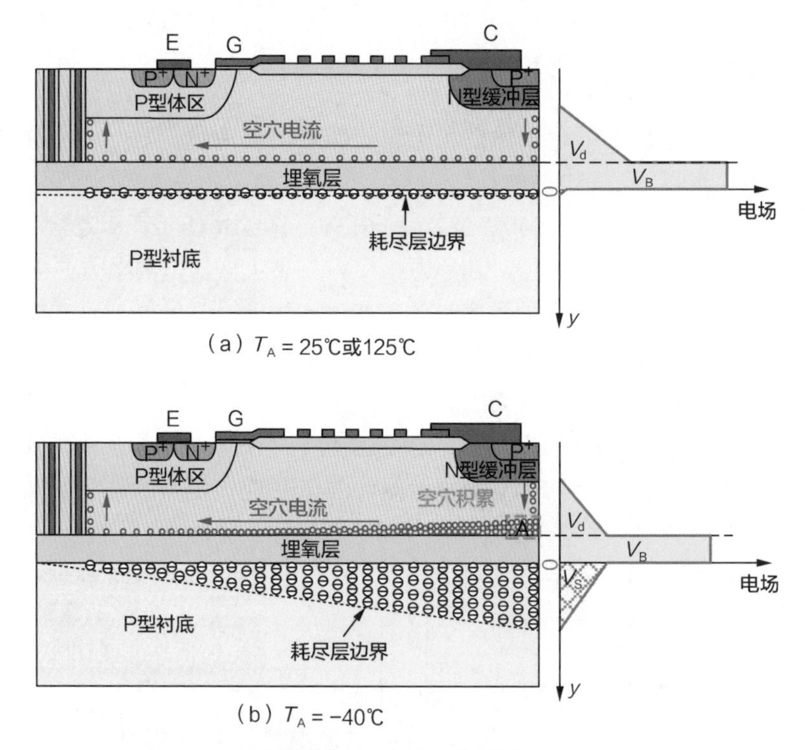

图 5.57　电荷耦合模型

T_A= −40℃时的区域 A 空穴密度高于 T_A=25℃和 125℃时的区域 A 空穴密度，其原因可以用式（5.1）和图 5.58 来解释。空穴的迁移率可以用式（5.1）来表示[40]：

$$\mu = \frac{q}{m^*} \cdot \left(\frac{1}{AT^{3/2} + \frac{BN_i}{T^{3/2}}} \right) \tag{5.1}$$

式中，A 和 B 是实验常量，q 和 m^* 分别为电荷常数和有效质量。空穴迁移率 μ 主要受漂移区中空穴密度和温度 T 的影响。图 5.58 所示为动态雪崩过程中器件 A 区域中某个点的空穴密度和空穴迁移率的仿真结果。由于 1ms 时刻前的初始空穴密度非常低（约为 $4.7\times10^{10}/\text{cm}^3$），可以忽略式（5.1）中含有 N_i 的部分；所以，在初始阶段，T_A= −40℃时的空穴迁移率要高于 T_A=125℃时的空穴迁移率。T_A= −40℃时的高空穴迁移率加速了空穴在区域 A 的集聚。在区域 A 集聚的空穴引起了耗尽层在 P 型衬底区域的扩展。区域 A 高浓度的空穴意味着式（5.1）中含有 N_i 的部分不能再被忽略，导致 1ms 时刻后的空穴迁移率随时间的推移而降低。3.8ms 时刻以后，随着 μ（T_A= −40℃时）的降低，空穴密度趋于恒定，P 型衬底中的耗尽不能再扩展。相比之下，μ 在 T_A=125℃时略有下降，这是因为在低空穴密度（$<4.0\times10^{13}/\text{cm}^3$）下，式（5.1）中含有 N_i 的部分对迁移率影响较弱。

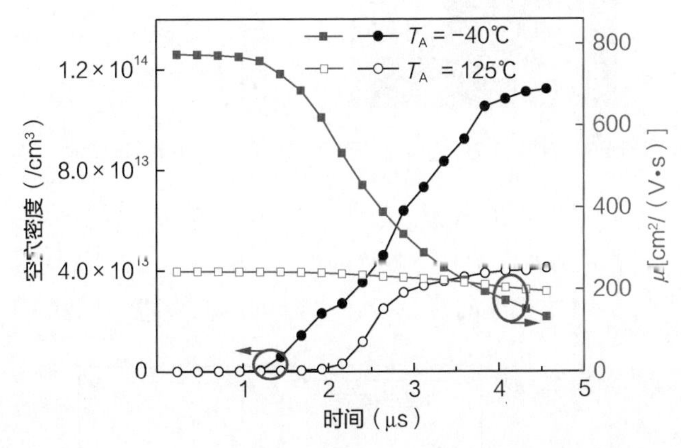

图 5.58　器件 1 区域 A 中某点位置在动态雪崩过程中的空穴密度和 μ

简言之，T_A= −40℃时的高初始 μ 加速了空穴在区域 A 的积累，进而引起了 P 型衬底的耗尽。当 I_{CE} 增大到恒定值之后，P 型衬底中的耗尽层需要收缩，这将伴随着电场和电势分布的重新分布，这个过程即为动态雪崩的不稳定过程。

前文已提到，在 BVV<BVL 的情况下，器件 1 的静态击穿点被设计在集电极侧的底部。图 5.59 所示为 T_A= −40℃时器件 1 动态雪崩过程中的碰撞电离率和耗尽层分布示意图。在动态雪崩的过程中，存在 P 型衬底耗尽层收缩和击穿点转移的现象。在 t_1 时刻，击穿点位于器件表面，此时 V_{CE} 的初始值因为空穴在区域 A 集聚和 P 型衬底耗尽的原因而升高。P 型衬底的耗尽增加了 BVV，

导致 BVV>BVL，器件的横向耐压不足，击穿点出现在表面。在 $t_1 \sim t_2$ 内，击穿点转移到器件体内（集电极侧底部）。在 $t_2 \sim t_3$ 内，可以观察到 P 型衬底耗尽层的收缩。P 型衬底耗尽层收缩后，BVV 下降且小于 BVL。在 t_3 时刻，V_{CE} 达到稳定值，此时器件内部的物理量状态接近图 5.56 所示的静态击穿时的状态。

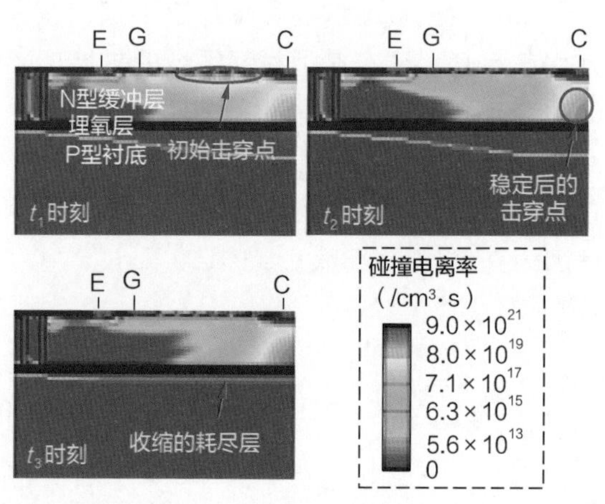

图 5.59 器件 1 在 T_A= −40℃时的碰撞电离率和耗尽层分布

图 5.60 所示为器件 1 沿 A_1-A_2 截线（见图 5.53(b)）的电场强度分布。在 t_1 时刻，电场已穿透到 P 型衬底区域内。在 $t_2 \sim t_3$ 内，P 型衬底耗尽层收缩使 V_S 明显下降（图 5.60 中的ΔV_S）。V_{CE} 在 t_2 时刻后的大幅下降和ΔV_S 密切相关。

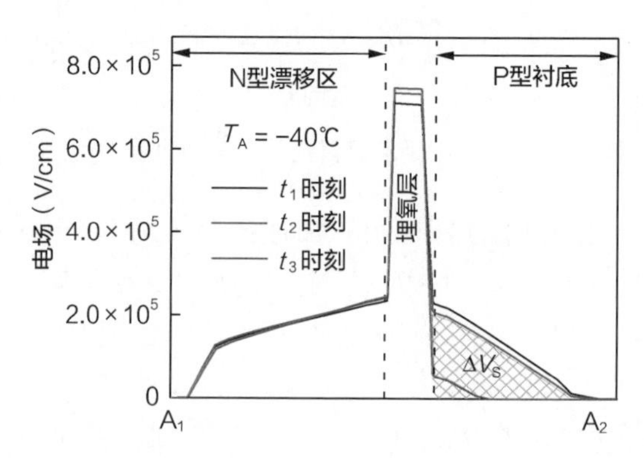

图 5.60 器件 1 沿 A_1-A_2 截线的电场强度分布（T_A= −40℃）

图 5.61 所示为器件 2 的测试曲线，其尺寸为 L_d=40μm，t_{BOX}=3.5μm；器件 2 的 BVV 被设计成大于 BVL，即 BVV>BVL。t_a 时刻 V_{CE} 的值为 408V，t_b 时刻之后 V_{CE} 的稳定值为 480V。不同于器件 1 的 V_{CE} 负漂移，器件 2 的 V_{CE} 呈现

出正漂移的现象。图 5.62 所示为器件 2 在动态雪崩过程中的电势和耗尽层分布示意图。同样地，T_A= −40℃时出现了 P 型衬底耗尽层扩展的现象。

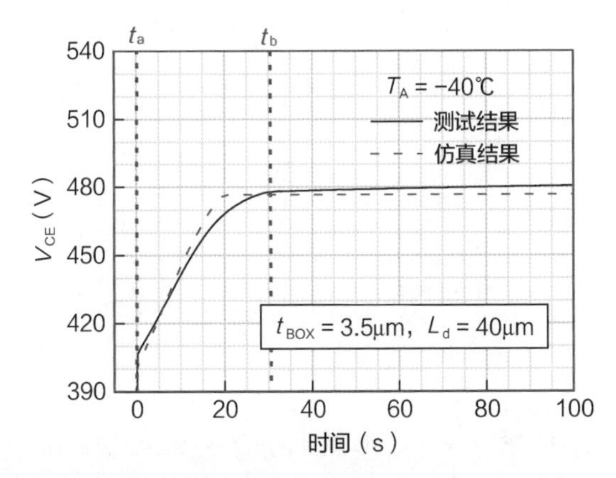

图 5.61 器件 2 的 V_{CE} 随时间变化的曲线（T_A= −40℃）

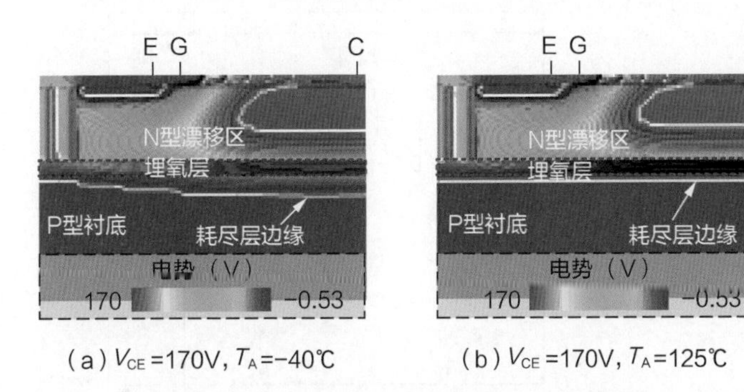

图 5.62 动态雪崩过程中的电势和耗尽层分布

T_A= −40℃时，初始的 BVV 低于设计的 BVV。当满足 BVV<BVL 时，初始 V_{CE} 的值受到初始 BVV 大小的限制。图 5.63 所示为器件 2 沿 A_1-A_2 截线的电势分布。在 t_a 时刻，器件的漂移区中存在大面积的非耗尽区域（图 5.63 中的阴影部分）。此时 BOX 和 P 型衬底承受的电压（V_B+V_S）占到了 BVV 的 72%。较大的 V_B+V_S 说明区域 A 处的空穴集聚现象严重。严重的空穴集聚导致器件 2 在 t_a 时刻发生高强度的碰撞电离（如图 5.64 中的黑线所示），因此器件 2 在很低的初始 V_{CE}（408V）下就发生了击穿。在 t_a ～ t_b 之间，漂移区中的耗尽层在纵向上的扩展会导致 V_d 的增长，而 P 型衬底中耗尽层的收缩将会导致 V_S 的减小。漂移区中的耗尽层在纵向上的扩展提高了 BVV。由于 BVV<BVL 时，V_{CE} 取决于 BVV，故提高 BVV 会引起 V_{CE} 的正漂移，击穿点从集电极侧底部逐渐向表面转移。当 BVV 增大到和 BVL 相同或者超过 BVL 时，V_{CE} 受到 BVL 的限制

而达到稳定值。

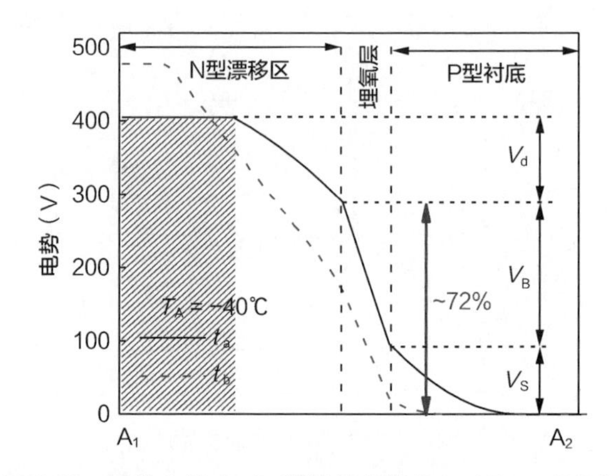

图 5.63　器件 2 沿 A_1-A_2 截线的电势分布（T_A= −40℃）

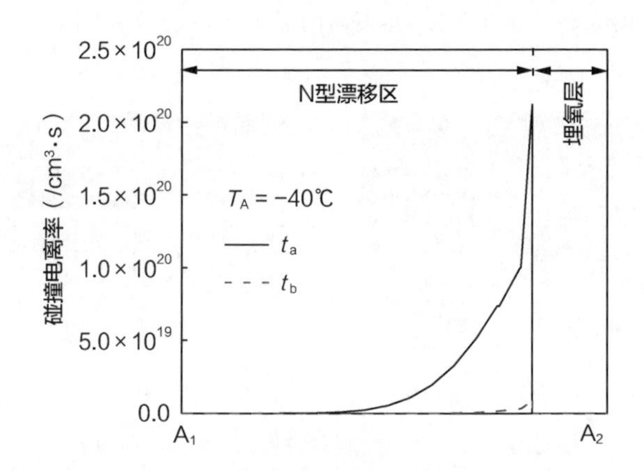

图 5.64　器件 2 沿 A_1-A_2 截线的碰撞电离率分布（T_A= −40℃时）

5.4.3　优化策略讨论

抑制动态雪崩不稳定性可以通过减少初始 V_{CE} 和稳定 V_{CE} 之间的差值Δ V_{CE} 来实现。P 型衬底中耗尽层扩展及收缩对器件的电场和电势分布起到了调制作用，导致 T_A= -40℃时的 V_{CE} 发生漂移。因此，防止 P 型衬底耗尽对避免 V_{CE} 漂移可起到关键性的作用。此外，器件的击穿点设计也应纳入考虑的范畴，只有当精确地满足 BVL=BVV 时，击穿点转移和 P 型衬底耗尽的问题才能够避免。

图 5.65 所示为解决 SOI 基横向器件动态雪崩稳定性的优化策略。优化策略可以分成两类：一类是防止衬底耗尽，另一类是满足 BVV=BVL。为了防止衬底耗尽，可以采用 N 型衬底来替代 P 型衬底，从而消除衬底和漂移区之间的

电荷耦合。当 BVV<BVL 时，可以通过增加 BOX 的厚度和缩短漂移区来满足 BVV=BVL；当 BVV>BVL 时，可以通过减小 BOX 的厚度和拉长漂移区来满足 BVV=BVL。

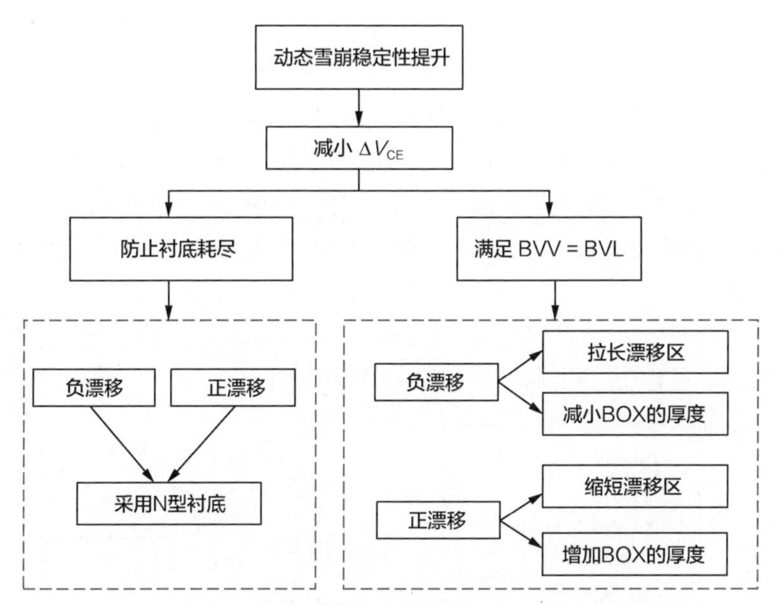

图 5.65　SOI 基横向器件动态雪崩稳定性的优化策略

图 5.66 所示为 SOI 基横向 DMOS（SOI-LDMOS）器件动态雪崩稳定性的测试结果。V_{CE} 的漂移现象同样出现在 SOI-LDMOS 器件中，这说明高压端口类型（集电极或漏极）不是影响电压漂移现象的主要因素。当 L_d=70μm 和 t_{BOX}=3.5μm 时，BVV<BVL 的情况也会导致击穿电压发生负漂移。当 L_d=60μm 和 t_{BOX}=3.5μm 时，器件的 V_{CE} 漂移将得到有效缓解。但是，很难通过调整漂移区长度或 BOX 厚度来达到精准的 BVV=BVL。

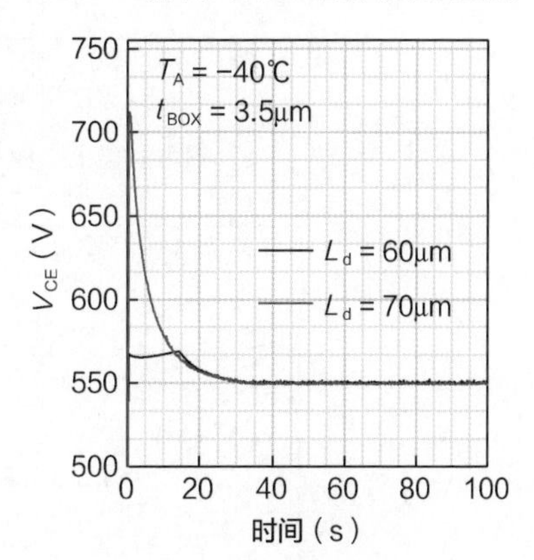

图 5.66　SOI 横向 DMOS（SOI-LDMOS）器件动态雪崩稳定性的测试结果

图 5.67 所示为具有不同集电极结构、N 型漂移区长度 L_d、BOX 厚度 t_{BOX} 和衬底偏置电压 V_{SUB} 的 SOI-LIGBT 器件的动态雪崩稳定性测试结果。由于 V_{CE} 漂移和空穴集聚效应联系密切，因此优化空穴注入也是一种有效抑制 V_{CE} 发生漂移的手段。如图 5.67（a）所示，使用 P 型复合集

电极 [41-42] 的器件，其 V_{CE} 从初始值恢复到稳定值用了更短的时间。如图 5.67（b）所示，缩短漂移区的长度可以减小 BVL 的大小，使器件的 V_{CE} 从负漂移（L_d=45μm 和 55μm，BVV<BVL）转变到正漂移（L_d=40μm，BVV>BVL）。当 L_d=45μm 和 t_{BOX}=3.5μm 时，SOI-LIGBT 器件的 V_{CE} 存在负漂移。如图 5.67（c）所示，增加 t_{BOX} 至 4.5μm 可以增加 BVV，从而抑制 V_{CE} 的负漂移。图 5.67（d）所示为 L_d=40μm 和 t_{BOX}=3.5μm（BVV>BVL）时，V_{CE} 在不同衬底偏置下的曲线。当衬底偏置为负压时，BOX 和漂移区需要承受额外的纵向电压，因此降低了 BVV 的值，减少了 BVV 和 BVL 之间的差距。当衬底加正向偏置时，V_{SUB} 可以抵消一部分 V_d 和 V_B，增大 BVV 并导致 BVV 和 BVL 之间的差距变大，使得 V_{CE} 的初始值变小。当 V_{SUB}= −50V 时，V_{CE} 的正漂移和负漂移同时存在，此时近似满足 BVV=BVL。当 BVV=BVL 时，V_{CE} 漂移现象可以完全被消除。但是，在实际的制造过程中，很难满足精确的 BVV=BVL。

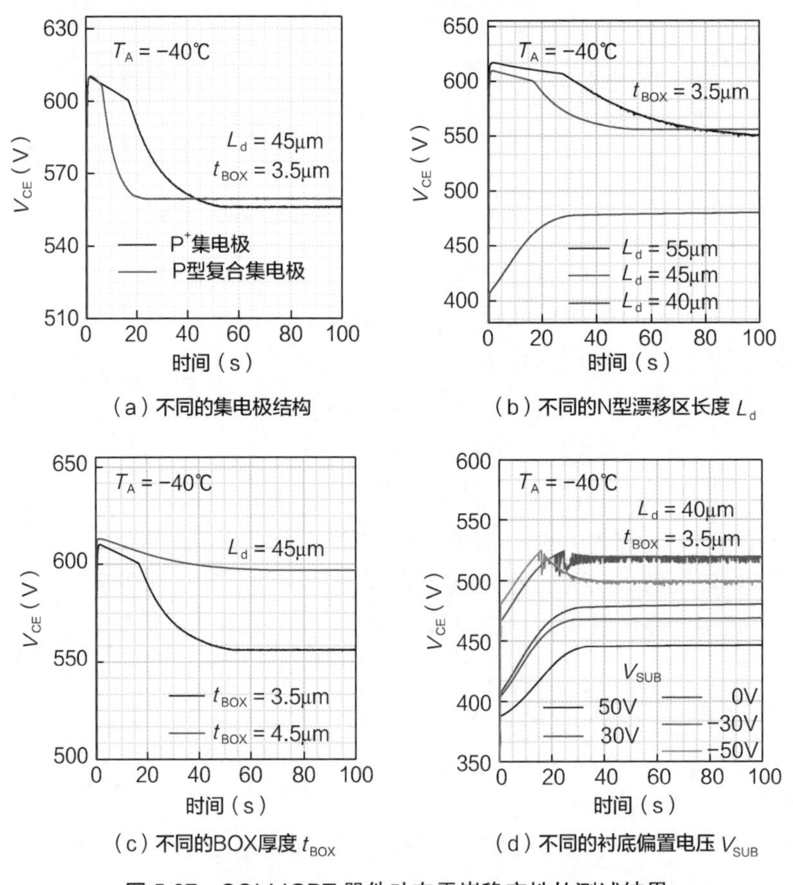

（a）不同的集电极结构　（b）不同的N型漂移区长度 L_d

（c）不同的BOX厚度 t_{BOX}　（d）不同的衬底偏置电压 V_{SUB}

图 5.67　SOI-LIGBT 器件动态雪崩稳定性的测试结果

表 5.2 总结了具有不同器件类型、尺寸、衬底类型和衬底偏置电压的 SOI 基横向器件的动态雪崩稳定性，总结出如下规律。

① SOI-LDMOS 和 SOI-LIGBT 器件都存在 V_{CE} 漂移现象。

② 可以通过调整 t_{BOX} 和 L_d 来近似满足 BVV=BVL 的条件，以达到提升器件动态雪崩稳定性的目的。

③ 当 BVV>BVL 时，衬底负偏置可以减小 BVV 和 BVL 之间的差距，衬底正偏置增加了 BVV 和 BVL 之间的差距。

④ 通过采用 N 型衬底来消除衬底的耗尽，可以完全解决 V_{CE} 的漂移问题，如图 5.68 所示。

表 5.2　T_A = −40℃时 SOI 基横向器件动态雪崩稳定性总结

样片类型	漂移类型	L_d（μm）	t_{BOX}（μm）	衬底类型	V_{SUB}（V）	初始击穿点	稳定击穿点	初始 V_{CE}（V）	稳定 V_{CE}（V）	ΔV_{CE}（V）
LDMOS 器件	负向	70	3.5	P 型	0	表面	底部	568	550	18
LDMOS 器件	负向	60	3.5	P 型	0	底部	底部	710	550	160
LIGBT 器件	负向	45	3.5	P 型	0	表面	底部	610	556	54
LIGBT 器件	负向	55	3.5	P 型	0	表面	底部	615	552	63
LIGBT 器件	正向	40	3.5	P 型	0	表面	表面	408	480	72
LIGBT 器件	负向	45	4.5	P 型	0	表面	底部	613	602	11
LIGBT 器件	正向	40	3.5	P 型	50	表面	表面	387	445	58
LIGBT 器件	正向	40	3.5	P 型	30	表面	表面	403	468	65
LIGBT 器件	正向	40	3.5	P 型	−30	表面	表面	468	520	52
LIGBT 器件	负向	40	3.5	P 型	−50	表面	底部	481	524	43
LIGBT 器件	稳定	45	3.5	N 型	0	底部	底部	551	551	0

根据优化策略，提高动态雪崩稳定性简单有效的策略就是防止衬底的耗尽或者满足 BVV=BVL 的条件。

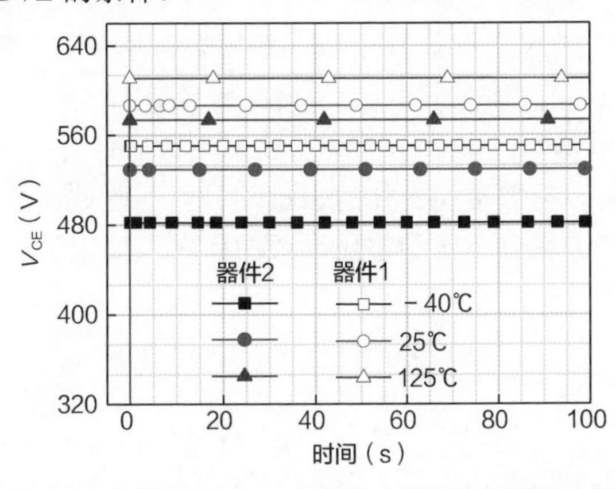

图 5.68　具有 N 型衬底的器件 1 和器件 2 的动态雪崩稳定性仿真结果

上文研究了 SOI-LIGBT 器件在低温条件下 V_{CE} 发生漂移的机理。通过仿真结果和测试结果证实了由衬底耗尽引发的动态雪崩不稳定。研究发现，动态雪崩不稳定性和集电极侧底部空穴集聚、P 型衬底发生耗尽和击穿点发生转移密切相关。本书提出了针对消除 V_{CE} 漂移的动态雪崩稳定性的优化方案。通过优化漂移区的长度和 BOX 的厚度，近似满足 BVV=BVL 的条件来避免击穿点的转移。通过采用 N 型衬底来避免漂移区和衬底之间的电荷耦合，可以实现衬底耗尽的完全消除。

5.5 本章小结

电流密度的提升会引起器件在多跑道并联使用时的不一致关断行为及短路能力下降等问题，本章对高压厚膜 SOI-LIGBT 器件的非一致性关断行为和短路特性进行了深入探究。首先，本章分析了多跑道并联的 SOI-LIGBT 器件在大电流和大电压条件下的关断失效波形，对比测试锁定了器件的失效原因可能是各跑道之间的非均匀关断，仿真还原了失效波形。研究发现，器件关断失效的根源是边界隔离沟槽所引起的非一致性耗尽行为，该行为导致关断时载流子流向位于中间位置的跑道，最终导致电流集中失效；据此在各跑道之间设置隔离沟槽，解决了器件大电流关断失效的难题，改进后器件可在 450V 高压、饱和电流密度条件下无失效关断。本章的研究结论和改进方法同样适用于 U 型沟道器件。

在短路特性研究方面，本章对 U 型沟道短路状态下的载流子分布、温度分布等物理特性进行了分析，发现其短路失效的原因为动态闩锁。为了提高器件的动态闩锁能力，本书课题组提出了一种双沟槽栅 U 型沟道 SOI-LIGBT 器件，相比平面栅 U 型沟道 SOI-LIGBT 器件，沟槽栅能够改变空穴电流的路径，很大程度上避免寄生 NPN 三极管的开启，降低器件动态闩锁发生的概率，当电流密度为 590A/cm^2 时，器件的短路承受时间提高了 49%。

针对 U 型沟道器件，本章还解释了 U 型沟道器件开启电流过冲的机理，采用预充电技术可以有效提高器件的 di/dt 可控性。除此之外，本章还分析了 SOI-LIGBT 器件低温条件下击穿电压漂移的问题，揭示了动态雪崩不稳定性的机理。

参考文献

[1] PERPINA X, CORTES I, URRESTI-IBANEZ J, et al. Layout role in failure physics of IGBTs

under overloading clamped inductive turnoff[J]. IEEE Transactions on Electron Devices, 2013, 60(2):598-605.

[2] PERPINA X, SERVIERE J, URRESTI-IBANEZ J, et al. Analysis of clamped inductive turnoff failure in railway traction IGBT power modules under overload conditions[J]. IEEE Transactions on Industrial Electronics, 2011, 58(7):2706-2714.

[3] YAMASHITA J, HARUGUCHI H, HAGINO H. A study on the IGBT's turn-off failure and inhomogeneous operation[C]. IEEE 6th International Symposium on Power Semiconductor Devices and ICs, 1994:45-50.

[4] ZHANG L, ZHU J, SUN W, et al. Novel snapback-free reverse-conducting SOI-LIGBT with dual embedded diodes[J]. IEEE Transactions on Electron Devices, 2017, 64(3):1187-1192.

[5] SUN W, ZHU J, ZHANG L, et al. A novel silicon-on-insulator lateral insulated-gate bipolar transistor with dual trenches for three-phase single chip inverter ICs[J]. IEEE Electron Device Letters, 2015, 36(7):693-695.

[6] ZHANG L, ZHU J, SUN W, et al. A novel high-voltage interconnection structure with dual trenches for 500V SOI-LIGBT[C]. IEEE 28th International Symposium on Power Semiconductor Devices and ICs, 2016:439-442.

[7] ZHANG L, ZHU J, SUN W, et al. A new high-voltage interconnection shielding method for SOI monolithic ICs[J]. Solid-State Electronics, 2017, 133:25-30.

[8] SON W, SOHN Y, AND CHOI S. SOI RESURF LDMOS transistor using trench filled with oxide[J]. Electronics Letters, 2003, 39(24):1760-1761.

[9] LUO X, FAN J, WANG Y, et al. Ultralow specific on-resistance high-voltage SOI lateral MOSFET[J]. IEEE Electron Device Letters, 2011, 32(2):185-187.

[10] FU Q, ZHANG B, LUO X, et al. Small-sized silicon-on-insulator lateral insulated gate bipolar transistor for larger forward bias safe operating area and lower turnoff energy[J]. Micro & Nano Letters, 2013, 8(7):386-389.

[11] ZHU J, SUN W, ZHANG L, et al. High voltage thick SOI-LIGBT with high current density and latch-up immunity[C]. IEEE 27th International Symposium on Power Semiconductor Devices and ICs, 2015:169-172.

[12] ZHU J, ZHANG L, SUN W, et al. Further study of the U-shaped channel SOI-LIGBT with enhanced current density for high-voltage monolithic ICs[J]. IEEE Transactions on Electron Devices, 2016, 63(3):1161-1167.

[13] NAKAGAWA A, FUNAKI H, YAMAGUCHI Y, et al. Improvement in lateral IGBT design for 500V 3A one chip inverter ICs[C]. IEEE 11th International Symposium on Power

Semiconductor Devices and ICs, 1999:321-324.

[14] HARA K, WADA S, SAKANO J, et al. 600V single chip inverter IC with new SOI technology[C]. IEEE 26th International Symposium on Power Semiconductor Devices and ICs, 2014:418-421.

[15] ZHANG L, ZHU J, SUN W, et al. A U-Shaped channel SOI-LIGBT with dual trenches[J]. IEEE Transactions on Electron Devices, 2017, 64(6):2587-2591.

[16] ONOZAWA Y, NAKANO H, OTSUKI M, et al. Development of the next generation 1200V trench-gate FS-IGBT featuring lower EMI noise and lower switching loss[C]. IEEE 26th International Symposium on Power Semiconductor Devices and ICs, 2007:13-16.

[17] ONOZAWA Y, OTSUKI M, IWAMURO N, et al. 1200V low-loss IGBT module with low noise characteristics and high dI_C/dt controllability[J]. IEEE Transactions on Industry Applications. 2007, 43(2):513-519.

[18] ONOZAWA Y, OTSUKI M, IWAMURO N, et al. 1200V super low loss IGBT module with low noise characteristics and high di/dt controllability[C]. IEEE 40th IAS Annual Meeting, 2005:383-387.

[19] YAMAGUCHI M, OMURA I, URANO S, et al. IEGT design criterion for reducing EMI noise[C].IEEE 16th International Symposium on Power Semiconductor Devices and ICs, 2004:115-118.

[20] WATANABE S, MORI M, ARAI T, et al. 1.7kV trench IGBT with deep and separate floating p-layer designed for low loss, low EMI noise, and high reliability[C]. IEEE 23th International Symposium on Power Semiconductor Devices and ICs, 2011:48-51.

[21] IKURA Y, ONOZAWA Y, NAKAGAWA A. IGBT structure with electrically separated floating p-region improving turn-on dVak/dt controllability[C]. IEEE 30th International Symposium on Power Semiconductor Devices and ICs, 2018:168-171.

[22] LI P, CHENG J, CHEN X. A TIGBT with floating n-well region for high dV/dt controllability and low EMI noise[J]. IEEE Electron Device Letters, 2019, 39(4):560-563.

[23] SHIRAISHI M, FURUKAWA T, WATANABE S, et al. Side gate HiGT with low dv/dt noise and low loss[C]. IEEE 28th International Symposium on Power Semiconductor Devices and ICs, 2016: 199-202.

[24] FENG H, YANG W, ONOZAWA Y, et al. A new fin p-body insulated gate bipolar transistor with low miller capacitance[J]. IEEE Electron Device Letters, 2015, 36(6):591-593.

[25] FENG H, YANG W, ONOZAWA Y, et al. Transient turn-on characteristics of the fin p-body IGBT[J]. IEEE Transactions on Electron Devices, 2015, 62(8):2555-2561.

[26] SAWADA M, OHI K, IKURA Y, et al. Trench shielded gate concept for improved switching performance with the low miller capacitance[C]. IEEE 28th International Symposium on Power Semiconductor Devices and ICs, 2016: 207-209.

[27] SAWADA M, SAKURAI Y, OHI K, et al. Hole Path concept for low switching loss and low EMI noise with high IE-effect[C]. IEEE 29th International Symposium on Power Semiconductor Devices and ICs, 2017:65-68.

[28] ZHU J, ZHANG L, SUN W, et al. Further study of the U-shaped channel SOI-LIGBT with enhanced current density for high-voltage monolithic ICs[J]. IEEE Transactions on Electron Devices, 2016, 63(3):1161-1167.

[29] ZHANG L, ZHU J, SUN W, et al. A U-shaped channel SOI-LIGBT with dual trenches[J]. IEEE Transactions on Electron Devices, 2017, 64(6):2587-2591.

[30] CHEN Y, LI W, IANNUZZO F, et al. Investigation and classification of short-circuit failure modes based on three-dimensional safe operating area for high-power IGBT modules[J]. IEEE Transactions on Power Electronics, 2018, 33(2):1075-1086.

[31] REIGOSA P, IANNUZZO F, RAHIMO M, et al. Improving the short-circuit reliability in IGBTs: How to mitigate oscillations[J]. IEEE Transactions on Power Electronics, 2018, 33(7), 5603-5612.

[32] TAMAKI T, YABUUCHI Y, IZUMI M, et al. Numerical study of destruction phenomena for punch-through IGBTs under unclamped inductive switching[J]. Microelectronics Reliability, 2016, 64: 469-473.

[33] RICCIO M, MARESCA L, FALCO G, et al. Cell pitch influence on the current distribution during avalanche operation of Trench IGBTs: Design issues to increase UIS ruggedness[C]. IEEE 26th International Symposium on Power Semiconductor Devices and ICs, 2014:111-114.

[34] DENG S, HOSSAIN Z, BURKE P. Doping engineering for improved immunity against BV softness and BV shift in trench power MOSFET[C]. IEEE 28th International Symposium on Power Semiconductor Devices and ICs, 2016:375-378.

[35] HOSSAIN Z, BURRA B, SELLERS J, et al. Process & design impact on BVDSS stability of a shielded gate trench power MOSFET[C]. IEEE 26th International Symposium on Power Semiconductor Devices and ICs, 2014:378-381.

[36] MA J, ZHANG L, ZHU J, et al. Channel-off avalanche instability in SOI lateral IGBT at low temperature: Mechanism and optimization schemes[C]. IEEE 31th International Symposium on Power Semiconductor Devices and ICs, 2019:387-390.

[37] ZHANG L, ZHU J, ZHAO M, et al. Turn-off failure in multi-finger SOI-LIGBT used for

single chip inverter ICs[J]. Solid-State Electronics, 2017, 137:29-37.

[38] BRISBIN D, STRACHAN A, CHAPARALA P. PMOS drain breakdown voltage walk-in: A new failure mode in high power BiCMOS applications[C]. IEEE 42th International Reliability Physics Symposium, 2004:265-268.

[39] LIU S, SUN W, QIAN Q, et al. A review on hot-carrier-induced degradation of lateral DMOS transistor[J]. IEEE Transactions on Device and Materials Reliability, 2018, 18(2):298-312.

[40] 刘恩科 , 朱秉升 , 罗晋生 . 半导体物理学 [M]. 北京 : 电子工业出版社 , 2017.

[41] ZHANG L, ZHU J, MA J, et al. 500V silicon-on-insulator lateral IGBT with W-shaped n-typed buffer and composite p-typed collectors[J]. IEEE Transactions Electron Devices, 2019, 66(3):1430-1434.

[42] WU W, YANG G, WANG Y, et al. Experimental investigation on the electrical properties of lateral IGBT under mechanical strain[J]. IEEE Electron Device Letters, 2019, 40(6): 937-940.

第 6 章　高压厚膜 SOI-LIGBT 器件的快速关断技术

SOI-LIGBT 器件作为单片智能功率芯片中的开关器件，工作时包括导通损耗和开关损耗这两部分损耗，降低导通损耗要求器件具备大的电流密度，该内容已在第 4 章进行了深入研究。本章将针对 SOI-LIGBT 器件的关断特性进行研究，介绍快速关断的有关技术。快速关断的实现有利于降低单片智能功率芯片的整体功耗，同时能够提高芯片的工作频率。

6.1　漂移区深沟槽技术

6.1.1　漂移区双沟槽器件及其关断特性

SOI-LIGBT 器件在单片智能功率芯片中一般用作高低侧开关器件[1]，除了大电流、大电压条件下的关断鲁棒性，对于作为高低侧开关器件的 SOI-LIGBT 器件来说，另一个重要的特性是关断损耗，存储在漂移区中的大量过剩载流子需要被移除，往往造成 SOI-LIGBT 器件相比少子器件（如 LDMOS）有着较大的关断损耗。提高 SOI-LIGBT 器件关断速度的传统技术手段包括阳极短路、分段阳极短路、双栅等，这些技术都是通过在阳极（集电极）增加专门的电子路径来达到快速关断的目的，会造成“回跳”现象或者需要额外的控制电路。下文介绍了一种双氧化层沟槽 SOI-LIGBT 器件，该器件能够大幅缩短漂移区的长度，减少存储的载流子数量，达到快速关断的目的。同时，双沟槽可以承受一定的电压，确保器件的击穿电压不因漂移区的缩短而减小。

图 6.1 所示为双深氧化层沟槽（Dual Deep-Oxide Trenches，DDOT）SOI-LIGBT 器件的截面结构。该结构在漂移区中置入了两个 DOT：沟槽 T_E 位于发射极侧，沟槽 T_C 位于集电极侧。N 型漂移区的掺杂浓度为 $8.3\times10^{14}/cm^3$。BOX 下方的 P 型衬底的电阻率为 10Ω · cm。漂移区和 BOX 的厚度分别为 18μm 和 3.5μm。在 DDOT SOI-LIGBT 器件中，L_d 是漂移区的长度，L_1 是 P 型体区和 T_E 之间的距离，L_2 是 T_C 和 N 型缓冲层之间的距离，S_T 是 T_E 和 T_C 之

间的距离。基于本书课题组的前期实验[2-3]，沟槽的宽度和深度分别为 2.2μm 和 14.4μm。DDOT SOI-LIGBT 器件的关键尺寸和掺杂参数见表 6.1。

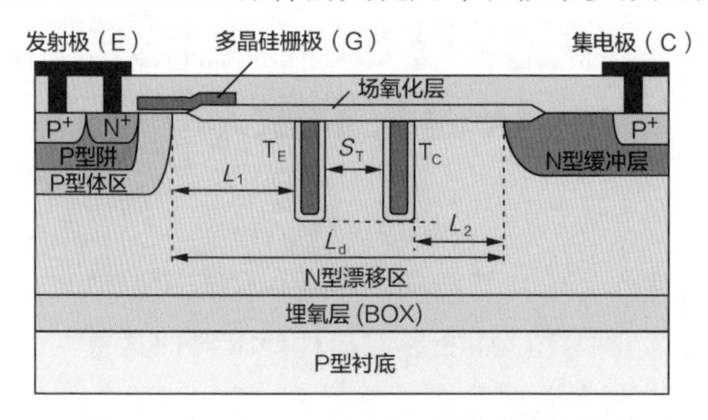

图 6.1　DDOT SOI-LIGBT 器件的截面结构

表 6.1　DDOT SOI-LIGBT 器件的关键尺寸参数

参数	传统 SOI-LIGBT 器件	DDOT SOI-LIGBT 器件
P 型衬底电阻率（Ω·cm）	10	10
BOX 厚度（μm）	3.5	3.5
N 型漂移区长度（μm）	47	L_d
N 型漂移区厚度（μm）	18	18
N 型漂移区掺杂浓度（/cm³）	8.3×10^{14}	8.3×10^{14}
DOT 深度（T_E 和 T_C）（μm）	—	14.4
侧壁氧化层厚度（μm）	—	0.8
DOT 间距（μm）	—	S_T

图 6.2 所示为 DDOT SOI-LIGBT 器件关态时从 15V 到 560V 的等电势分布。如图 6.2(a）所示，器件从 P 型体区 /N 型漂移区结开始纵向耗尽。当 V_{CE} 增大时，沟槽 T_E 和 T_C 可以承受电压，如图 6.2(b）和（c）所示。然后，集电极侧的硅区域从横向和纵向两个方向被耗尽，最终耗尽层被 N 型缓冲层所阻挡，如图 6.2(d）所示。

图 6.3 所示为 DDOT SOI-LIGBT 器件与传统 SOI-LIGBT 器件击穿时的表面电势分布。当 $L_1 = 5$μm，$L_2 = 9$μm 和 $S_T = 2$μm 时，DDOT SOI-LIGBT 器件（$L_d = 20.4$μm）可以获得和传统 SOI-LIGBT 器件（$L_d = 47$μm）几乎相同的击穿电压。对于传统 SOI-LIGBT 器件来说，需要很长的漂移区来承受集电极—发射极之间的电压，如果将漂移区长度缩短到 20.4μm，传统 SOI-LIGBT 器件仿真的击穿电压则下降到 300V，这说明，对于传统 SOI-LIGBT 器件来说，需要足够长的漂移区来承受高电压。在 DDOT SOI-LIGBT 器件中，T_E 和 T_C 总计承受了 205V 的电压，占击穿电压的 36.6%。因此，DDOT SOI-LIGBT 器件能够在漂移区较短（较小的 L_d）的情况下实现高耐压。

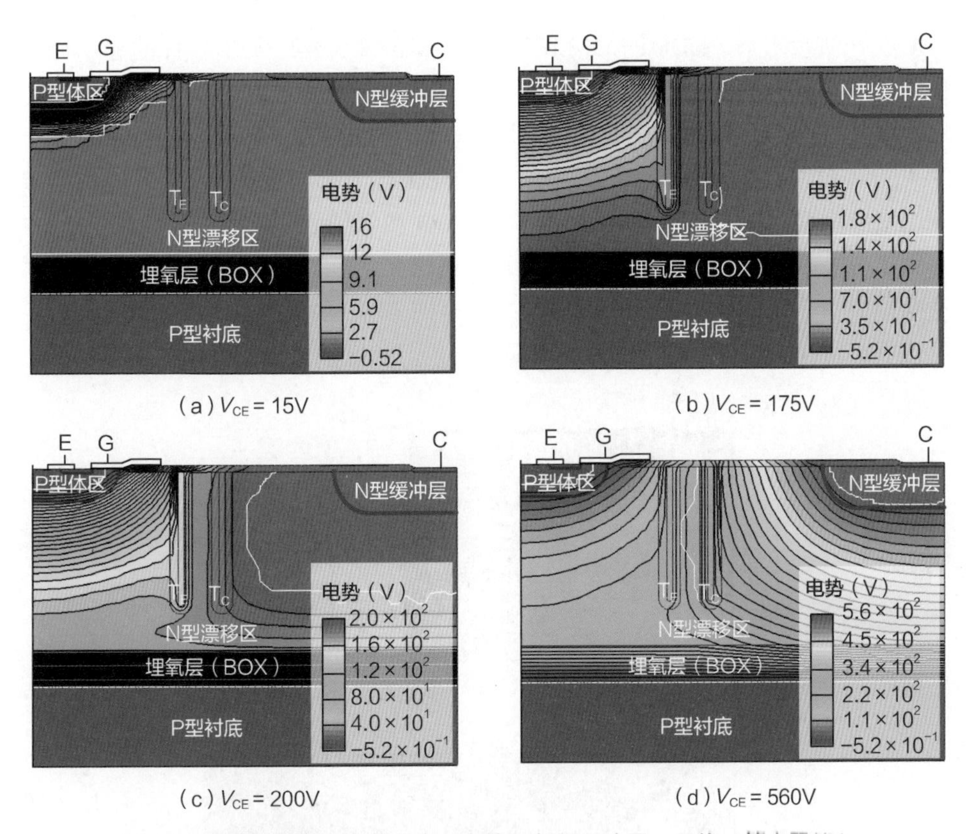

图 6.2　关态时器件的电势分布（白线：耗尽层边界；黑线：等电势线）

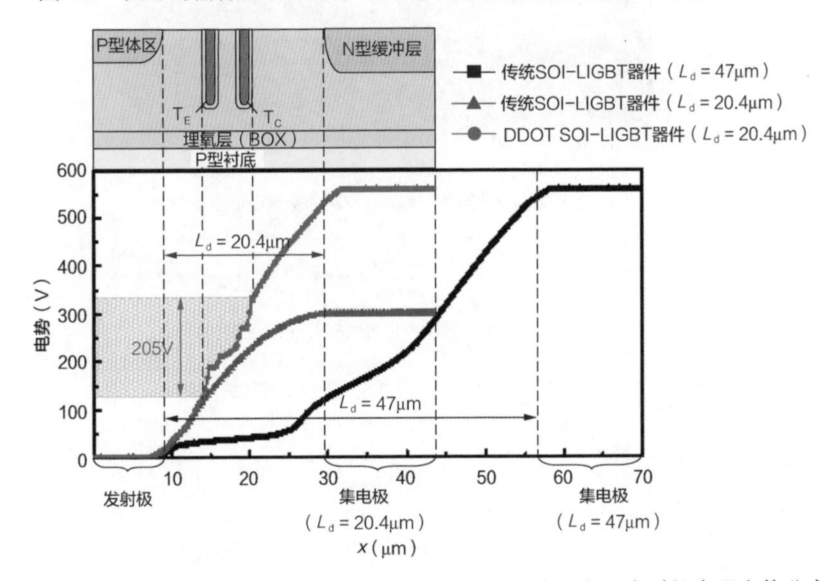

图 6.3　DDOT SOI-LIGBT 器件与传统 SOI-LIGBT 器件开态击穿时的表面电势分布

在开通状态下，DDOT SOI-LIGBT 器件和传统 SOI-LIGBT 器件的导电行为也明显不同。图 6.4（a）所示为两种器件在开态电流密度为 100A/cm^2 时的空穴电流密度分布。对于 DDOT SOI-LIGBT 器件（$L_1=5\mu m$，$L_2=9\mu m$，$S_T=2\mu m$，$L_d=20.4\mu m$）来说，双沟槽能够起到空穴屏蔽的效果，使双沟槽下方硅区域的电导调制效应增强。图 6.4（b）所示为沿 $y=1.8\mu m$ 和 $y=9\mu m$ 截线的空穴密度分布。和传统 SOI-LIGBT 器件相比，DDOT SOI-LIGBT 器件漂移区中存储的载流子数量明显减少。同时，由于漂移区的缩短，关断时，DDOT SOI-LIGBT 器件会耗尽得更快。存储载流子数量的减少以及较短的漂移区能够加速器件的关断过程。

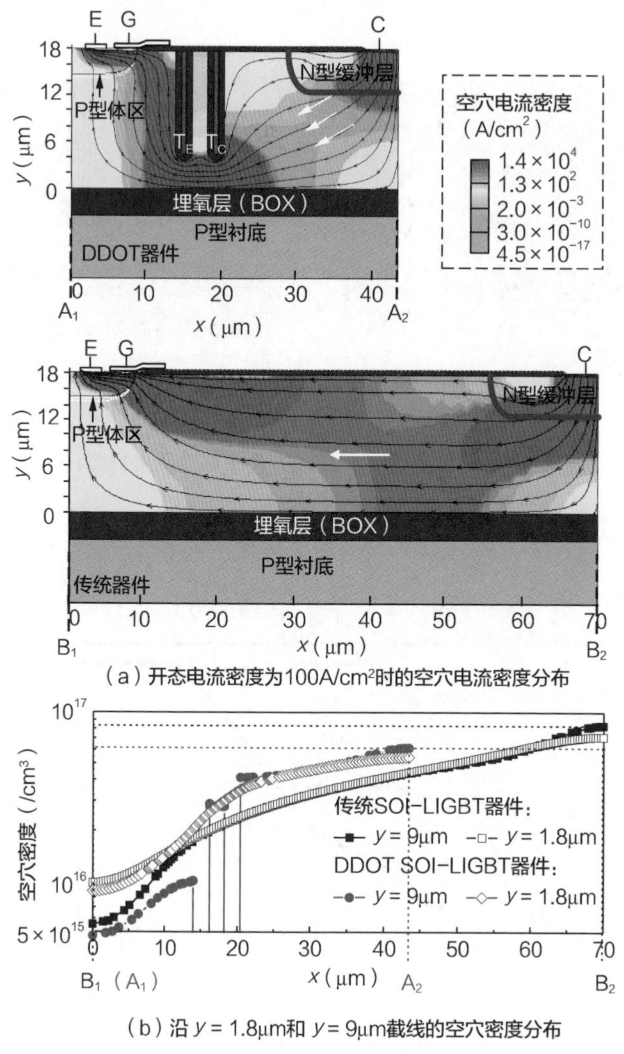

（a）开态电流密度为100A/cm^{2}时的空穴电流密度分布

（b）沿 $y=1.8\mu m$和 $y=9\mu m$截线的空穴密度分布

图 6.4　DDOT SOI-LIGBT 器件与传统 SOI-LIGBT 器件的空穴电流密度分布及空穴密度分布

DDOT SOI-LIGBT 器件基于东南大学与无锡华润上华半导体有限公司联合开发的 550V SOI BCDI 工艺制造。图 6.5 所示为 DDOT SOI-LIGBT 器件的俯视图与漂移区中沟槽的 SEM 图。如图 6.5（a）所示，器件采用跑道型版图。制造工艺中包括两种类型的沟槽——较深的沟槽和较浅的沟槽，这两种沟槽采用同一步刻蚀形成 [2-3]。如图 6.5（b）所示，较深的沟槽从硅表面一直延伸到 BOX 上表面。对于较浅的沟槽来说，其底部与 BOX 上表面的距离为 3.6μm。较深沟槽和较浅沟槽的光刻窗口宽度分别为 1.5μm 和 1.15μm。在 HVI 区，用于屏蔽 HVI 效应的 T_1 和 T_2 分别采用较浅的沟槽和较深的沟槽 [2-3]。侧壁氧化层的厚度大约为 8000Å，侧壁氧化之后采用多晶硅填充。DDOT SOI-LIGBT 器件中，T_E 和 T_C 均采用较浅的沟槽。

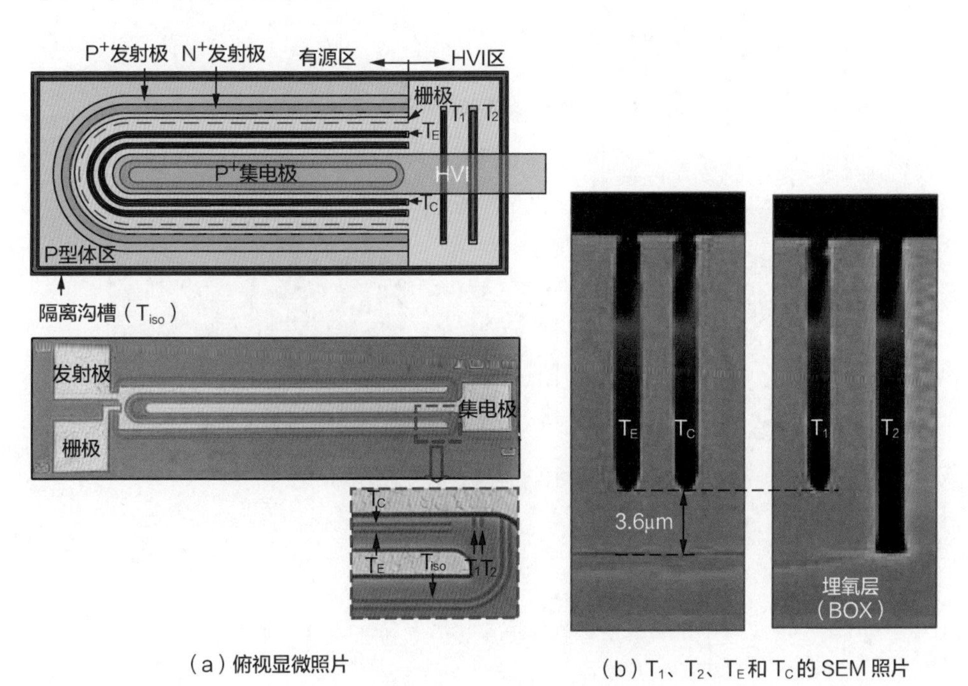

（a）俯视显微照片　　（b）T_1、T_2、T_E 和 T_C 的 SEM 照片

图 6.5　DDOT SOI-LIGBT 器件的照片

尺寸参数 L_1 和 L_2 是 DDOT SOI-LIGBT 器件设计的关键。图 6.6（a）所示为 L_1 和 L_2 对击穿电压测试值的影响。增大 L_1 或 L_2 都有助于提升击穿电压。当 $L_1 \geqslant$ 5μm 及 $L_2 \geqslant$ 9μm 时，击穿电压可以达到 560V 的最优值。L_1<5μm 或者 L_2<9μm 都会导致击穿电压降低。如图 6.6（b）所示，当 L_1 = 3μm 及 L_2 = 9μm 时，提前击穿发生在 P 型体区 /N 型漂移区结；当 L_1 = 5μm 及 L_2 = 6μm 时，提前击穿发生在 N 型漂移区 /N 型缓冲层结。因此，从击穿电压的角度来说，$L_1 \geqslant$ 5μm

和 $L_2 \geqslant 9\mu m$ 都必须得到满足，如果不能满足，器件的表面横向耐压则不足，击穿点位于器件的表面。图 6.6(c) 中比较了 DDOT SOI-LIGBT 器件与传统 SOI-LIGBT 器件的击穿电压测试曲线，当 $L_1 = 5\mu m$，$L_2 = 9\mu m$ 及 $S_T = 2\mu m$ 时，DDOT SOI-LIGBT 器件可以获得和传统 SOI-LIGBT 器件几乎相同的击穿电压。

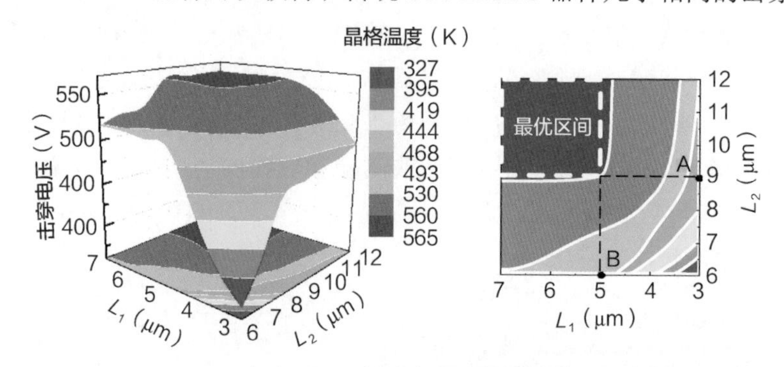

（a）L_1和 L_2对击穿电压测试值的影响

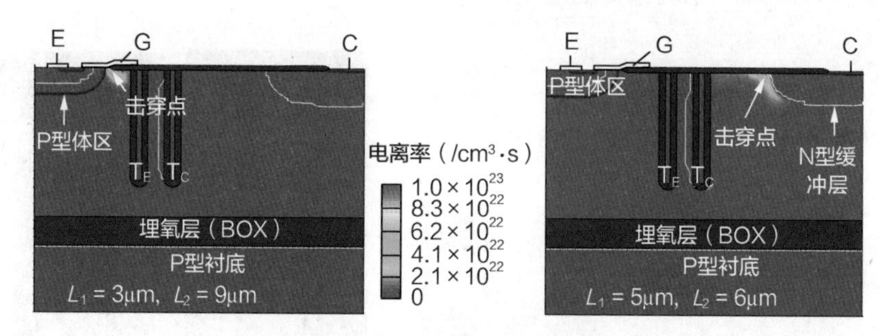

（b）结构 A 和结构 B 的电离率分布

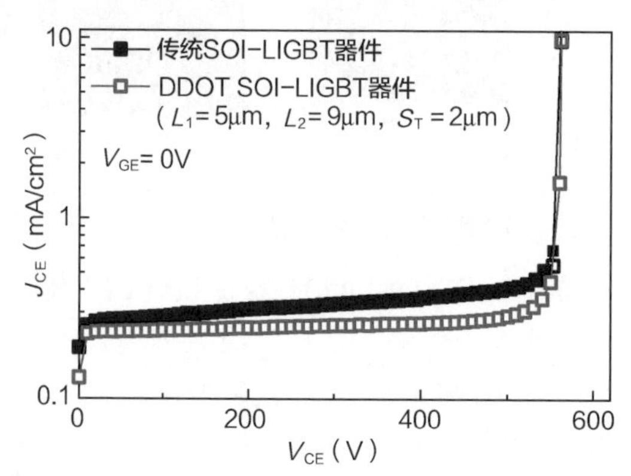

（c）DDOT SOI-LIGBT器件与传统SOI-LIGBT器件的击穿电压测试曲线

图 6.6　击穿电压的仿真与测试结果

图 6.7（a）所示为不同 S_T 条件下的 L_2 和 L_1 对导通压降 V_{ON} 测试值的影响。增加 L_2 或者 S_T 会增加电流路径的长度，导致 V_{ON} 变大。对于给定的 L_2 和 S_T，V_{ON} 随着 L_1 的增大先减小后增大。当 $S_T = 2\mu m$ 及 $L_2 = 9\mu m$ 时，对于 V_{ON} 来说，最优的 L_1 是 8μm。图 6.7（b）所示为 DDOT SOI-LIGBT 器件沿电流路径的压降。A 点位于 P 型体区的右边界，B 点位于 T_E 的底部，C 点位于 T_C 的底部，D 点位于 N 型缓冲层的左边界。V_A、V_B、V_C、V_D 分别是 A 点、B 点、C 点和 D 点的电位。将 L_1 从 5μm 增大到 8μm 能够缓解 P 型体区和 T_E 之间的 JFET 效应，从而降低 T_E 左侧的压降（V_B-V_A）。因此，可以通过适当增加 L_1 来降低 V_{ON}。

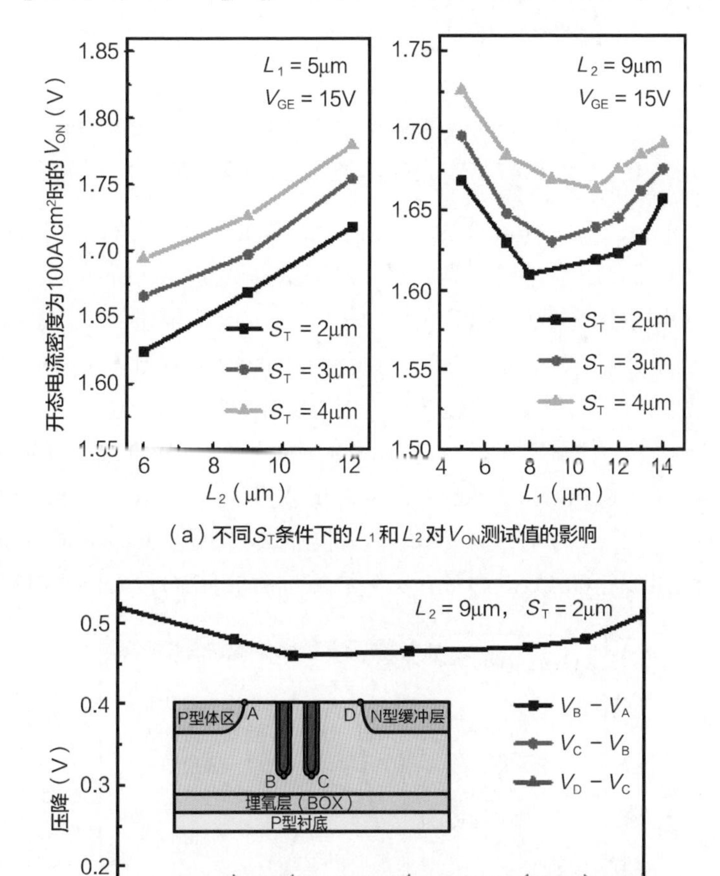

（a）不同 S_T 条件下的 L_1 和 L_2 对 V_{ON} 测试值的影响

（b）沿电流路径的压降

图 6.7　开态 *I-V* 的仿真与测试结果

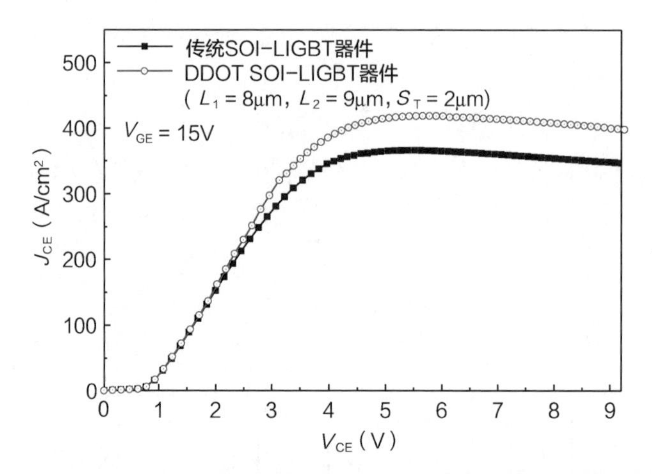

（c）DDOT SOI-LIGBT器件与传统SOI-LIGBT器件的 I－V 测试曲线

图 6.7　开态 I-V 的仿真与测试结果（续）

当 L_1 = 8μm，L_2 = 9μm 及 S_T = 2μm 时，DDOT SOI-LIGBT 器件的 V_{ON} 为 1.61V。图 6.7（c）所示为两种器件的 I-V 测试曲线，测试所加 V_{GE} 为 15V。尽管 DDOT SOI-LIGBT 器件的漂移区较短，但是电流需要绕过双沟槽才能到达发射极，并且在双沟槽和 BOX 上表面之间的路径比较窄，因此 DDOT SOI-LIGBT 器件的电流密度仅比传统 SOI-LIGBT 器件大一点。

图 6.8 所示为两种器件在 T = 300K 时的关断波形。DDOT SOI-LIGBT 器件的尺寸参数为：L_1 = 8μm，L_2 = 9μm，S_T = 2μm 以及 L_d = 23.4μm。传统 SOI-LIGBT 器件的漂移区长度 L_d 为 47μm。测试时，直流总线电压为 300V，采用 3mH 电感，当开态电流密度为 100A/cm^2 时进行关断测试。由于 DDOT SOI-LIGBT 器件的 L_d

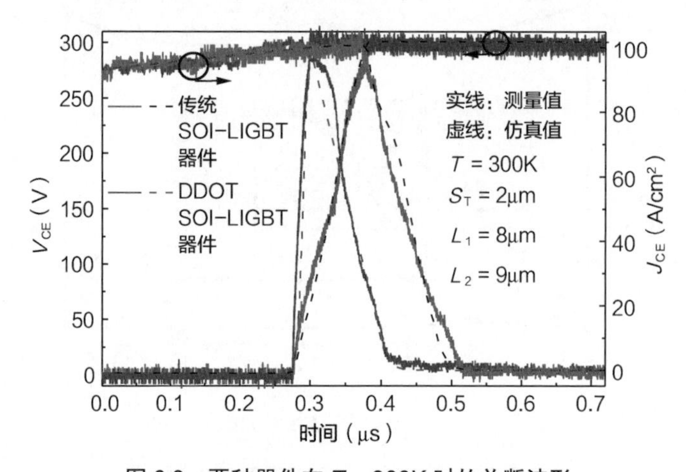

图 6.8　两种器件在 T = 300K 时的关断波形

比较小，关断时 V_{CE} 上升时间相比传统 SOI-LIGBT 器件要快。图 6.9 比较了各种器件的关断时间 t_{OFF}，可以看出，DDOT SOI-LIGBT 器件获得了最小的关断时间。

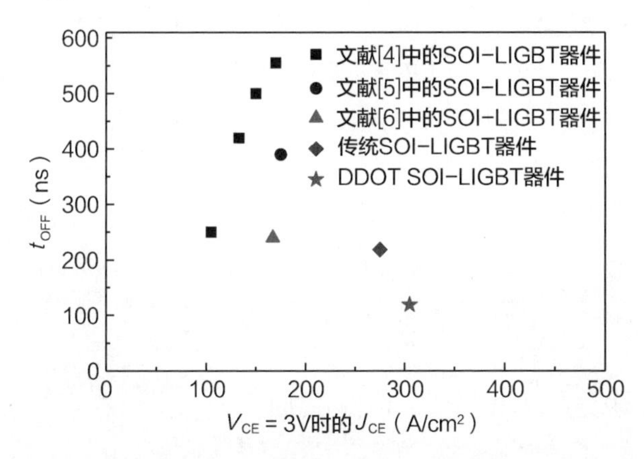

图 6.9　各种器件的电流密度 J_{CE} 与关断时间 t_{OFF} 的折中关系

图 6.10 中比较了 DDOT SOI-LIGBT 器件和传统 SOI-LIGBT 器件的关断损耗 E_{OFF} 与导通压降 V_{ON} 的折中关系。通过调节 P^+ 集电极的掺杂浓度可以获得不同的 E_{OFF} 和 V_{ON}，然后绘制成曲线。当 $T=300K$、开态电流密度为 100A/cm^2 时，DDOT SOI-LIGBT 器件获得了 1.61V 的 V_{ON}，其 E_{OFF} 比传统 SOI-LIGBT 器件低 36.9%。

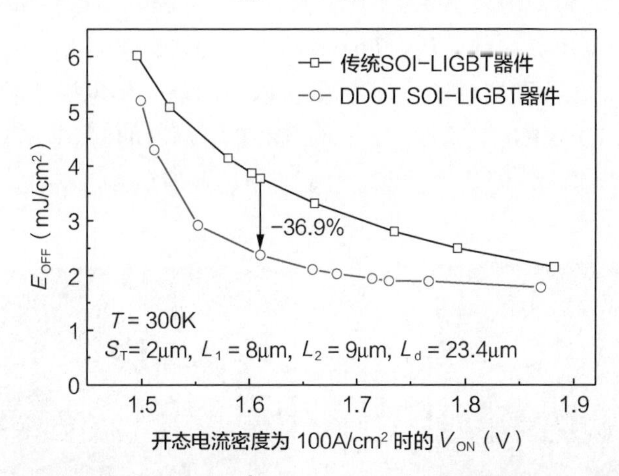

图 6.10　开态电流密度为 100A/cm^2 及 $T=300K$ 时 DDOT SOI-LIGBT 器件和传统 SOI-LIGBT 器件的关断损耗 E_{OFF}-V_{ON} 折中关系曲线

6.1.2　漂移区三沟槽器件及其关断特性

6.1.1 小节已经研究了 DDOT SOI-LIGBT 器件，与传统 SOI-LIGBT 器件相

比，该器件的漂移区长度缩短了 57%，获得了十分优秀的 E_{OFF}-V_{ON} 折中关系[3]。本节将介绍一种性能更加优秀的三深氧化层沟槽（Triple Deep-oxide Trenches，TDOT）SOI-LIGBT 器件。

图 6.11 所示为 TDOT SOI-LIGBT 器件的截面结构。T_E 和 T_C 分别为发射极侧和集电极侧的沟槽，T_M 是位于 T_E 和 T_C 之间的沟槽。L_1 为 T_E 和 P 型体区的间距，L_2 为 T_C 和 N 型缓冲层的间距，S_T 是相邻沟槽的间距，T_E 和 T_C 的深度比 T_M 浅。T_M 的深度和宽度分别为 14.4μm 和 2.2μm，较浅的 T_E 和 T_C 由氧化层完全填充。

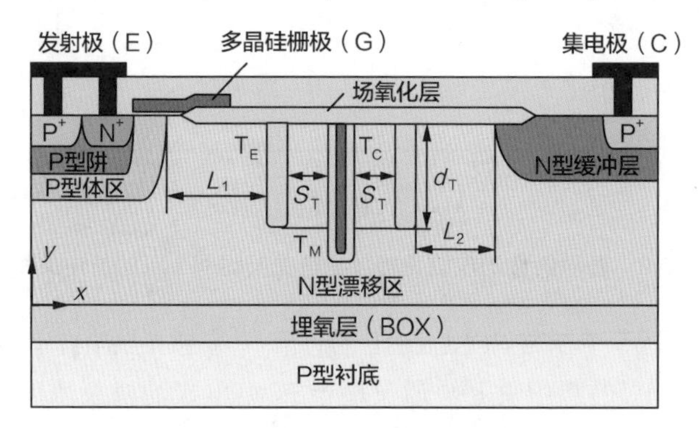

图 6.11　TDOT SOI-LIGBT 器件的截面结构

图 6.12 所示为 DDOT SOI-LIGBT 器件（L_1 = 5μm，L_2 = 9μm，S_T = 2μm）和 TDOT SOI-LIGBT 器件（L_1 = 5μm，L_2 = 5μm，S_T = 2μm，d_T = 7μm）击穿时的电势分布。在两种器件中，DOT 都可以辅助承受集电极和发射极之间的电压。在 TDOT SOI-LIGBT 器件中，浅的 DOT 结合深的 DOT 增加了 DOT 承受的总电压。由于 T_E 和 T_C 比 T_M 浅，电势线很容易穿刺到 T_M 中。

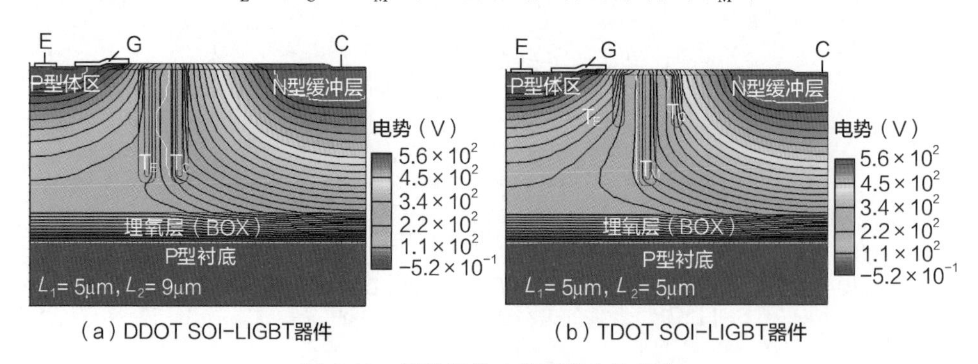

（a）DDOT SOI-LIGBT器件　　（b）TDOT SOI-LIGBT器件

图 6.12　两种器件击穿时的电势分布

图 6.13 所示为两种器件击穿时的表面电势分布。在 L_1 = 5μm 和 S_T = 2μm 的条件下，TDOT SOI-LIGBT 器件获得了和 DDOT SOI-LIGBT 器件几乎相同的

击穿电压（560V）。DDOT SOI-LIGBT 器件和 TDOT SOI-LIGBT 器件中，沟槽所承受的电压分别为 205V 和 293V。TDOT SOI-LIGBT 器件承受了更高的电压，因此 TDOT SOI-LIGBT 器件中的漂移区可以进一步缩短，L_2 从 DDOT SOI-LIGBT 器件中的 9μm 缩短到了 TDOT SOI-LIGBT 器件中的 5μm。

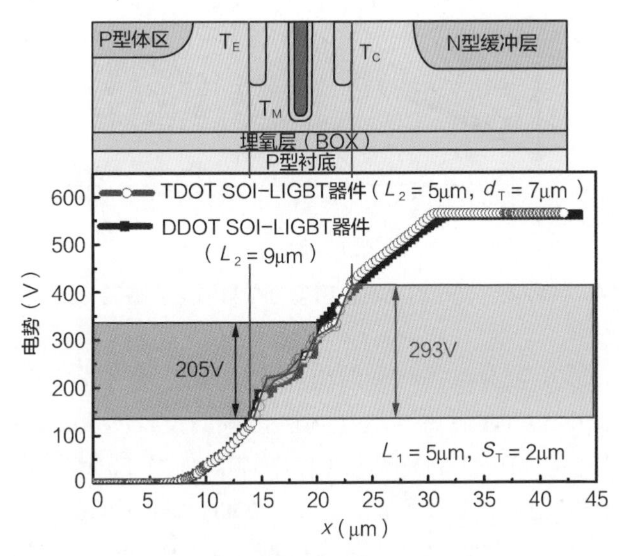

图 6.13　两种器件击穿时的表面电势分布

图 6.14（a）所示为两种器件的电流密度分布。与 DDOT SOI-LIGBT 器件相比，由于 TDOT SOI-LIGBT 器件的 T_E 和 T_C 较浅，进而电流路径也较短。在 DDOT SOI-LIGBT 器件中，需要适当增加 L_1 才能达到减小 V_{ON} 的目的，这是由于 P 型体区和 T_E 之间存在明显的 JFET 效应[3]。在 TDOT SOI-LIGBT 器件中，采用较浅的 T_E 可以缓解 JFET 效应。

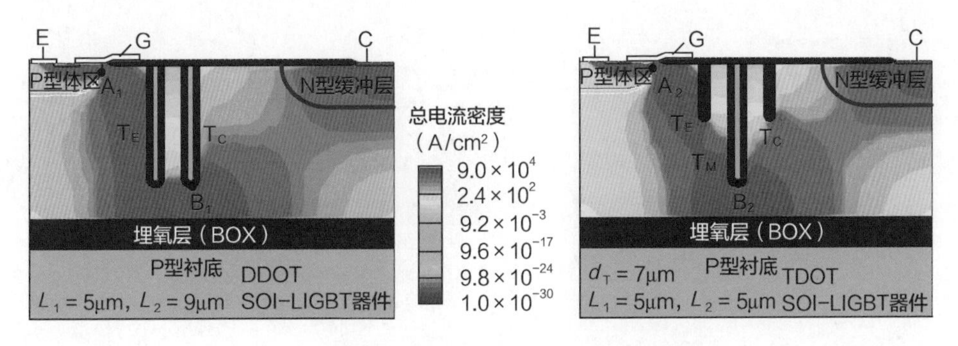

（a）开态电流密度为100A/cm²时的电流密度分布

图 6.14　两种器件开态时的电流密度分布与沿电流路径的压降

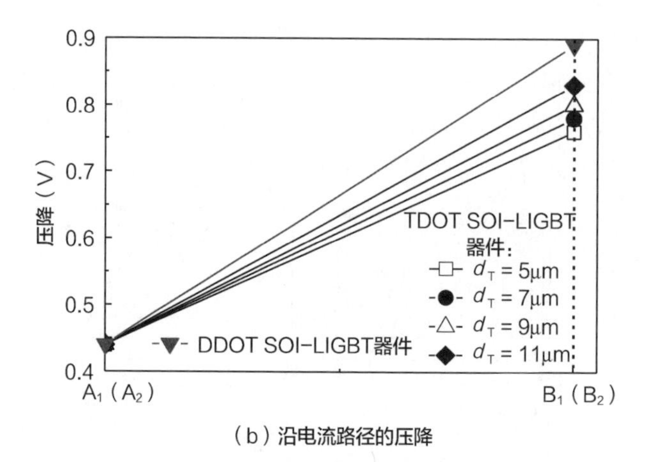

（b）沿电流路径的压降

图 6.14　两种器件开态时的电流密度分布与沿电流路径的压降（续）

图 6.14(b) 所示为沿电流路径的压降。A_1 和 A_2 分别为 DDOT SOI-LIGBT 器件和 TDOT SOI-LIGBT 器件中 P 型体区边缘的点。B_1 是 DDOT SOI-LIGBT 器件中 T_C 底部的点，B_2 是 TDOT SOI-LIGBT 器件中 T_M 底部的点。从图中可以看出，TDOT SOI-LIGBT 器件的压降比 DDOT SOI-LIGBT 器件低。随着 d_T 的减小，TDOT SOI-LIGBT 器件中的压降减小，因此较浅的 DOT 对降低电流路径上的压降有利，即对器件的 V_{ON} 有利。

图 6.15(a) 所示为两种器件在开态电流密度为 100A/cm^2 时的空穴密度分布。通过改变 P$^+$ 集电极的掺杂浓度，将两种器件的 V_{ON} 都调节为 1.61V。图 6.15(b) 所示为沿 $y = 12\mu m$ 截线的空穴密度分布。和 DDOT SOI-LIGBT 器件相比，TDOT SOI-LIGBT 器件漂移区中的空穴密度更低，特别是靠近集电极侧，这有利于关断时加快存储载流子的抽取。

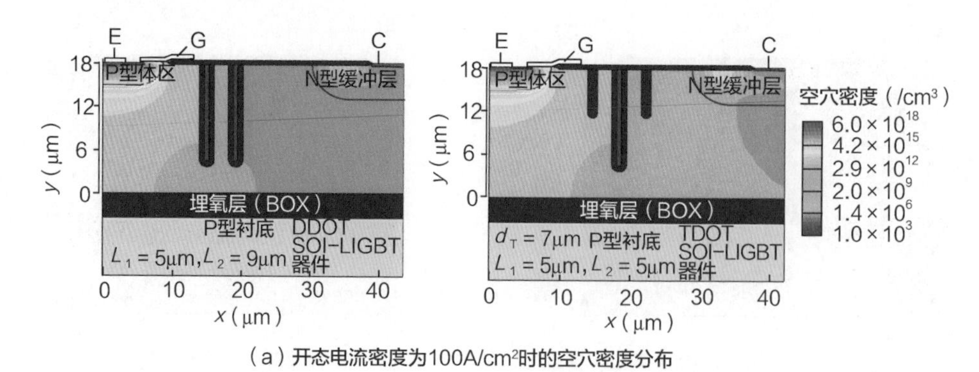

（a）开态电流密度为100A/cm²时的空穴密度分布

图 6.15　两种器件开态时的空穴密度分布

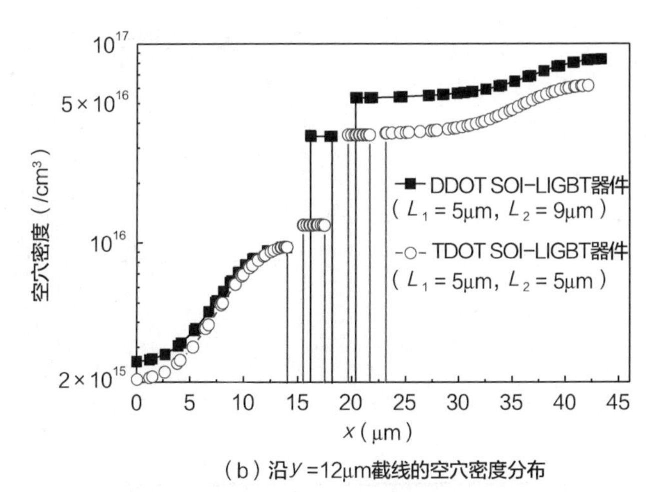

（b）沿 y =12μm截线的空穴密度分布

图 6.15　两种器件开态时的空穴密度分布（续）

图 6.16 所示为 TDOT SOI-LIGBT 器件的关键工艺流程。T_M 的深度为 14.4μm，光刻窗口宽度为 1.15μm；T_E 和 T_C 的光刻窗口比 T_M 窄，刻蚀之后进行的是侧壁氧化。因为 T_E 和 T_C 比较窄，它们可以完全被氧化。T_M 最终由多晶硅填充，多晶硅的电阻率为 8Ω/ □。

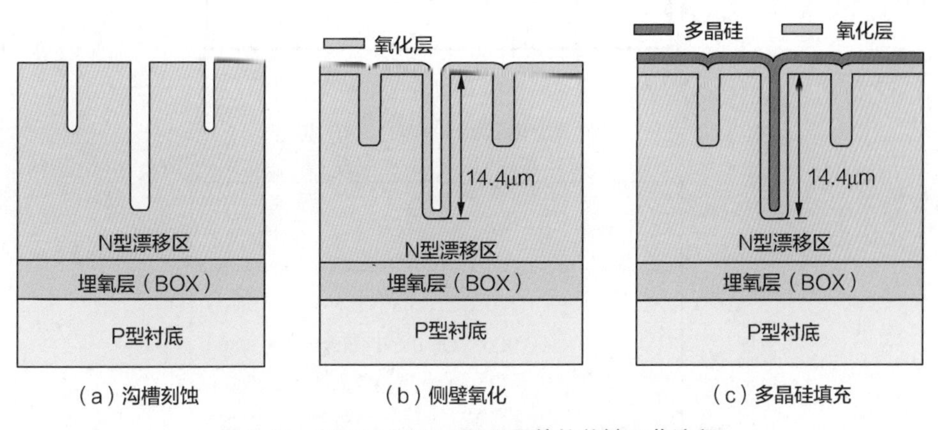

（a）沟槽刻蚀　　（b）侧壁氧化　　（c）多晶硅填充

图 6.16　TDOT SOI-LIGBT 器件的关键工艺流程

图 6.17 所示为沟槽的 SEM 图。采用 0.56μm 的光刻窗口宽度，沟槽可以完全被氧化，深度约为 7μm。

图 6.18（a）所示为两种器件中获得 560V 击穿电压的 L_1 和 L_2 范围。与 DDOT SOI-LIGBT 器件相比，TDOT SOI-LIGBT 器件可以用更小的 L_1 获得 560V 的击穿电压。当 L_1 = 5μm 和 S_T = 2μm 时，DDOT SOI-LIGBT 器件和 TDOT

SOI-LIGBT 器件获得 560V 击穿电压所需的最小 L_2 分别为 9μm 和 5μm。图 6.18（b）所示为 S_T 对击穿电压测试值的影响。在两种器件中，S_T 对击穿电压的影响都很小。如图 6.18（c）所示，当 $L_1 = 5\mu m$、$S_T = 2\mu m$、$d_T = 7\mu m$ 和 V_{GE}=0V 时，TDOT SOI-LIGBT 器件（$L_2 = 5\mu m$）获得了与 DDOT SOI-LIGBT 器件几乎相同的击穿电压。

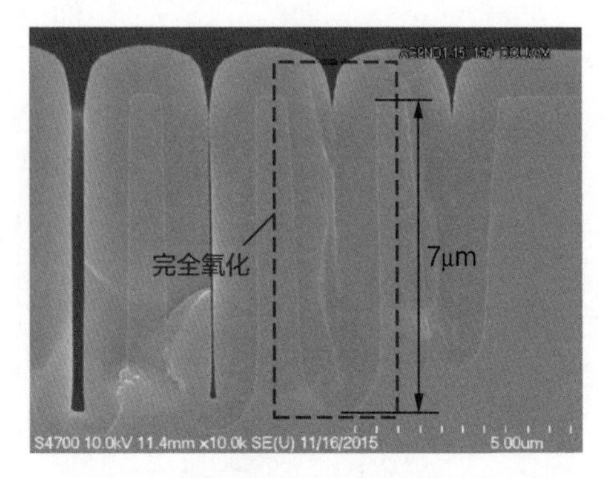

图 6.17　侧壁氧化之后的沟槽 SEM 图

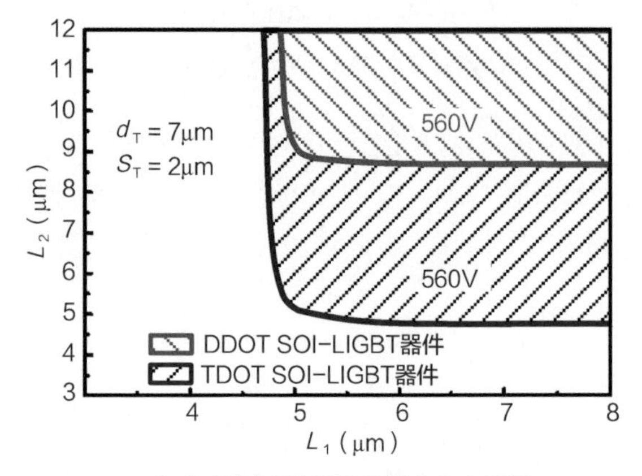

（a）击穿电压为560V时的 L_1 和 L_2 范围

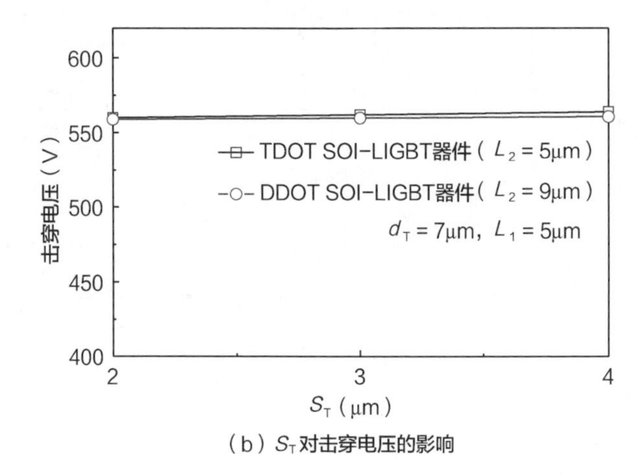

（b）S_T 对击穿电压的影响

图 6.18　两种器件的击穿电压特性

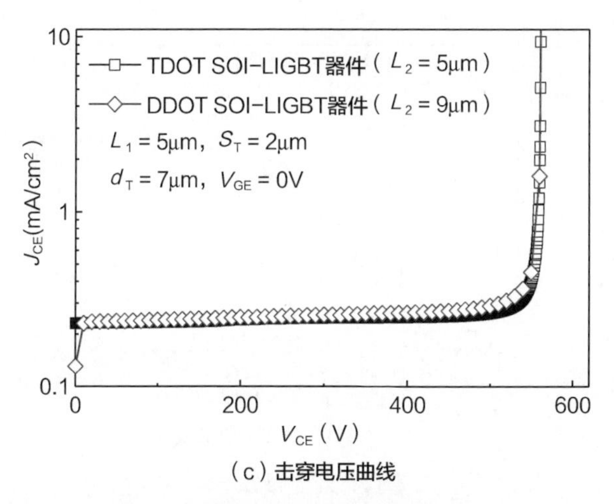

（c）击穿电压曲线

图 6.18　两种器件的击穿电压特性（续）

图 6.19(a) 所示为 TDOT SOI-LIGBT 器件中 L_1 和 d_T 对 V_{ON} 的影响。增加 d_T 会使电流路径变长，导致 V_{ON} 变大。对于给定的 d_T，随着 L_1 的增大，V_{ON} 先减小后增大。当 d_T = 7μm 时，获得最优 V_{ON} 的 L_1 为 8μm。当 L_1 = 8μm、L_2 = 5μm、d_T = 7μm 和 S_T = 2μm 时，TDOT SOI-LIGBT 器件在开态电流密度为 100A/cm^2 时获得了 1.53V 的 V_{ON}。如图 6.19(b) 所示为两种器件的 *I-V* 测试曲线。由于发射极侧的 JFET 效应得到了缓解，TDOT SOI-LIGBT 器件获得了比 DDOT SOI-LIGBT 器件更低的 V_{ON} 和更高的 J_{CE}。

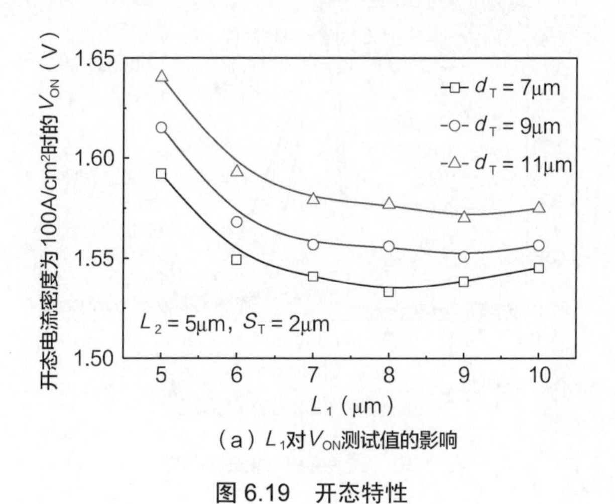

（a）L_1对V_{ON}测试值的影响

图 6.19　开态特性

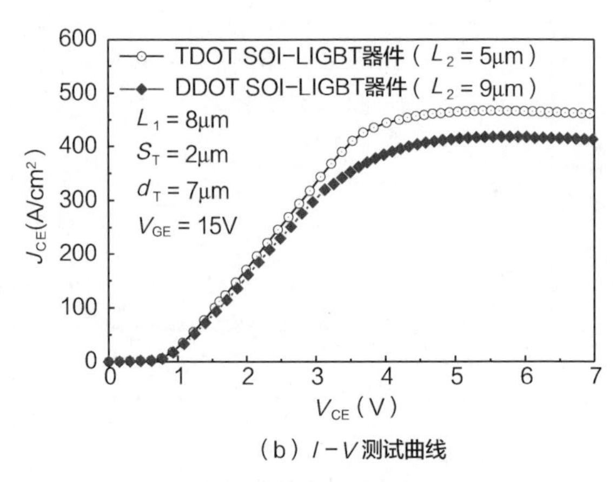

（b）$I-V$ 测试曲线

图 6.19　开态特性（续）

图 6.20（a）所示为 DDOT SOI-LIGBT 器件（L_1 = 8μm，L_2 = 9μm，S_T = 2μm）[3] 和 TDOT SOI-LIGBT 器件（L_1 = 8μm，L_2 = 5μm，S_T = 2μm，d_T = 7μm）在 T = 300K 时的感性负载关断测试和仿真波形。直流总线电压为 300V，开态电流密度为 100A/cm²，电感负载为 3mH。从图中可以看出，TDOT SOI-LIGBT 器件的关断比 DDOT SOI-LIGBT 器件快很多。图 6.20（b）所示为沿 y = 12μm 截线在 t_0、t_1、t_2 和 t_3 时刻的仿真空穴密度分布。TDOT SOI-LIGBT 器件实现了较快的载流子抽取。

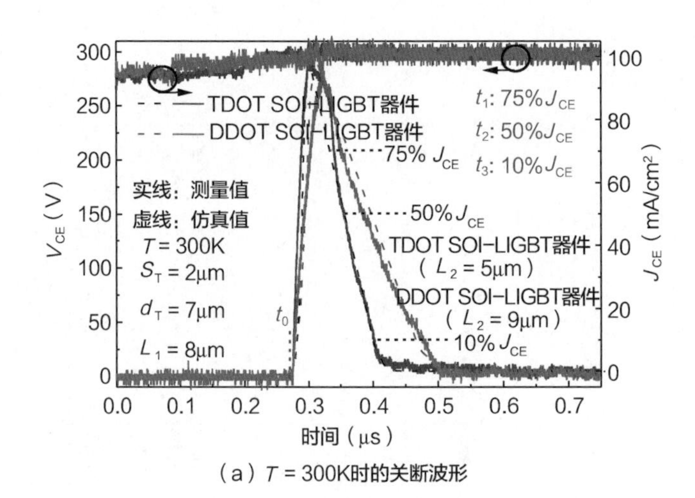

（a）T = 300K时的关断波形

图 6.20　两种器件的关断特性

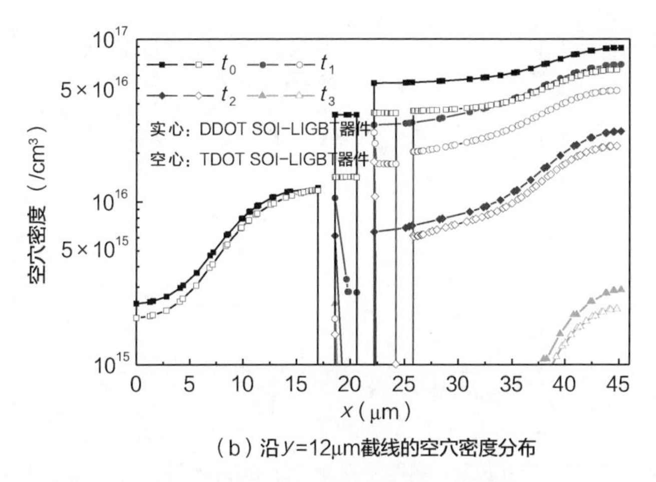

（b）沿 y=12μm截线的空穴密度分布

图 6.20　两种器件的关断特性（续）

通过改变 P⁺ 集电极的掺杂浓度，可以获得两种器件的 E_{OFF}-V_{ON} 折中关系曲线。如图 6.21 所示，当 V_{ON} = 1.53V 时，和 DDOT SOI-LIGBT 器件相比，TDOT SOI-LIGBT 器件的 E_{OFF} 减小了 36.1%；前面已经提到，DDOT SOI-LIGBT 器件的 E_{OFF} 比传统 SOI-LIGBT 器件低 36.9%，因此 TDOT SOI-LIGBT 器件的 E_{OFF} 可以比传统 SOI-LIGBT 器件低 59.6%。如图 6.22 所示，与其他已经报道的器件 [1-6] 相比，TDOT SOI LIGBT 器件获得了最优的 J_{CE}-t_{OFF} 折中关系。

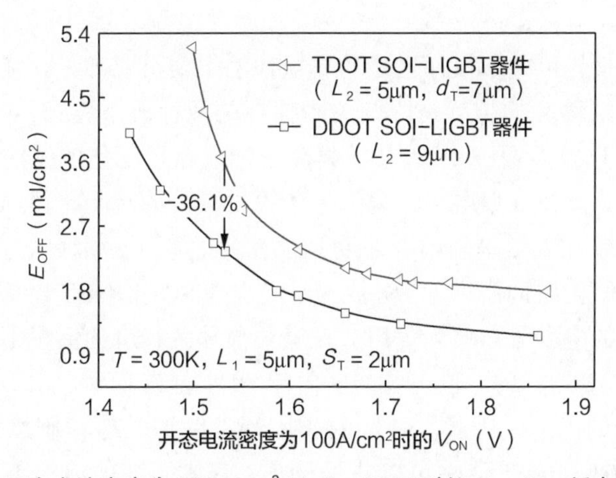

图 6.21　开态电流密度为 100A/cm² 及 T = 300K 时的 E_{OFF}-V_{ON} 折中关系曲线

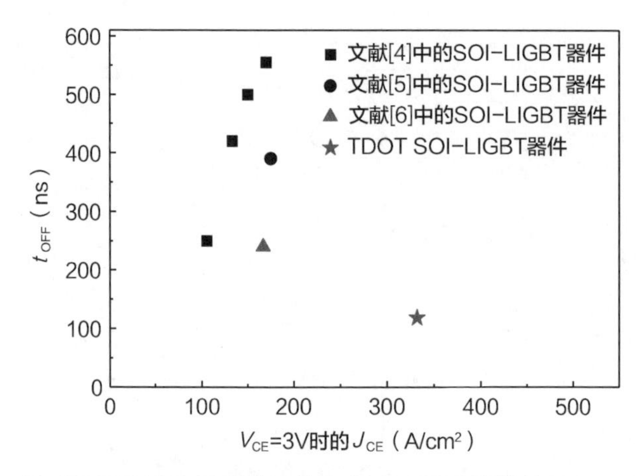

图 6.22 TDOT SOI-LIGBT 器件及其他 SOI-LIGBT 器件的 J_{CE}-t_{OFF} 折中关系

6.2 电压波形平台的产生机理与消除技术

为了降低导通损耗，多沟道[4-7]、U 型沟道[8-9]、载流子存储层[10]和沟槽空穴势垒[11-12]等多种方法已被提出以降低 SOI-LIGBT 器件的导通压降 V_{ON} 并提高其电流密度。在多沟道和 U 型沟道结构中，通过增加沟道有效宽度，可以增大发射极的电子电流。载流子阻挡层和沟槽空穴势垒通过空穴在发射极侧的堆积来增强电子的注入。上述方法都是通过改变发射极结构来优化器件的载流子分布。

除了导通损耗，关断损耗也是功率损耗的主要组成部分。优化载流子的抽取路径和缩短漂移区的长度是降低关断损耗的两种典型方式。阳极短路[13-17]、肖特基阳极[7]以及多栅极[18]等基于载流子抽取路径优化的结构已被提出。它们都是通过优化阳极（集电极）来为电子提供额外的流动路径，但这通常会使 P^+ 集电极的空穴注入效率降低，导致 V_{ON} 增大。基于短漂移区这一原理，超结（SJ）[19-20]和深氧化层沟槽[3, 21-24]等技术已被引入 SOI-LIGBT 器件中。超结结构使沿着漂移区的电场分布更为平坦，在缩短漂移区长度的情况下仍能保持高击穿电压。在 DOT 器件中，位于漂移区内的 DOT 能够承受一部分施加在集电极与发射极之间的电压，因此漂移区的长度得以缩短。与其他 SOI-LIGBT 器件相比，DOT SOI-LIGBT 器件可以在保持 V_{ON} 基本不变的前提下显著减少关断损耗（与长漂移区器件相比，关断损耗可降低 70%[3, 25]）。在不考虑 DOT 制造工艺难度的前提下，这种 SOI-LIGBT 器件极具优势。

下面通过仿真优化 DOT SOI-LIGBT 器件在感性负载关断过程中所产生的 V_{CE} 平台，并详细分析一种用于缩短 V_{CE} 平台持续时间的 DOT SOI-LIGBT 器件，其关断损耗降低了 59.2%。6.2.1 小节揭示传统 DOT SOI-LIGBT 器件中 V_{CE} 平台产生的机理；6.2.2 小节介绍一种带有可控垂直场板（CFP）的 DOT SOI-LIGBT 器件并研究其工作机理，然后介绍电学特性及工艺流程。

6.2.1　电压波形平台的产生机理

图 6.23 为传统 DOT SOI-LIGBT 器件的截面结构。嵌入在 N 型漂移区内的 DOT 可以承受一部分的 V_{CE}。器件的发射极端由 P^+/N^+ 发射极、P 型体区以及 P 型埋层（BP 层）组成。高掺杂的 P 型埋层可以有效抑制动态闩锁的发生 [26]。在集电极侧，N 型缓冲层与广泛应用在垂直 IGBT 器件中的场截止（FS）层 [25] 功能类似。DOT 的深度 D_T 和宽度 W_T 分别是 11μm 和 15.5μm。可通过优化 DOT 和 P 型体区之间的距离 L_1 来缓解 JFET 效应 [24]。当 L_1 = 5μm 时，通过调用 Lackner 雪崩发生模型模拟出的器件击穿电压为 519V。

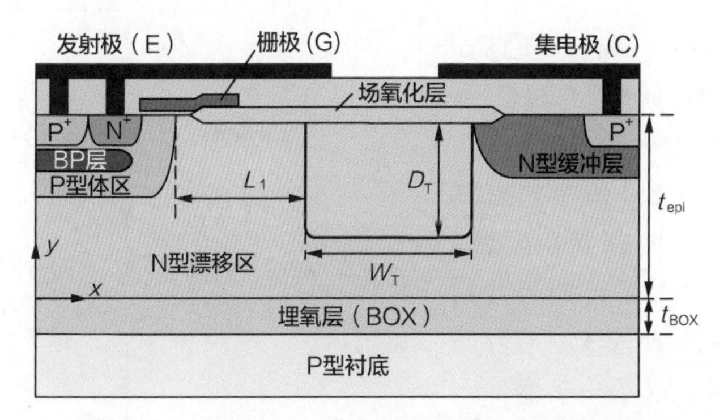

图 6.23　传统 DOT SOI-LIGBT 器件的截面结构

图 6.24 所示为传统 DOT SOI-LIGBT 器件在开态电流密度为 100A/cm² 时的空穴密度分布和电流流动路径。与空穴阻挡层功能类似，嵌入的 DOT 使得区域 I 处的电流流动路径变窄，导致区域 I 和集电极侧的空穴电流密度很大。众所周知，载流子的分布会极大地影响 IGBT 器件的关断特性。

图 6.25 所示为感性负载开关仿真电路。栅极电阻和感性负载分别被设置为 100Ω 和 3mH。仿真时调用的物理模型包括 Philips unified 迁移率模型、Shockley-Read-Hall 复合模型、High-field saturation 迁移率模型、Perpendicular filed dependence 迁移率模型、Band-to-band Auger 复合模型和 Lackner 雪崩发生模型。

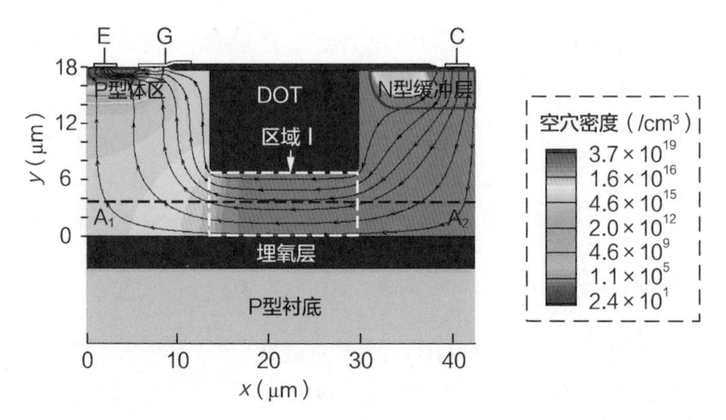

图 6.24　传统 DOT SOI-LIGBT 器件在开态电流密度为 100A/cm² 时的空穴密度分布和电流流动路径

图 6.26 所示为传统 DOT SOI-LIGBT 器件在 V_{DC}=300V 条件下的关断特性曲线。从图中可以看到，在 V_{CE} 上升阶段，从 V_{CE}=210V 开始出现了一个平台区间。V_{CE} 平台持续时间（$t_P = t_2 - t_1$）为 156ns，V_P 为 33V，平台期内的损耗占总关断损耗的 54.8%。

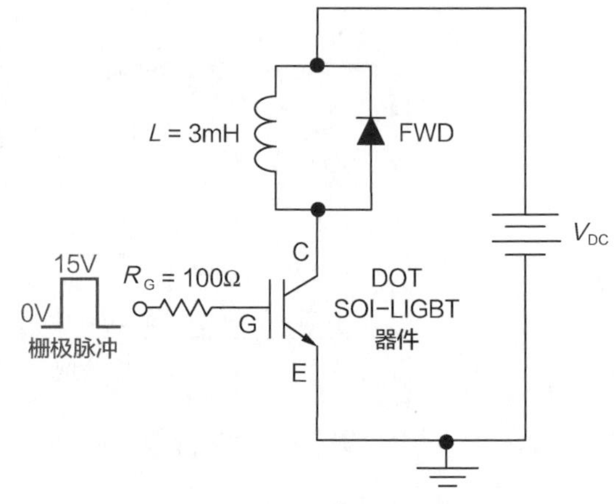

图 6.25　感性负载开关电路

图 6.27 显示了器件关断过程中沿 A_1-A_2 截线（如图 6.24 中标记）的空穴密度分布。在 t_1 ～ t_2 这段时间内，区域 I 的空穴密度显著降低，这说明存储在区域 I 中的载流子在 V_{CE} 平台期间被扫出。为了更好地理解 V_{CE} 平台产生的原因，图 6.28 给出了器件在关断期间的内部电势分布：① 在 t_0 ～ t_1 内，存储在发射极区域的载流子被抽出器件或者被扫到未耗尽区（区域 I 以及集电极区域）；② 在 t_1 ～ t_2 内（V_{CE} 平台阶段），区域 I 被部分耗尽并开始承受来自集电极的高压；③ 在 t_3 时刻，V_{CE} 升高至直流总线电压 V_{DC} 且耗尽层扩展到集电极侧；④ 在 t_3 ～ t_5 内，J_{CE} 几乎降为 0。虽然 V_{CE} 已经上升到 V_{DC}，但伴随着载流子在集电极侧的消失，耗尽层仍可以进一步扩展。可以得出结论，V_{CE} 平台源于区域 I 的耗尽。由于存储在区域 I 内的大量载流子需要被移除，而区域 I 的耗尽过程很缓慢，导致了 V_{CE} 平台的产生。还应该指出的是，J_{CE} 的下降区间（t_3 ～ t_5）主要与集电极侧的耗尽相关。

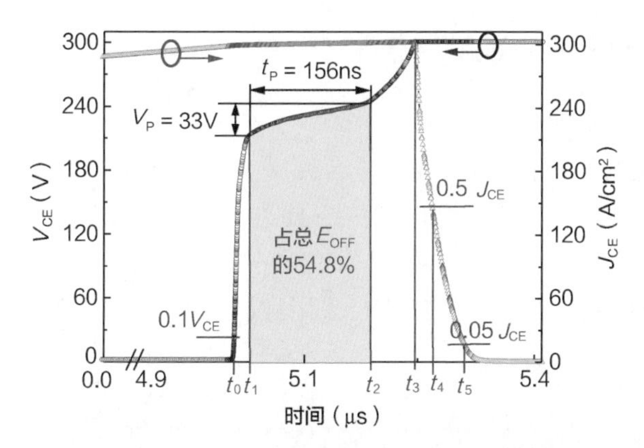

图 6.26　传统 DOT SOI-LIGBT 器件在 V_{DC}=300V 条件下的关断特性曲线

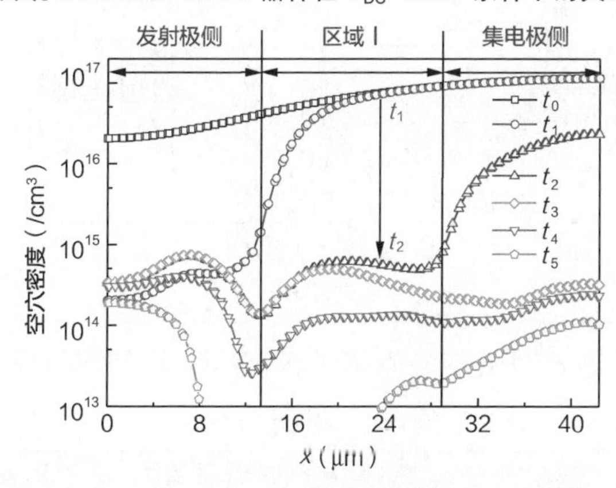

图 6.27　关断过程中沿 A_1-A_2 截线的空穴密度分布

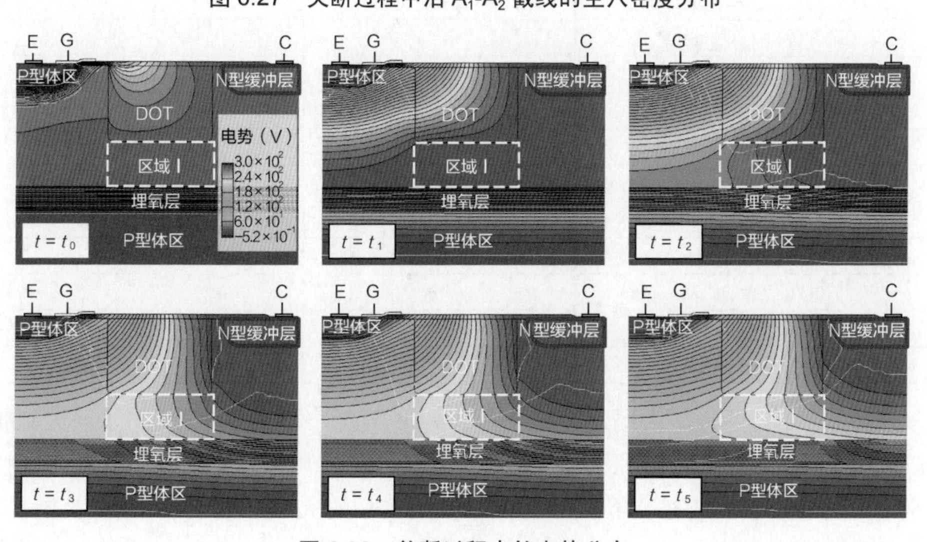

图 6.28　关断过程中的电势分布

6.2.2 电压波形平台的消除技术

1. 可控垂直场板结构

图 6.29 所示为一种可缩短 V_{CE} 平台并减小关断损耗的 DOT SOI-LIGBT 器件，其关键参数见表 6.2。该器件与传统 DOT SOI-LIGBT 器件之间的区别在于两个可控垂直场板（CFP）。CFP_1 与 CFP_2 的电势（V_{F_1} 和 V_{F_2}）由电阻 R_1、R_2 和 R_3 进行分压控制。电阻 R_1、R_2、R_3 采用螺旋阻性多晶硅场板（SRFP）实现，相关内容将在下面进行讨论。

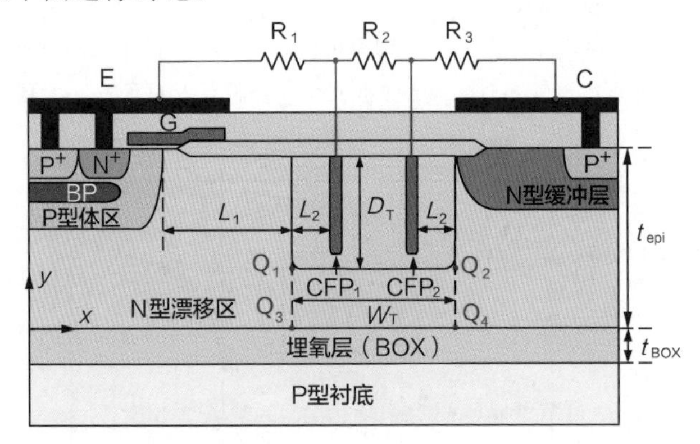

图 6.29 带有 CFP 的 DOT SOI-LIGBT 器件的截面示意

表 6.2 关键设计参数

参数	传统 DOT SOI-LIGBT 器件	垂直场板 DOT SOI-LIGBT 器件
P 型衬底电阻率（Ω·cm）	10	10
BOX 厚度 t_{BOX}（μm）	3.5	3.5
体硅厚度 t_{epi}（μm）	18	18
N 型漂移区掺杂浓度（/cm^3）	8.3×10^{14}	8.3×10^{14}
DOT 深度 D_T（μm）	11	11
DOT 宽度 W_T（μm）	15.5	15.5
DOT 与 P 型体区距离 L_1（μm）	5	5
P 型埋层浓度（/cm^3）	3.5×10^{18}	3.5×10^{18}
CFP 与 DOT 边缘的距离（μm）	—	L_2
CFP_1 的电势	—	V_{F_1}
CFP_2 的电势	—	V_{F_2}

由于关断过程在很大程度上取决于区域 I 的耗尽，因此可以通过增加区域 I 的压降和电压斜率来缩短 V_{CE} 平台。当 $L_2=0.25W_T$、$V_{F_1}=0V$ 和 $V_{F_2}=0.5V_{CE}$ 时，带有垂直场板的 DOT SOI-LIGBT 器件获得了 505V 的击穿电压，比传统 DOT SOI-LIGBT 器件的击穿电压低 14V。图 6.30 比较了关断状态下传统 DOT SOI-LIGBT 器件

与垂直场板 DOT SOI-LIGBT 器件在 V_{CE}=500V 时的电势分布。Q_1、Q_2、Q_3 和 Q_4 是图 6.29 中区域 I 拐角上的 4 个点。带有垂直场板的 DOT SOI-LIGBT 器件在区域 I 内的压降以及电压斜率高于传统 DOT SOI-LIGBT 器件。增大压降以及电压斜率可以加快区域 I 的耗尽及载流子抽取速度，并缩短 V_{CE} 平台的持续时间。

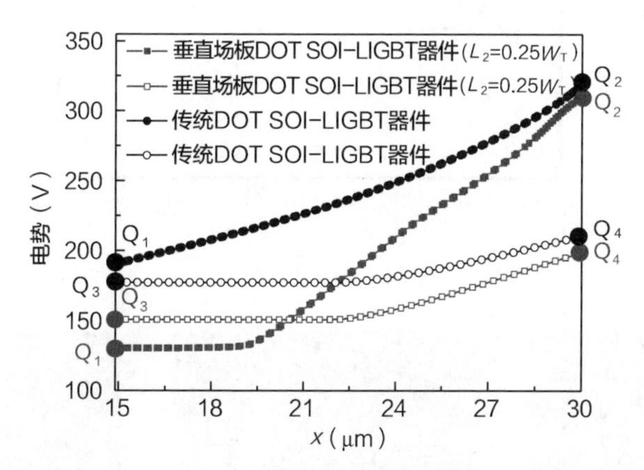

图 6.30　关断状态下传统 DOT SOI-LIGBT 器件与垂直场板 DOT SOI-LIGBT 器件在 V_{CE}=500V 时的电势分布

2．击穿电压和导通压降

图 6.31 给出了不同的 L_2 情况下（V_{F_2}-V_{F_1}）对击穿电压的影响。$L_2 = 0.25W_T$ 的器件达到 500V 击穿电压的情况要多于 $L_2 = 0.33W_T$ 的器件。在图 6.31（b）中，可以根据击穿点将曲线划分到 3 块阴影区域（A、B 和 C）中。图 6.31（c）显示了区域 A、B、C 中结构 a、b、c 的击穿点。击穿点位置取决于被 V_{F_1} 和 V_{F_2} 调制的电势分布。例如，当 $V_{F_1} \geqslant 0.7V_{CE}$ 时，发射极侧承受了大部分的 V_{CE}，导致击穿点位于发射极侧。

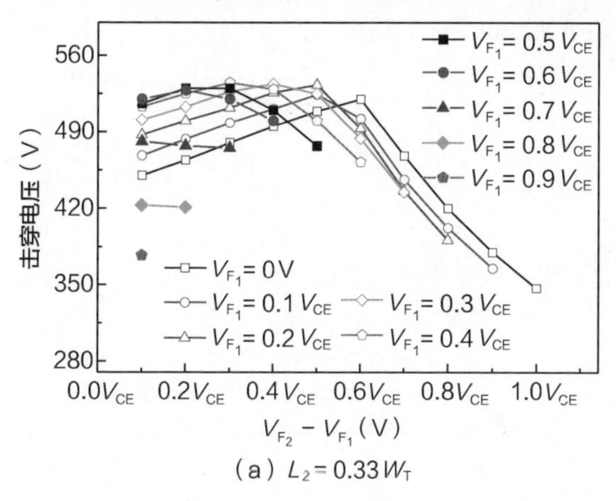

图 6.31　带有垂直场板的 DOT SOI-LIGBT 器件的（V_{F_2}-V_{F_1}）对击穿电压的影响

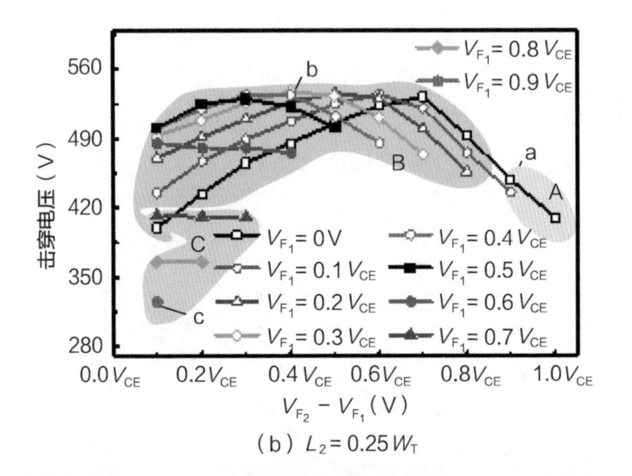

（b）$L_2 = 0.25W_T$

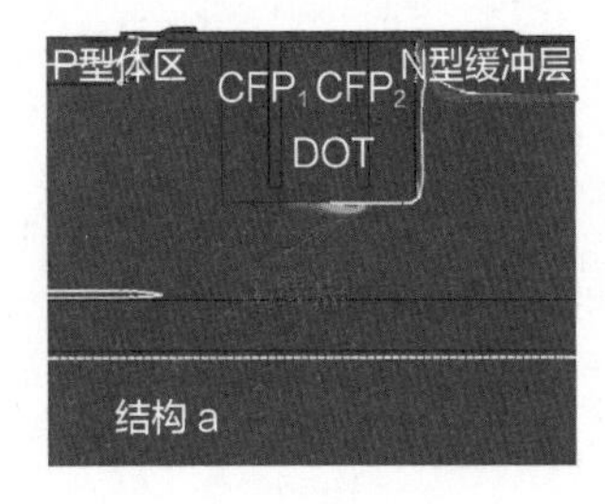

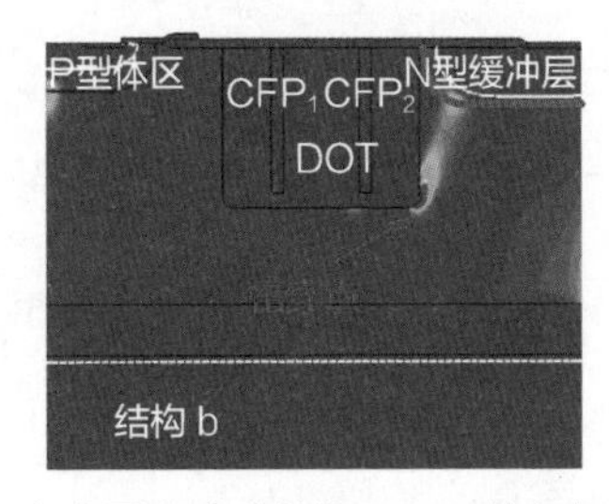

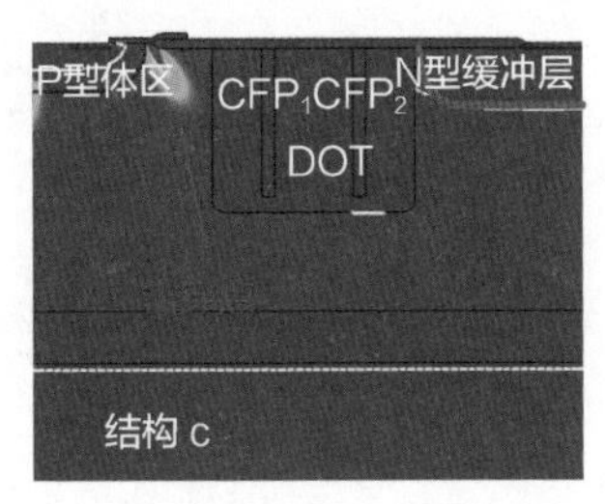

（c）图（b）中结构a、b、c的击穿点

图 6.31　带有垂直场板的 DOT SOI-LIGBT 器件的（V_{F_2}−V_{F_1}）对击穿电压的影响（续）

CFP 对 DOT SOI-LIGBT 器件的 V_{ON} 几乎无影响。图 6.32 为传统 DOT SOI-LIGBT 器件与垂直场板 DOT SOI-LIGBT 器件在 V_{GE}=15V 时的开态 I-V 曲线。当 $L_2 = 0.25W_T$、$V_{F_1} = 0V$ 和 $V_{F_2} = 0.5V_{CE}$ 时，带有垂直场板的 DOT SOI-LIGBT 器件在电流密度为 300A/cm^2 时的 V_{ON} 为 2.96V。

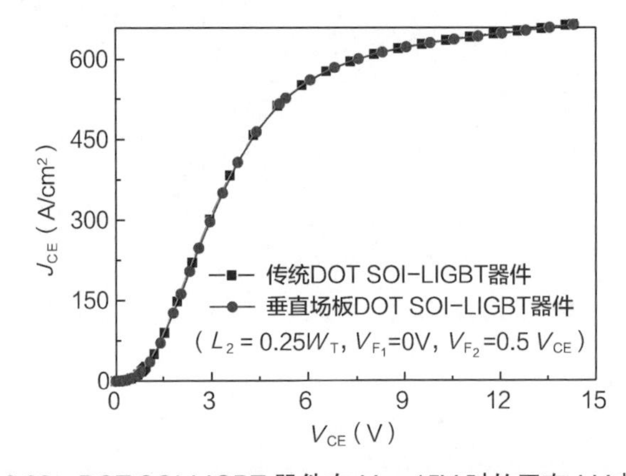

图 6.32　DOT SOI-LIGBT 器件在 V_{GE}=15V 时的开态 I-V 曲线

3. V_{CE} 平台和关断特性

图 6.33 所示为不同 V_{F_1} 条件下的 V_{F_2} 对 V_p 和 t_p 的影响。小的 V_{F_1} 有利于缩短 V_{CE} 平台。对于一个给定的 V_{F_1}，V_{F_2} 对 t_p 的影响较小，而 V_p 则随着 V_{F_2} 的增大显著增大。图 6.34 比较了传统 DOT SOI-LIGBT 器件与具有不同 V_{F_1} 和 V_{F_2} 的垂直场板 DOT SOI-LIGBT 器件的关断曲线。由于缩短了 V_{CE} 平台，垂直场板 DOT SOI-LIGBT 器件的关断速度明显快于传统 DOT SOI-LIGBT 器件。垂直场板 DOT SOI-LIGBT 器件（$V_{F_1}=0V$，$V_{F_2}=0.5V_{CE}$）与传统 DOT SOI-LIGBT 器件的 t_p 分别是 60ns 和 156ns。在垂直场板 DOT SOI-LIGBT 器件中，可以通过增大 $V_{F_2}-V_{F_1}$ 来缩短 V_{CE} 平台。当 $V_{F_2}=0.5V_{CE}$ 时，t_p 从 $V_{F_1}=0.4V_{CE}$（$V_{F_2}-V_{F_1}=0.1V_{CE}$）时的 91ns 下降到 $V_{F_1}=0V$（$V_{F_2}-V_{F_1}=0.5V_{CE}$）时的 60ns。$t_p$ 的减小归因于区域 I 载流子的加速抽取，这可以通过图 6.35 中 t_1 ～（t_1+50ns）内的载流子密度变化来说明。

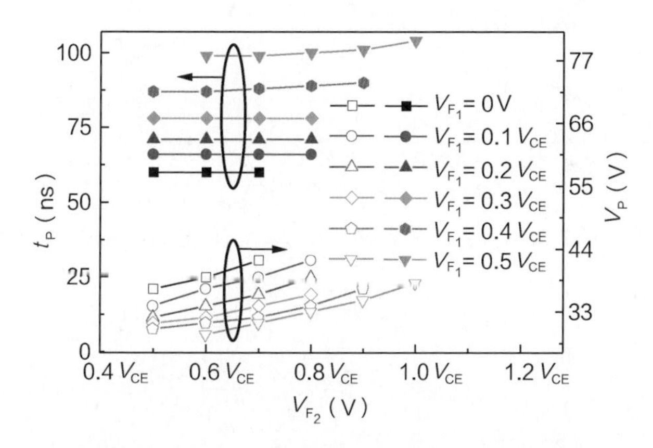

图 6.33　不同 V_{F_1} 条件下的 V_{F_2} 对 t_P 和 V_P 的影响

图 6.34 中有个细节需要说明一下。从图 6.34 中放大的 J_{CE} 曲线可以看出，随着 V_{F_2} 的增加，J_{CE} 拖尾变得更长。图 6.36 比较了传统 DOT SOI-LIGBT 器件与垂直场板 DOT SOI-LIGBT 器件在关断过程中每个阶段的持续时间。当 V_{F_2} 从 $0.5V_{CE}$ 增长到 $0.7V_{CE}$ 时，t_4 ～ t_5 这一阶段占总关断时间的比例从 19.4% 增加到 23.4%。如前文所述，J_{CE} 下降阶段主要与集电极区域的耗尽有关。随着 V_{F_2} 的增大，施加在集电极和 CFP_2 之间的电压（$V_{CE}-V_{F_2}$）降低，集电极侧的耗尽过程变慢，因而导致 J_{CE} 拖尾更长，这可以通过图 6.37 中 t_4 ～（t_4+20ns）这段时间的载流子密度分布曲线来证明。最终可以得出“增大 V_{F_2} 会降低集电极侧的载流子抽取速度”这一结论。

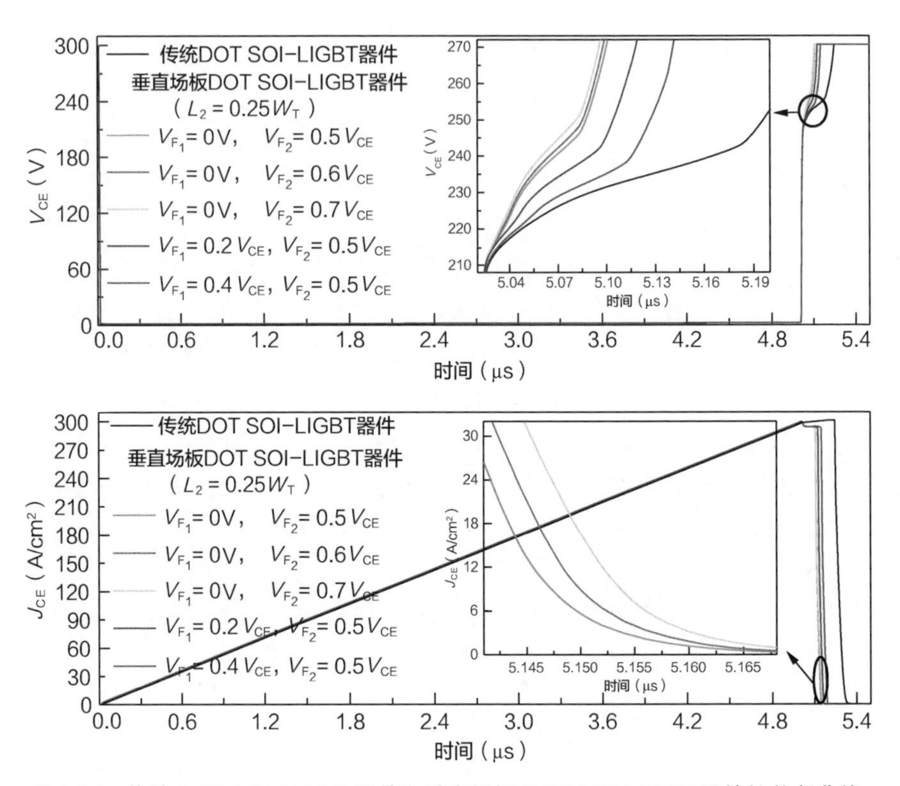

图 6.34　传统 DOT SOI-LIGBT 器件和垂直场板 DOT SOI-LIGBT 器件的关断曲线

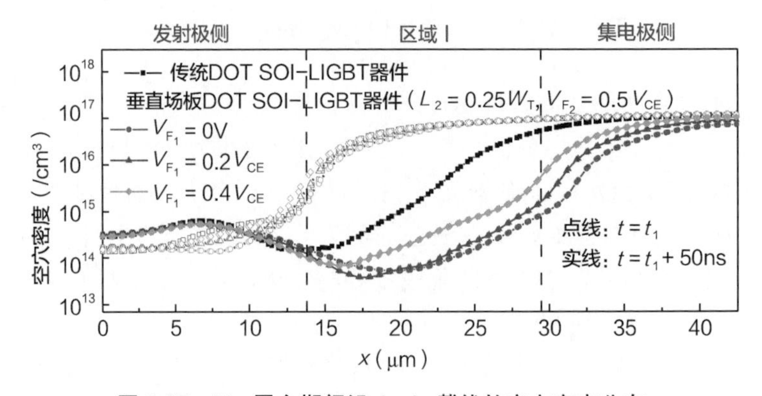

图 6.35　V_{CE} 平台期间沿 A_1-A_2 截线的空穴密度分布

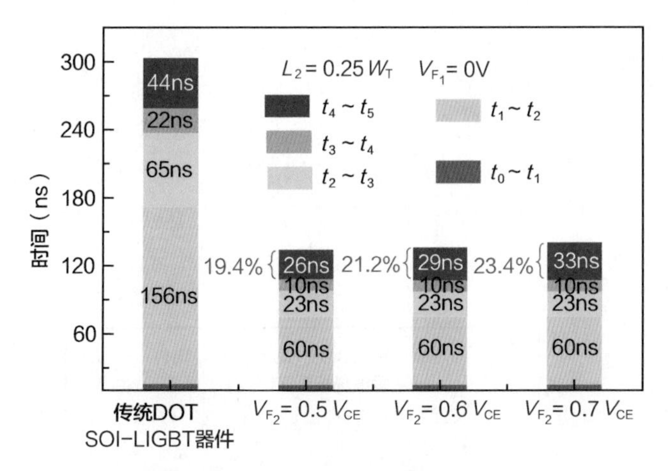

图 6.36　$t_1\sim t_5$ 占总关断时间的比例

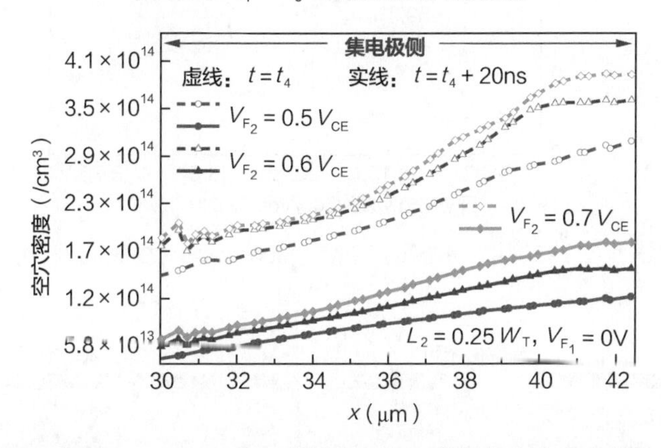

图 6.37　$t_4\sim$（t_4 + 20ns）期间沿 A_1-A_2 截线的空穴密度分布

图 6.38 比较了传统 DOT SOI-LIGBT 器件与垂直场板 DOT SOI-LIGBT 器件的 E_{OFF}-V_{ON} 折中关系。E_{OFF}-V_{ON} 折中关系曲线上的点通过变化 P^+ 集电极的掺杂浓度获得；P^+ 集电极的掺杂浓度从 $6\times10^{19}/cm^3$ 降至 $2\times10^{19}/cm^3$，步长为 $-1\times10^{19}/cm^3$。垂直场板 DOT SOI-LIGBT 器件（$L_2=0.25W_T$，$V_{F_1}=0V$，$V_{F_2}=0.5V_{CE}$）比传统 DOT SOI-LIGBT 器件表现出了更好的 E_{OFF}-V_{ON} 折中关系。在 300K 的晶格温度 T 下，垂直场板 DOT SOI-LIGBT 器件在开态电流密度为 $300A/cm^2$ 时的 V_{ON} 为 2.96V，在 $V_{DC}=300V$ 条件下的关断损耗比传统 DOT SOI-LIGBT 器件降低了 59.2%。

4．工艺步骤与版图形式

图 6.39 为制造垂直场板 DOT SOI-LIGBT 器件的关键工艺流程。在步骤（a）中，通过反应离子刻蚀与氧化可形成 DOT；在步骤（b）中，进行第二次刻蚀，

然后用多晶硅填充沟槽，形成 CFP；在步骤（c）中，通过离子注入形成 P 型体区、P 型埋层以及 N 型缓冲层；在步骤（d）～（e）中，淀积并刻蚀多晶硅，形成栅极和 SRFP；在步骤（f）中，通过离子注入形成 N^+ 和 P^+ 区域；在步骤（g）中，形成接触和金属互联。SRFP 通过金属与发射极、集电极、CFP_1 以及 CFP_2 连接。图 6.40 给出了垂直场板 DOT SOI-LIGBT 器件的版图形式。通过调整 SRFP 的宽度（W_1、W_2 和 W_3）可以得到不同数值的 R_1、R_2 和 R_3。

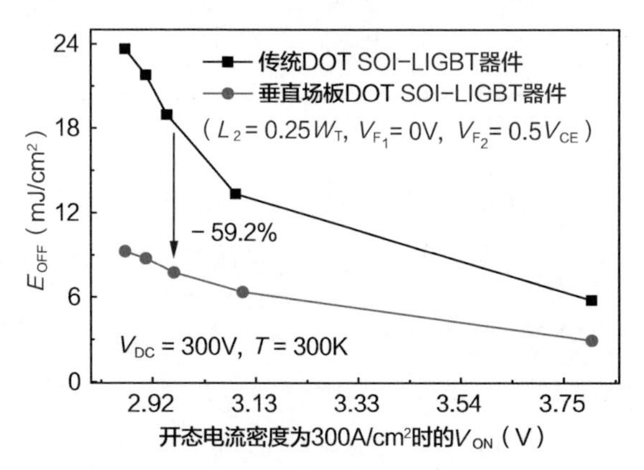

图 6.38　两种器件在 T=300K、开态电流密度为 300A/cm² 时的 E_{OFF} 与 V_{ON} 折中关系曲线

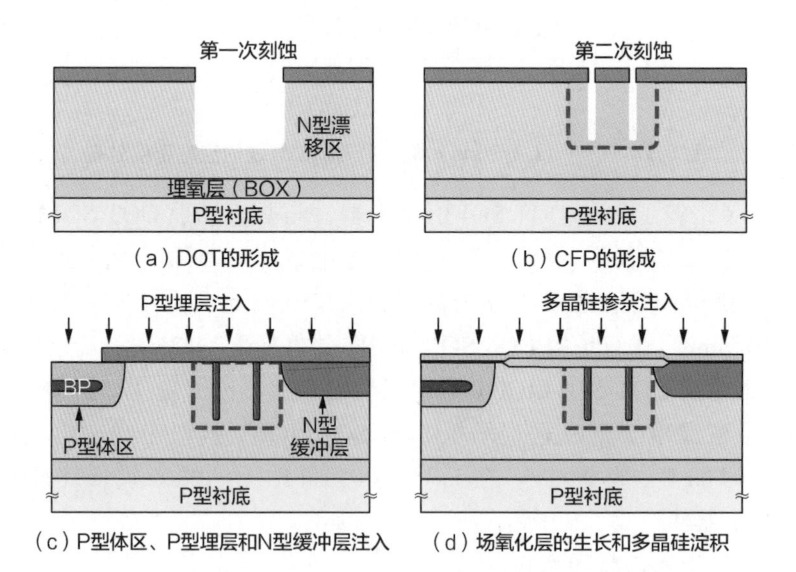

图 6.39　制造垂直场板 DOT SOI-LIGBT 器件的关键工艺流程

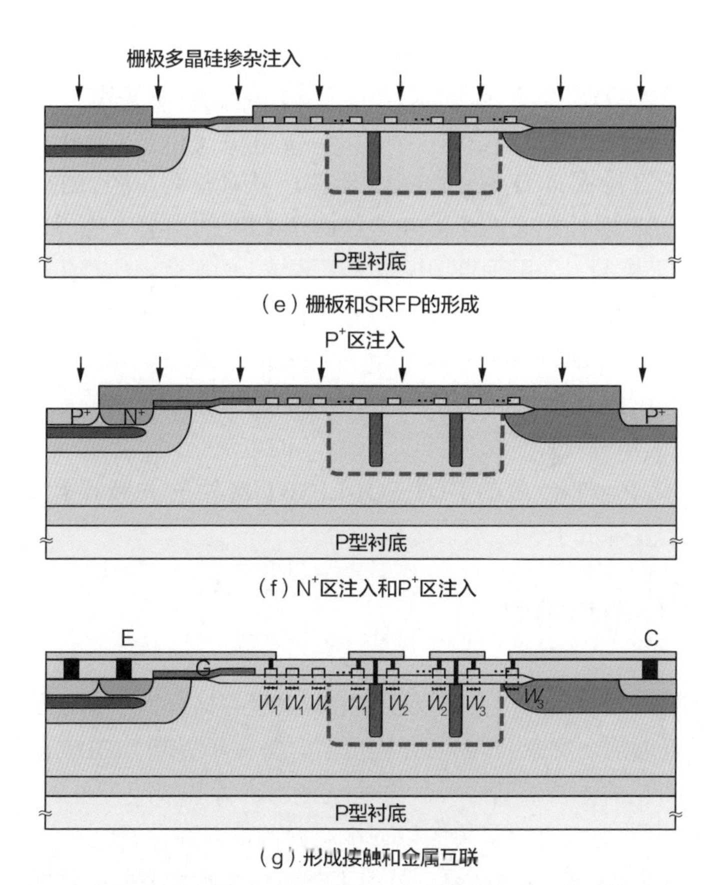

图 6.39　制造垂直场板 DOT SOI-LIGBT 器件的关键工艺流程（续）

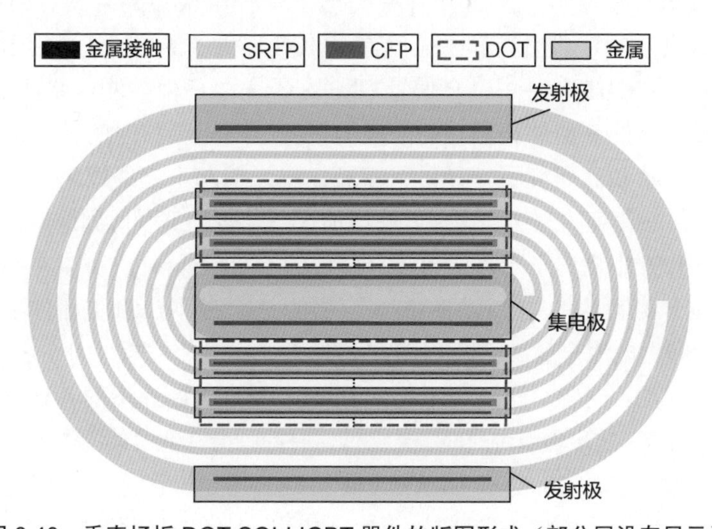

图 6.40　垂直场板 DOT SOI-LIGBT 器件的版图形式（部分层没有显示）

上面我们优化了 DOT SOI-LIGBT 器件的 V_{CE} 平台。在导通状态下，大量载流子存储在 DOT 下方的硅区域中（区域 I）。在感性负载关断期间，存储在区域 I 中的载流子需要被移除，导致 V_{CE} 上升缓慢和 V_{CE} 平台的出现。上面介绍了一种垂直场板 DOT SOI-LIGBT 器件，可缩短 V_{CE} 平台的持续时间。该 DOT SOI-LIGBT 器件中有两个 CFP，这两个 CFP 的电势（V_{F_1} 和 V_{F_2}）通过与 SRFP 的连接来控制。采用垂直场板增大了区域 I 的压降，实现了区域 I 中存储载流子的快速抽取。V_{CE} 平台持续时间 t_p 从传统 DOT SOI-LIGBT 器件的 156ns 降低到了垂直场板 DOT SOI-LIGBT 器件的 60ns。此外，本书的研究还发现，在感性负载关断过程中，I_{CE} 的下降主要与集电极侧的耗尽有关。增大集电极与 CFP_2 之间的压降（$V_{CE}-V_{F_2}$）可以缩短 I_{CE} 的电流拖尾。在保证 2.96V 的 V_{ON} 条件下，优化 V_{CE} 平台后的 DOT SOI-LIGBT 器件的关断损耗比传统 DOT SOI-LIGBT 器件降低了 59.2%。

6.3 复合集电极技术

由于电导调制效应的存在，漂移区中的大量存储载流子会导致关断速度降低和关断损耗增加。文献 [7, 27-29] 提出了一些关于提高 LIGBT 器件关断速度和降低关断损耗的方法，其中一种方法是使用肖特基接触。在文献 [7] 中，通过在 P^+ 集电极上使用肖特基接触以减少空穴的注入量，得到了一种高速 SOI-LIGBT 器件；然而，该方法需要额外的工艺步骤来形成肖特基接触。另一种方法是采用阳极短路结构。文献 [27] 中提出了一种阳极短路且具有内嵌自偏置 NMOS 的 SOI-LIGBT 器件，其中自偏置 NMOS 提供了额外的通道用于电子的抽取。在该 SOI-LIGBT 器件中，自偏置 NMOS 不需要任何控制电路就可以开启；然而，需要额外的 P 型层和额外的阳极沟槽栅。缩短漂移区的长度也可以实现快速关断。文献 [28] 研究了一种采用深氧化层沟槽和垂直场板来加速漂移区耗尽从而提升关断速度的方法，这种方法增加了工艺复杂度和时间成本。除了上述方法，文献 [29] 中提出了一种带有浮空电极的 LIGBT 器件，可以在不增加工艺步骤的前提下实现对空穴注入的控制。可惜的是，这种 LIGBT 器件不能同时实现快速关断和大电流密度。在该 LIGBT 器件中，为了使关断时间小于 250ns，导通压降几乎增加了一倍。上述用于提高 LIGBT 器件关断速度的各种方法中，有的需要增加制造工艺步骤或者改变工艺条件，有的则会降低器件的电流密度[7,27-29]。

下面将要介绍的 500V SOI-LIGBT 器件则采用了一种经济的制造方法，不需要增加额外的工艺步骤或掩膜层。这种 LIGBT 器件在显著缩短关断时长（t_{OFF}）

的同时，还保证了高水平的电流密度（J_{CE}）。

6.3.1 复合集电极结构与原理

图 6.41（a）所示为标准 SOI-LIGBT 器件的截面结构。器件的尺寸及掺杂浓度已进行了优化以实现高击穿电压和大电流密度。复合集电极 SOI-LIGBT 器件和标准 SOI-LIGBT 器件的区别主要体现在集电极的结构上。如图 6.41（b）所示，复合集电极 SOI-LIGBT 器件包含一个与 P^+ 集电极相连的 P^- 集电极，并被一层 W 形的 N 型缓冲层所包围。深 P^- 集电极和发射极侧的 P 型阱同时形成，因此制造过程中不需要额外的工艺步骤。图 6.41（c）为 W 形 N 型缓冲层的形成过程，该过程采用了两个相邻的离子注入窗口，W 形 N 型缓冲层是两个相邻窗口离子注入后扩散交叠形成的。两个相邻的窗口之间的距离为 L_B。和复合集电极 SOI-LIGBT 器件相比，标准 SOI-LIGBT 器件只有一个 P^+ 集电极和一个仅通过一个离子注入窗口进行离子注入并热扩散形成的标准缓冲层。

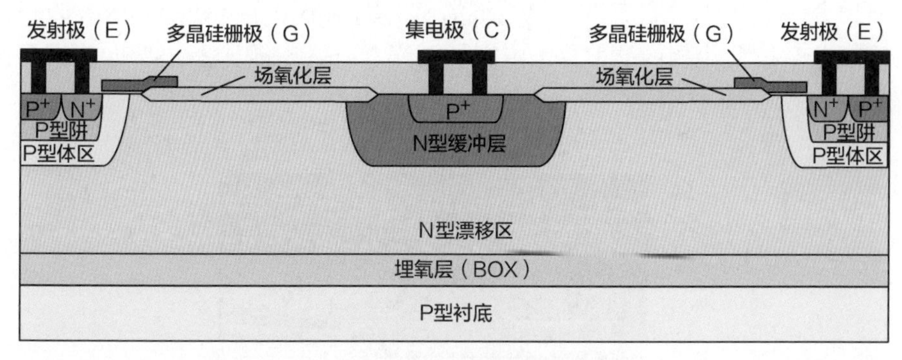

（a）标准SOI-LIGBT器件的截面结构

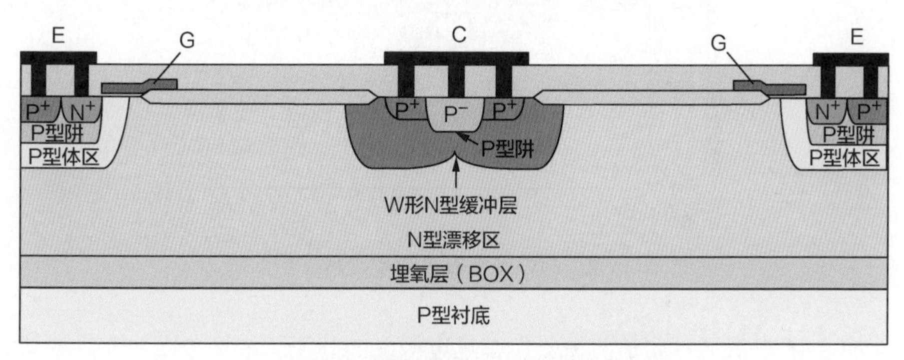

（b）复合集电极SOI-LIGBT器件的截面结构

图 6.41　标准 SOI-LIGBT 器件和复合集电极 SOI-LIGBT 器件的截面结构及 W 形 N 型缓冲层的形成过程

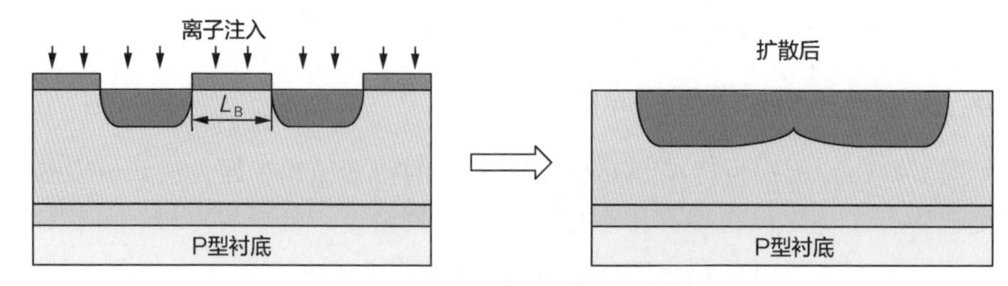

（c）W形N型缓冲层的形成过程

图 6.41　标准 SOI-LIGBT 器件和复合集电极 SOI-LIGBT 器件的截面结构及 W 形 N 型缓冲层的形成过程（续）

在 W 形 N 型缓冲层中，扩散后的阱边缘的 N 型掺杂浓度相对较低。如图 6.42 所示，P^- 集电极下方区域的 N 型掺杂浓度显著低于 P^+ 集电极下方区域的 N 型掺杂浓度，这有利于空穴从 P^- 集电极发射流出并注入 N 型漂移区中。图 6.43 为复合集电极 SOI-LIGBT 器件的等效电路图。复合集电极 SOI-LIGBT 器件中包含两个 PNP 三极管。来自沟道的电子电流形成了 PNP_1 和 PNP_2 的基极电流。由于 P^- 集电极的 P 型掺杂浓度较低，电子更倾向于通过 PNP_2 流出器件（即 $I_{B_1}<I_{B_2}$）。

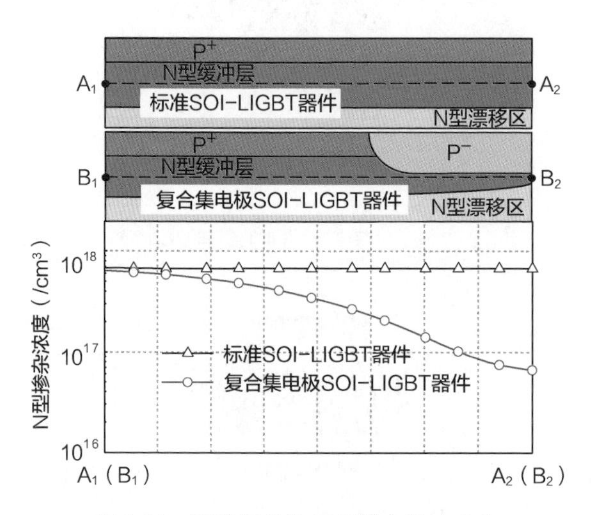

图 6.42　两种器件的 N 型掺杂浓度分布

图 6.44 中仿真对比了两种器件在集电极侧的载流子浓度分布。在导通状态下，复合集电极 SOI-LIGBT 器件中的空穴可以从 P^+ 和 P^- 集电极注入。从图 6.44

（a）可以看出，即使 P^- 集电极的掺杂浓度比 P^+ 集电极低，P^- 集电极下方区域的空穴浓度仍高于 P^+ 集电极下方区域的空穴浓度。在复合集电极 SOI-LIGBT 器件中，从 P^- 集电极注入的空穴可以使漂移区中的电导调制保持在一个较高的水平。P^- 集电极下方区域的空穴注入增强可以归因于 PNP_2 三极管拥有更大的基极电流。

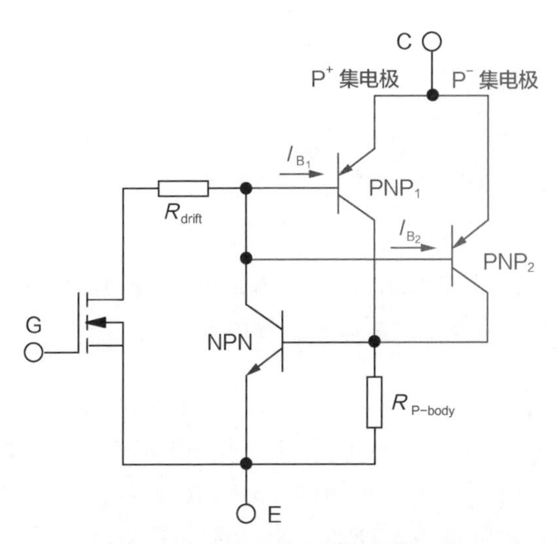

图 6.43　复合集电极 SOI-LIGBT 器件的等效电路

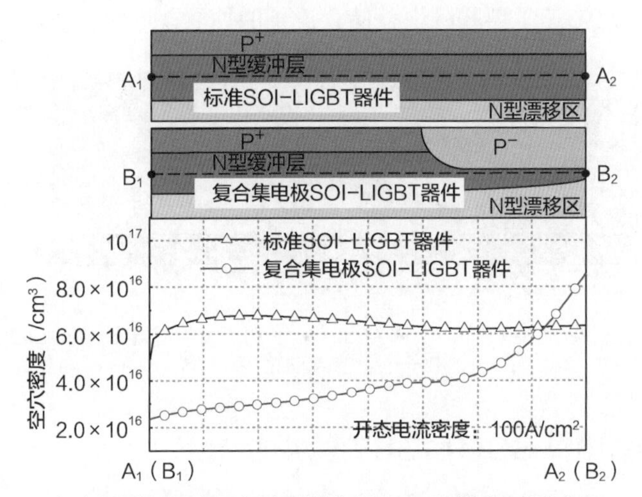

（a）导通状态下在开态电流密度为100A/cm²时的空穴密度分布

图 6.44　两种器件的载流子分布

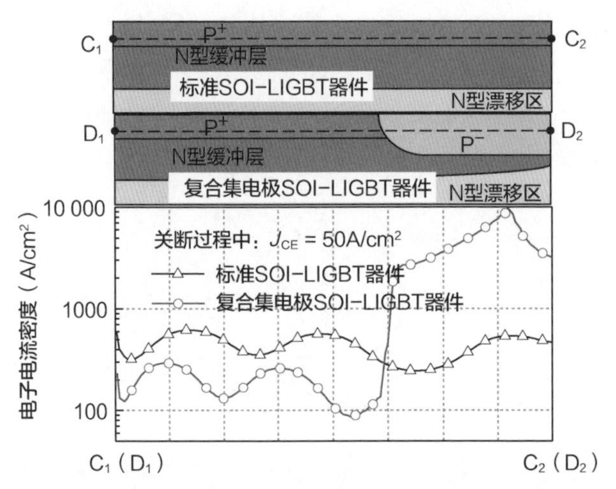

（b）感性负载关断过程中，J_{CE} 下降到50A/cm²时的电子电流密度分布

图 6.44　两种器件的载流子分布（续）

关断特性的仿真采用电感负载，在 J_{CE} 达到 100A/cm² 时器件开始关断。从图 6.44(b) 可以看出，在感性负载关断过程中复合集电极 SOI-LIGBT 器件的 J_{CE} 下降到 50A/cm² 时，P^- 集电极中的电子电流密度非常高，表明很大一部分电子是经过 P^- 集电极抽离出器件的。图 6.45 所示为器件关断过程中电子电流的流动路径。P^- 集电极中的 P 型掺杂浓度较低，因此它可以作为一个低势垒的电子电流出口，这加速了漂移区中存储载流子的抽取，进而实现了快速关断。

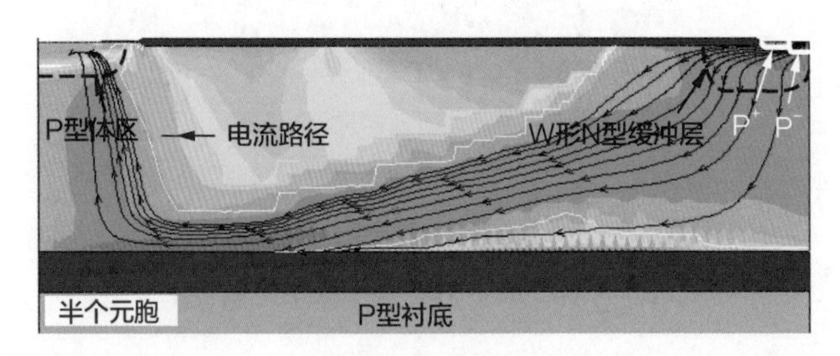

图 6.45　感性负载关断过程中 J_{CE} 下降到 50A/cm² 时，复合集电极 SOI-LIGBT 器件中电子电流的流动路径

6.3.2　复合集电极 SOI-LIGBT 器件的特性

图 6.46 为采用 0.5μm SOI bipolar-CMOS-DMOS-IGBT（BCDI）工艺平台制造的复合集电极 SOI-LIGBT 器件的照片，这个工艺平台包括 5V/40V 双极型 / CMOS/无源器件和 500V LDMOS 器件/LIGBT 器件/二极管器件。BOX 和顶层

硅的厚度分别是 3.5μm 和 18μm。18μm 厚的氧化层沟槽用来隔离器件和周围的电路。制造的 SOI-LIGBT 器件采用跑道型版图布局。在每条跑道中，集电极都被发射极包围着；多跑道并联相连，相邻的跑道之间由深氧化层沟槽进行隔离。采用 500Å 厚的栅氧化层获得了 2.5V 左右的阈值电压。优化后的漂移区的长度和掺杂浓度分别为 40μm 和 $8.3\times10^{14}/cm^3$。在发射极侧采用了一个 P 型阱来抑制动态闩锁效应，同时 P 型阱还用于形成 P^- 集电极。W 形 N 型缓冲层是在 1150℃高温环境中退火 280 分钟后形成的。标准 SOI-LIGBT 器件和复合集电极 SOI-LIGBT 器件都是基于该 BCDI 工艺平台制造的。

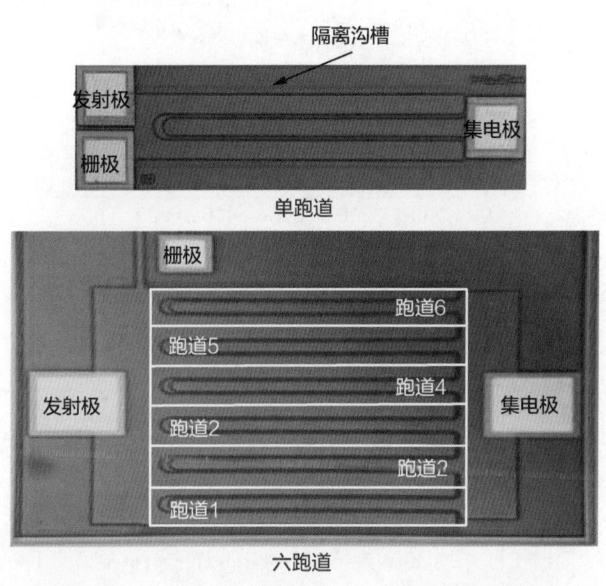

图 6.46　500V 复合集电极 SOI-LIGBT 器件照片

图 6.47 所示为两种器件的关态 *I-V* 曲线（击穿电压曲线）。两种器件的击穿电压都超过了 500V。当 L_B=4μm，复合集电极 SOI-LIGBT 器件在 25℃的温度环境下时，单跑道的漏电流约为 15nA，温度上升至 125℃时单跑道的漏电流约为 35nA。增大 L_B 会导致 P^- 集电极下方 W 形缓冲层的掺杂浓度降低和漏电流增大。当 L_B=6μm 时，复合集电极 SOI-LIGBT 器件在 125℃的温度环境下漏电流达到了 100nA。

图 6.48 所示为两种器件开态时的 *I-V* 曲线。与标准 SOI-LIGBT 器件相比，复合集电极 SOI-LIGBT 器件采用了 W 形 N 型缓冲层和复合集电极，其 V_{CE}=10V 时的电流在 25℃和 125℃条件下分别下降了 6.3% 和 6.2%。开态电流密度为 $100A/cm^2$ 时的导通压降（对应的器件单跑道电流为 0.072A）在 25℃和

125℃条件下分别上升了 19.5% 和 31.7%。在 125℃温度下，复合集电极 SOI-LIGBT 器件在 V_{CE}=10V 时的电流密度 J_{CE} 可达到 420A/cm^2，开态电流密度为 100A/cm^2 时的导通压降为 2.48V。

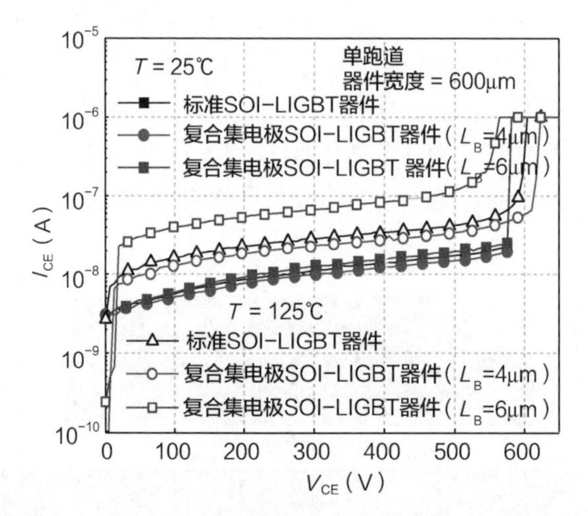

图 6.47　25℃和 125℃温度下两种器件的关态 *I-V* 曲线

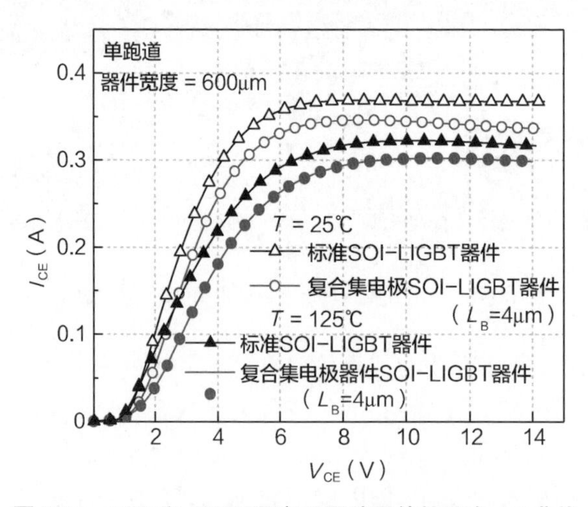

图 6.48　25℃和 125℃温度下两种器件的开态 *I-V* 曲线

图 6.49 所示为关断测试所用电路原理图和关断时间 t_{OFF} 的定义。直流总线电压 V_{DC} 为 280V，栅极电阻 R_G 为 100Ω，感性负载 L 为 3mH。包含 6 条跑道的器件在 I_{CE0}=0.5A 时开始关断。t_{OFF} 定义为电压上升到总线电压的 10%（28V）至电流下降到 I_{CE0} 的 10%（0.05A）所用的时间。图 6.50 展示了测试所得的两种器件的关断特性曲线。由于 P$^-$ 集电极能够提供电子的低势垒出口，复合集电

极 SOI-LIGBT 器件的载流子抽取速度大大提升。与标准器件相比，复合集电极 SOI-LIGBT 器件的关断速度要快很多，其关断时间为 202ns，相比标准器件的 618ns 缩短了 67.3%。

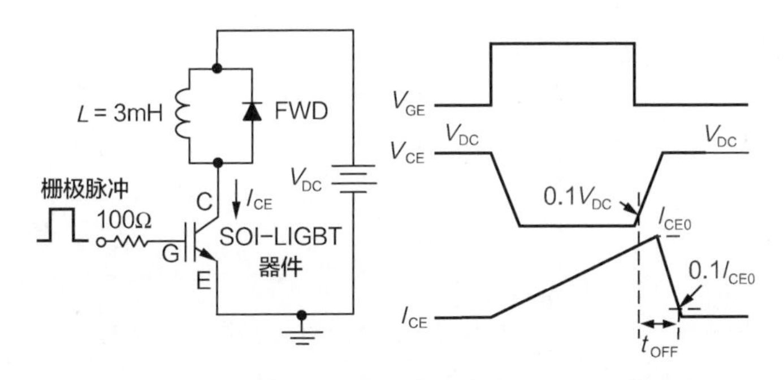

图 6.49　关断测试电路原理图及关断时间的定义

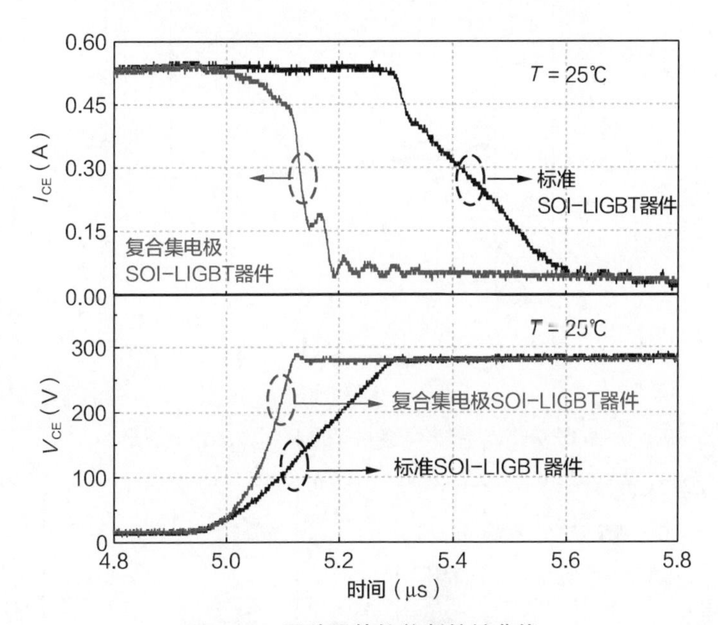

图 6.50　两种器件的关断特性曲线

所制造的器件在封装之后进行了短路测试。图 6.51 所示为两种器件的短路能力测试电路原理图及短路承受时间 t_{SC} 的定义。短路测试时器件没有带负载，直流总线电压直接施加在器件的集电极上。如图 6.52 所示，复合集电极 SOI-LIGBT 器件的 t_{SC} 为 5.8μs，而标准 SOI-LIGBT 器件的 t_{SC} 仅为 1.8μs。由此可见，仅仅牺牲了器件 6.3% 的电流便可以将短路承受时间延长 2.22 倍。图 6.53 比较了两种器件的关断时间和短路承受时间。在 125℃的温度下，复合集电极 SOI-LIGBT 器件的关断时间小于 250ns，这使得器件的工作频率可以达到 200kHz 以上，并且器件的短路时间大于 4μs。

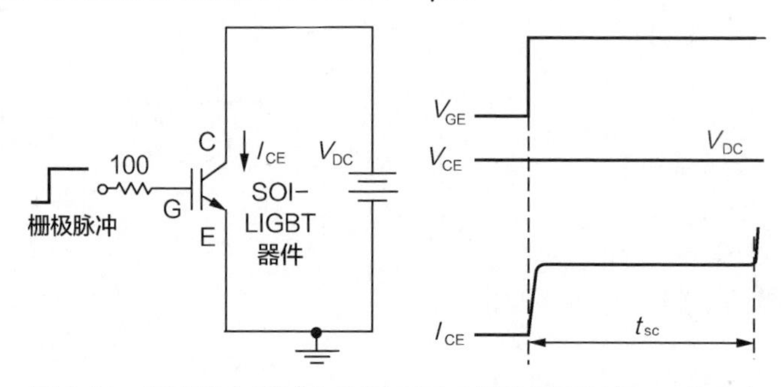

图 6.51　短路能力测试电路原理图及短路承受时间 t_{SC} 的定义

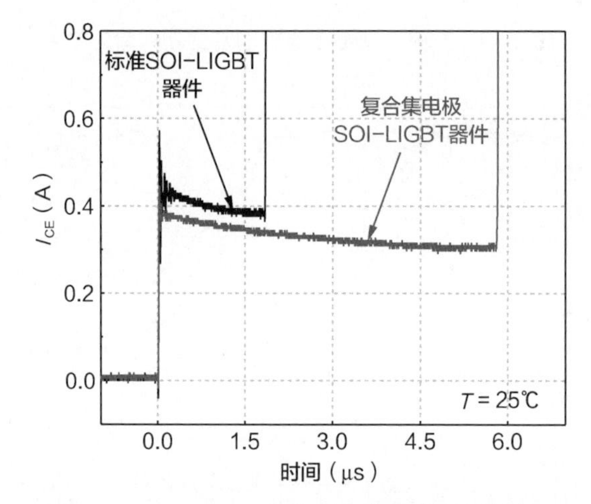

图 6.52　V_{DC}=450V 条件下两种器件的短路波形

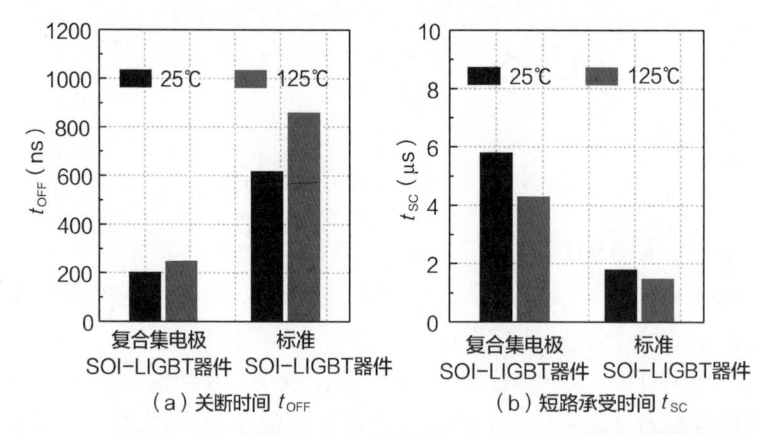

图 6.53　25℃和 125℃条件下两种器件的关断时间 t_{OFF} 和短路承受时间 t_{SC}

上文分析了一种采用 W 形缓冲层和复合集电极 SOI-LIGBT 器件，能够在保证 SOI-LIGBT 器件大电流密度的前提下，提升其关断速度。上文利用 TCAD 软件对复合集电极 SOI-LIGBT 器件进行了仿真验证。在复合集电极 SOI-LIGBT 器件中，导通状态下空穴的大量注入和关断时电子的快速抽取得以同时实现。在不增加额外的掩膜版和不改变工艺条件的情况下，复合集电极 SOI-LIGBT 器件可以通过牺牲 6.3% 的电流来缩短 67.3% 的关断时间。实验表明，复合集电极 SOI-LIGBT 器件的电流密度为 420A/cm^2，导通压降为 2.48V，关断时间小于 250ns，短路承受时间大于 4μs，这能够提升单片智能功率芯片的竞争力。

6.4　横向超结技术

近年来，SOI-LIGBT 器件因为电流密度大、易于集成和隔离，非常适合作为单片智能功率芯片中的功率级开关器件。然而，传统 SOI-LIGBT 器件因为漂移区中固有的大量存储载流子，通常表现出高的关断损耗。阳极短路（SA）[28, 30]、肖特基阳极 [7] 和深氧化层沟槽（DOT）[3, 24] 等技术可以克服这一缺点。阳极短路或肖特基阳极技术通过改变阳极结构来提供额外的电子路径，能够实现存储载流子的快速抽取。DOT 技术能够缩短漂移区和减少存储载流子的数量，实现低的关断损耗。

除了增加额外的载流子路径和缩短漂移区外，加速漂移区的耗尽是改善关断损耗的另一种方法。从这个角度看，超结（superjunction，SJ）技术似乎是一个很好的选择。事实上，超结技术早已被应用到纵向 IGBT 器件中。在纵向 IGBT 器件中，电荷相互补偿的 P 柱和 N 柱可加快漂移区的耗尽速度，从而降低关断损耗。文献 [31] 中的仿真结果和文献 [32] 中的实验结果都证明了超结在纵向 IGBT 器件中的作用。此外，其他论文也研究了纵向 IGBT 器件中的不同超结排列形式。P 柱贯穿整个漂移区的 IGBT 器件称为全超结 IGBT[4, 6-7, 24, 28, 30-33]。文献 [34] 报道了半超结 IGBT 器件，它的 P 柱与发射极侧相连，与集电极侧断开。SPT+ SJ IGBT 器件 [35] 将 SPT+ IGBT 器件与发射极侧的半超结结构相结合，不仅增强了发射极侧的双极导通，并且 P 柱可以收集来自集电极侧的空穴。在集电极侧 [35] 放置 P 柱的半超结 IGBT 器件可以不需要对准发射极侧，因此降低了工艺难度。

考虑到工艺兼容性，将纵向超结 IGBT 器件集成到单片智能功率芯片中是一件困难的事情。对于 LIGBT 器件中的超结结构，纵向排列在漂移区中的超结表现出了良好的抗闩锁能力和温度特性 [19-20]。直流总线高压横向施加在集电极和发射极之间且纵向施加在集电极和衬底之间。与纵向超结 IGBT 器件相比，横向超结 IGBT 器件的关断瞬态过程可能更加复杂。

下面将对横向超结 IGBT 器件的关断瞬态进行仿真研究。6.4.1 小节给出了仿真的结构和相关设置。在 6.4.2 小节中，关断过程中的集电极—发射极电压 V_{CE} 上升可分为两个阶段：缓慢上升阶段（SRP）和快速上升阶段（RRP）。本小节揭示了超结改善 SOI-LIGBT 器件关断损耗的机理，并阐明了 5 种超结结构在关断瞬态时的差异性。结果表明，从 SRP 到 RRP 的过渡电压 V_A 起着重要的作用。6.4.3 小节给出了超结 SOI-LIGBT 器件关断损耗的优化策略，并详细讨论了一种具有复合 P 柱的超结 SOI-LIGBT 器件。

6.4.1 横向超结的排列方式

图 6.54 展示了传统 SOI-LIGBT 器件和 5 种类型的超结 SOI-LIGBT 器件示意图。在传统 SOI-LIGBT 器件中，发射极侧设置了 P^+: N^+ 间隔结构和 P 型体区。发射极 P^+: N^+ 间隔结构沿 y 方向交错排列，可以增强器件的闩锁免疫力 [20]。集电极侧的 N 型缓冲层充当电场阻止层以防止穿通。表 6.3 列出了器件的主要设计参数。其中，BOX 的厚度为 1.5μm，顶层硅的厚度为 7μm，N 型漂移区的长度为 22μm，元胞宽度为 2.2μm。

图 6.54(b) 所示为 z 方向上的全超结器件（z-F），超结沿着 z 方向设置在漂移区中，P 柱从 P 型体区一直延伸到器件的右边界。P 柱上方的 N 型漂移区可作为超结的 N 柱。在本书的研究中，P 柱和 N 柱具有相同的宽度和掺杂浓度。图 6.54(c) ～ (f) 所示超结器件的 P 柱和 N 柱均沿着 y 方向交错分布，其中集电极侧超结（y-C）是指 P 柱放置在集电极侧，发射极侧超结（y-E）是指 P 柱放置在发射极侧。图 6.54(e) 为沿 y 方向的“非连接型”超结（y-D），该器件中的 P 柱不与发射极和集电极相连接。y-C、y-E 和 y-D 超结器件中，P 柱的长度分别是 L_C、L_E 和 L_D。图 6.54(f) 所示为沿 y 方向的全超结（y-F），它的 P 柱连接到发射极侧并延伸到器件的右边界。在沿 y 方向分布的超结中，P 柱宽度 W_P 为器件元胞宽度的一半（1.1μm），P 柱的深度和顶层硅的厚度相同，均为 7μm。

在纵向超结器件中，由顶部发射极和背部集电极之间的元胞区域进行纵向耐压。而在超结 SOI-IGBT 器件中，不仅需要发射极和集电极之间进行横向耐压，还需要集电极和衬底之间进行纵向耐压。SOI 基横向器件的表面场板下方和 BOX 的上表面都会产生额外的电场峰值，这使得器件的击穿电压对超结柱的掺杂浓度十分敏感。在维持高耐压的前提下，想要把超结柱的掺杂浓度提高到一个很高的等级是非常困难的。下面所讨论器件的击穿电压仿真值约为 200V，P 柱和 N 柱的掺杂浓度相同，为 $8.3\times10^{14}/cm^3$。

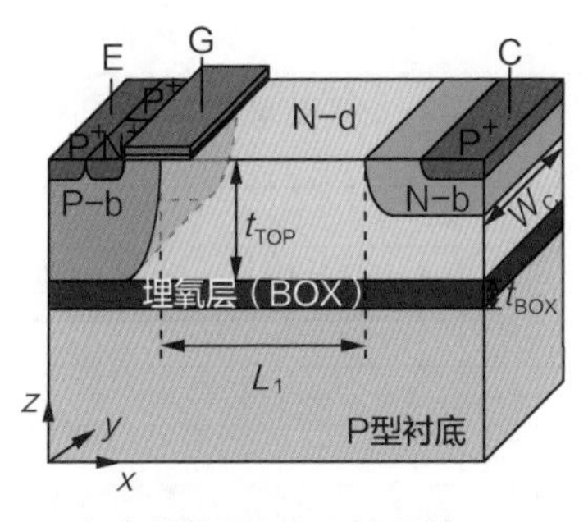

（a）传统SOI-LIGBT器件

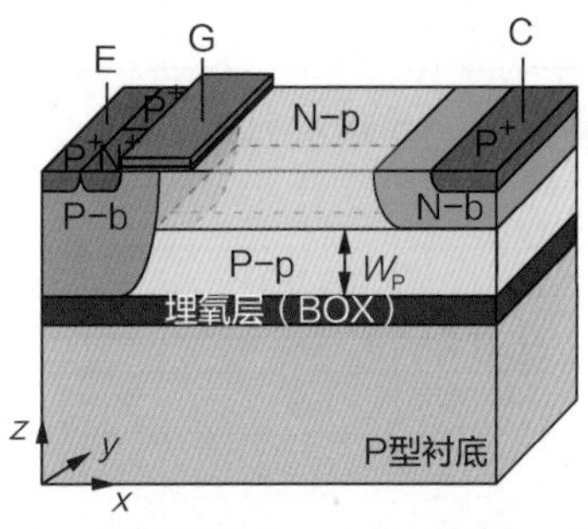

（b）*z* 方向全超结（*z*–F）SOI-LIGBT器件

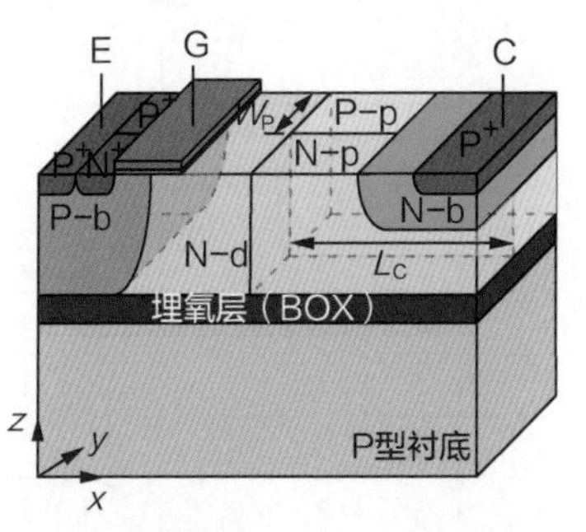

（c）*y* 方向集电极侧超结（*y* – C）SOI-LIGBT器件

（d）*y* 方向发射极侧超结（*y*–E）SOI-LIGBT器件

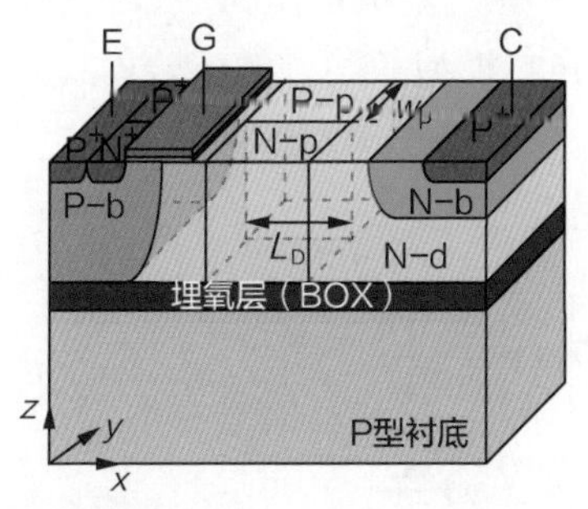

（e）*y* 方向"非连接型"超结（*y* – D）SOI-LIGBT器件

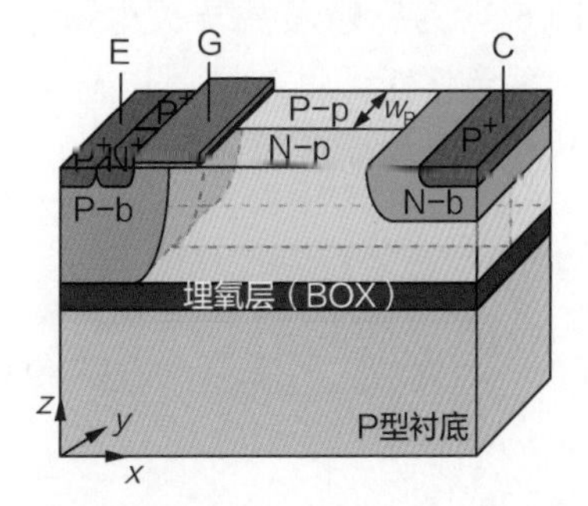

（f）*y* 方向全超结（*y*–F）SOI-LIGBT器件

图 6.54　传统 SOI-LIGBT 器件和 5 种类型的超结 SOI-LIGBT 器件的三维结构示意

表 6.3　关键设计参数

参数	传统 SOI-LIGBT 器件	*z*-F 超结 SOI-LIGBT 器件	*y*-C 超结 SOI-LIGBT 器件
衬底浓度（/cm^3）	1.36×10^{15}	1.36×10^{15}	1.36×10^{15}
BOX 厚度 t_{BOX}（μm）	1.5	1.5	1.5
顶层硅厚度 t_{TOP}（μm）	7	7	7
N 型漂移区（N 柱）掺杂浓度（/cm^3）	8.3×10^{14}	8.3×10^{14}	8.3×10^{14}

续表

参数	传统 SOI-LIGBT 器件	z-F 超结 SOI-LIGBT 器件	y-C 超结 SOI-LIGBT 器件
漂移区长度 L_1（μm）	22	22	22
P 柱浓度（/cm^3）	—	8.3×10^{14}	8.3×10^{14}
P 柱宽度 W_P（μm）	—	3.5	1.1
P 柱长度（μm）	—	—	L_C
元胞宽度 W_C（μm）	2.2	2.2	2.2
参数	**y-E 超结 SOI-LIGBT 器件**	**y-D 超结 SOI-LIGBT 器件**	**y-F 超结 SOI-LIGBT 器件**
衬底浓度（/cm^3）	1.36×10^{15}	1.36×10^{15}	1.36×10^{15}
BOX 厚度 t_{BOX}（μm）	1.5	1.5	1.5
顶层硅厚度 t_{TOP}（μm）	7	7	7
N 型漂移区（N 柱）掺杂浓度（/cm^3）	8.3×10^{14}	8.3×10^{14}	8.3×10^{14}
漂移区长度 L_1（μm）	22	22	22
P 柱浓度（/cm^3）	8.3×10^{14}	8.3×10^{14}	8.3×10^{14}
P 柱宽度 W_P（μm）	1.1	1.1	1.1
P 柱长度（μm）	L_E	L_D	—
元胞宽度 W_C（μm）	2.2	2.2	2.2

图 6.55 为感性负载开关电路原理图，其中，栅极电阻为 5Ω，负载电感为 3mH。采用将器件物理模型与无源元件 SPICE 模型相结合的混合模式来进行仿真。仿真采用的器件总宽度为 5500μm。

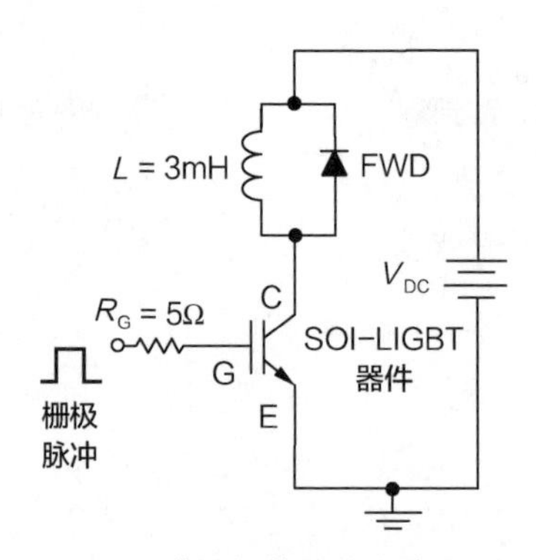

图 6.55　感性负载开关电路原理图

6.4.2　关断过程电压波形分析

1．集电极电压慢速上升阶段和快速上升阶段

图 6.56 所示为在集电极电压 V_{DC} = 160V 和集电极电流密度 J_{CE} = 100A/cm^2

条件下测试的传统 SOI-LIGBT 器件和超结 SOI-LIGBT 器件的关断曲线。与传统 SOI-LIGBT 器件相比，超结 SOI-LIGBT 器件的关断速度更快、关断时间更短。关断时，超结 SOI-LIGBT 器件和传统 SOI-LIGBT 器件表现出了不同的集电极电压上升速度，这可能是影响关断损耗的重要因素之一。如图 6.57（a）所示，在关断过程中，集电极电压的上升可分为两个阶段：集电极电压慢速上升阶段（SRP）和集电极电压快速上升阶段（RRP）。集电极电压在 t_1 ～ t_2 阶段缓慢上升，在 t_2 ～ t_3 阶段以较大的斜率快速上升。从缓慢阶段到快速阶段的过渡电压定义为 V_A。不同于文献 [36] 中的 V_X，V_A 的产生有其独特的机理。如图 6.57（b）所示，SRP 产生的损耗 E_{OFF1} 在总关断损耗 E_{OFF} 中占据了很大一部分比例。*z*-F、*y*-E、*y*-C、*y*-D 和 *y*-F 超结 SOI-LIGBT 器件的 E_{OFF1} 在 E_{OFF} 中的占比分别为 64.5%、75.6%、67.4%、68.6% 和 69.9%。

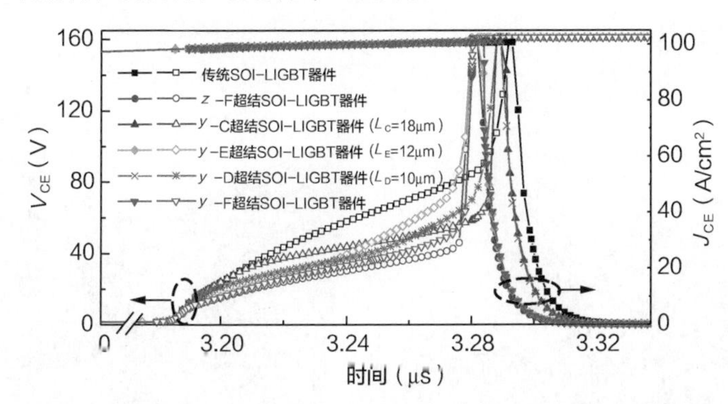

图 6.56　传统 SOI-LIGBT 器件和超结 SOI-LIGBT 器件的关断曲线

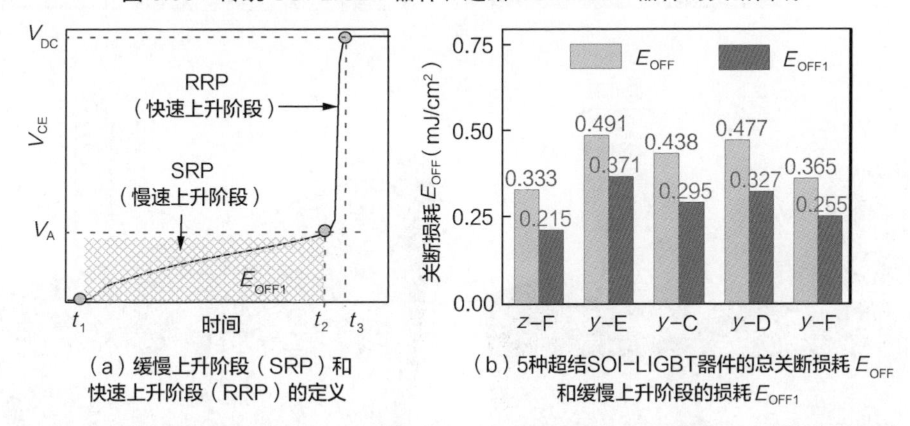

（a）缓慢上升阶段（SRP）和快速上升阶段（RRP）的定义

（b）5种超结SOI-LIGBT器件的总关断损耗 E_{OFF} 和缓慢上升阶段的损耗 E_{OFF1}

图 6.57　关断过程中集电极电压上升阶段的定义及 5 种超结 SOI-LIGBT 器件的关断损耗

通过图 6.58 所示的 *y*-F 超结 SOI-LIGBT 器件在感性负载关断期间的电势、耗尽层和载流子密度的分布，可以很好地理解缓慢上升阶段（SRP）和快速上升阶段（RRP）产生的机理。

（1）在 t_1 时刻，器件开始关断。从图 6.58 所示（a）的截面结构可以看出，P 柱（图中的 P-p）和 N 柱（图中的 N-p）之间只建立了本征耗尽层。

（2）在 t_1 ～（t_1+30ns）内，耗尽层（白线包围的区域）扩展到了漂移区的中间位置。图中的黑线为等电势线。由等电势线和耗尽层的分布可知，N 柱和 P 柱都可以耐压；但是，只有 N 柱发生了部分耗尽，P 柱几乎没有耗尽，P 柱的耗尽层仅沿着 N 柱和 P 柱的交界面进行分布，即 P 柱中仅存在本征耗尽层。

（3）在 t_2 时刻，集电极电压上升到 V_A，此时 N 柱完全耗尽，耗尽在 N 型缓冲层处终止。P 柱中，靠近集电极区域的上半部分被耗尽，其他未被耗尽的区域用于传输载流子。

（4）t_2 ～ t_3 这个阶段是快速上升阶段（RRP），N 型缓冲层下方的区域被耗尽以实现纵向耐压，到了 t_3 时刻，P 柱几乎被完全耗尽。

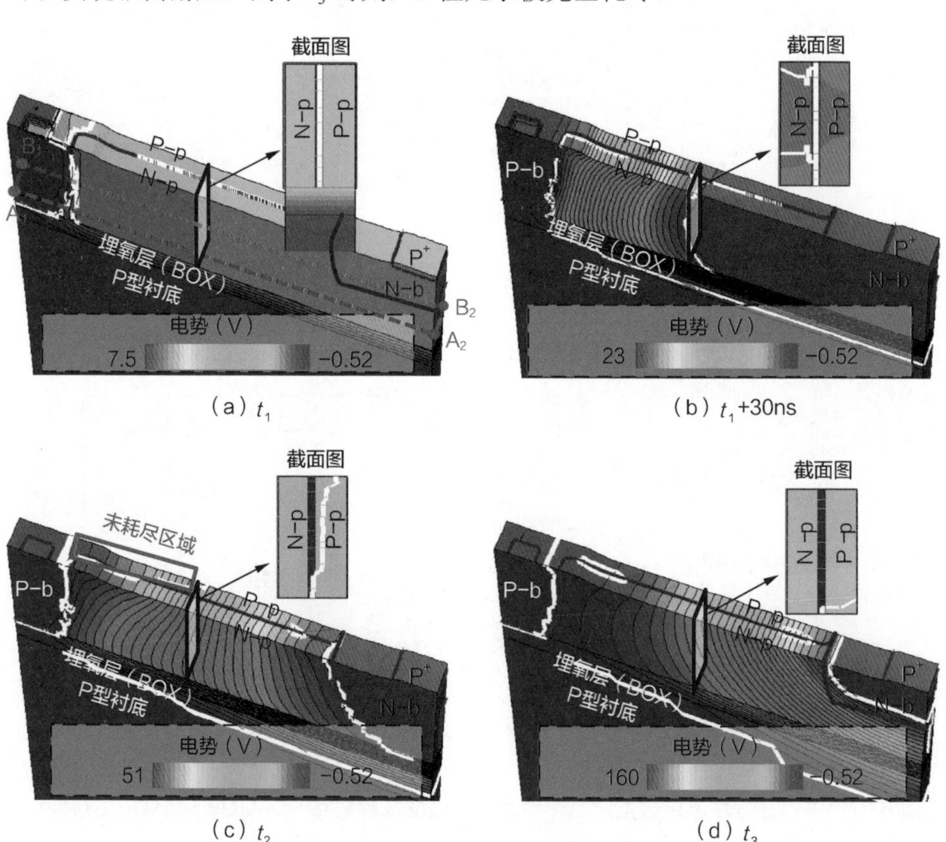

图 6.58 感性负载关断过程中，y-F 超结 SOI-LIGBT 器件各时刻的电势和耗尽层分布（黑线：等势线；白线：耗尽层边缘）

可以得出结论，缓慢上升阶段（t_1 ～ t_2）主要与由 P 柱和 N 柱组成的漂移区的耗尽有关，而快速上升阶段主要与集电极侧 N 型缓冲层下方硅区域的纵向耗尽有关。V_A 代表耗尽层横向扩展到 N 型缓冲层边缘时的集电极电压。当耗尽层扩展到 N 型缓冲层后，集电极电压开始进入快速上升阶段。上述结论可以通过图 6.59 更清晰地展现出来。图 6.59 给出了沿 A_1-A_2 和 B_1-B_2 截线的电势分布。A_1-A_2 和 B_1-B_2 分别表示穿过 N 柱和 P 柱的线（见图 6.58(a)）。在缓慢上升阶段（t_1 ～ t_2），N 柱和 P 柱承受着不断增加的集电极电压，集电极侧 N 型缓冲层下面的硅区域是等电位的。在快速上升阶段（t_2 ～ t_3），随着超结柱中的电势重新分布，集电极侧的电势显著升高。

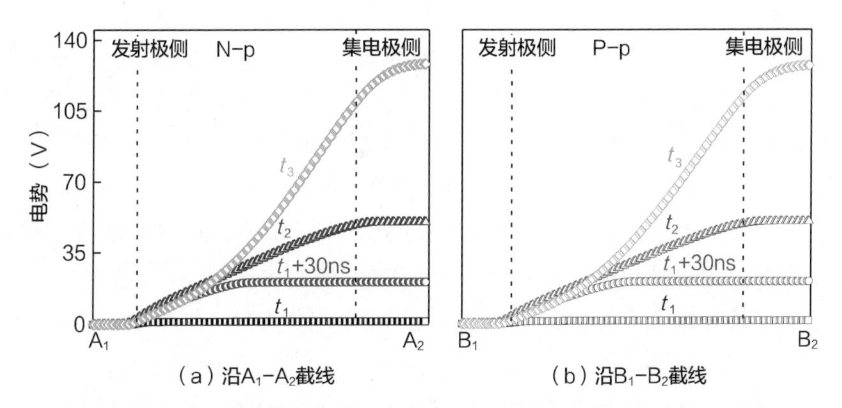

图 6.59　*y*-F 超结 SOI-LIGBT 器件在感性负载关断期间的电势分布（A_1-A_2 和 B_1-B_2 截线见图 6.58（a））

关断期间，漂移区的耗尽会伴随着载流子的抽出。图 6.60(a) 中的电子密度分布与图 6.58 中的耗尽行为相对应。N 柱中和集电极侧的电子密度分布表明了从发射极到集电极的横向耗尽，以及从 N 型缓冲层到 BOX 的纵向耗尽。在图 6.60(b) 中，P 柱中的空穴密度分布表明 P 柱与 N 柱有着明显不同的耗尽方式。在 P 柱中，耗尽层从 P 柱中间的上表面开始，向发射极侧和集电极侧同时进行横向扩展，并向 BOX 方向纵向扩展。在 t_2 时刻，当 N 柱中的载流子被抽取排空时，P 柱中还有未耗尽的区域（见图 6.58(c)）；未耗尽的区域充当剩余载流子的抽取路径。即使在快速上升阶段结束时（t_3 时刻），P 柱的底部区域仍未耗尽（见图 6.58(d) 中的剖面图）。关断时，存储在漂移区中的大量载流子需要被抽取清空，导致超结柱的耗尽较慢，因此缓慢上升阶段的电压斜率较低。由于在缓慢上升阶段大部分载流子已被清除，所以集电极电压 V_{CE} 在快速上升阶段可以快速上升至直流总线电压 V_{DC}。

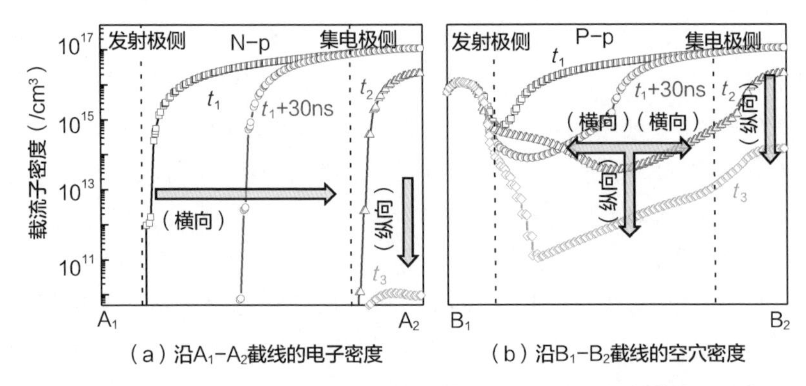

（a）沿A_1–A_2截线的电子密度　　（b）沿B_1–B_2截线的空穴密度

图 6.60　*y*-F 超结 SOI-LIGBT 器件在感性负载关断期间的载流子分布

从图 6.58 和图 6.60 可以看出，N 柱和 P 柱在关断期间表现出了不同的耗尽方式，这与在关态耐压时的情况截然不同。在稳定的关态（没有存储载流子情况下的关态）下，由于超结的电荷补偿作用，电荷平衡的 P 柱和 N 柱通常会同步耗尽。在关断过程中，当栅极电压下降到阈值电压后，沟道关闭将不再提供电子，此时，大量的载流子仍存储在漂移区中。随着集电极电压的增加，存储的电子和空穴随着超结柱的耗尽而被移除。对于存储的电子，它们从发射极区域被扫向集电极区域。耗尽层从发射极区域开始展宽，剩余电子被扫到未耗尽的区域。由于沟道关闭，且电导调制随着空穴的消失而变弱，因此在关断过程中没有额外的电子被补充到器件内部。对于空穴，则情况不同，当电子经由 P^+ 集电极流出器件时，额外的空穴会从 P^+ 集电极注入漂移区中。因此，关断过程中，空穴电流密度可以保持在较高的水平，并减缓 P 柱的耗尽。总体来说，在关断过程中，N 柱更容易被耗尽。

2. 集电极电压斜率和转折点

在 *y*-F 和 *z*-F 超结 SOI-LIGBT 器件中，在缓慢上升阶段，漂移区中的耗尽层展宽仅与超结柱的耗尽有关。在 *y*-C、*y*-E 和 *y*-D 超结 SOI-LIGBT 器件中，缓慢上升阶段与超结柱和非超结柱区域的耗尽均相关。如图 6.61 所示，在 *y*-C、*y*-E 和 *y*-D 超结 SOI-LIGBT 器件中可以观察到不同的电压斜率。根据斜率转折点的不同（图 6.61 中的 A、B、C 和 D 点），可以对这 3 类 SOI-LIGBT 器件的缓慢上升阶段进行进一步划分。

通过研究发现，电压斜率及其转折点与超结的位置密切相关。如图 6.62（a）和（b）所示，在 t_A 时刻，*y*-C 超结 SOI-LIGBT 器件的耗尽层边界延展到超结；在 t_B 时刻，*y*-E 超结 SOI-LIGBT 器件中的耗尽层边界即将离开超结。如图 6.62（c）和（d）所示，类似地，在 *y*-D 超结 SOI-LIGBT 器件中，耗尽层边界在 t_C

时刻延展到超结，在 t_D 时刻离开超结。还应该指出的是，耗尽层延展经过超结的阶段（图 6.61 中的 $t_A \sim t_2$、$t_1 \sim t_B$ 和 $t_C \sim t_D$）的电压斜率低于耗尽层延展经过非超结柱区域的电压斜率。

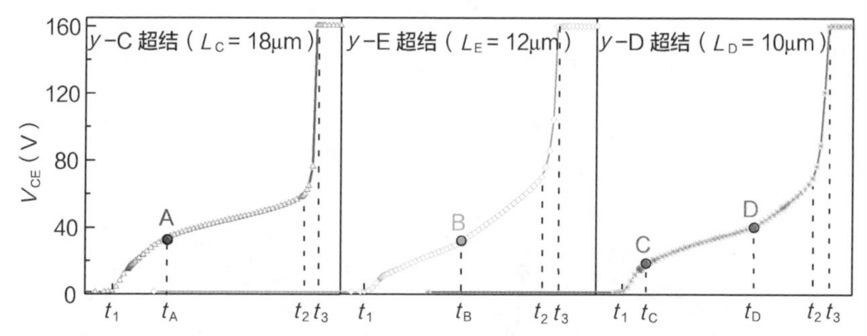

图 6.61　y-C、y-E 和 y-D 超结 SOI-LIGBT 器件在感性负载关断期间的 V_{CE} 曲线

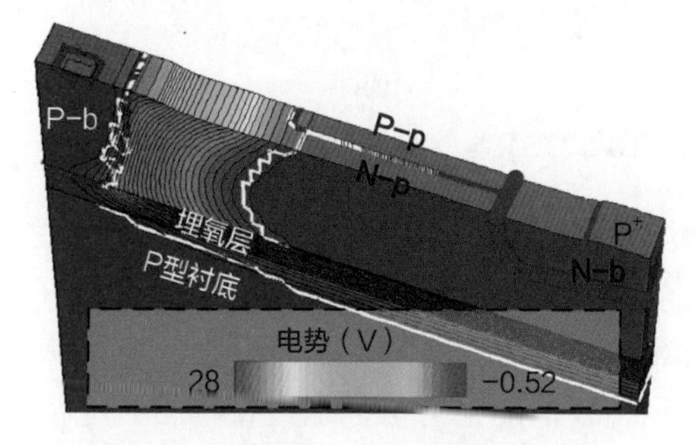

（a）y-C超结SOI-LIGBT器件在 t_A 时刻

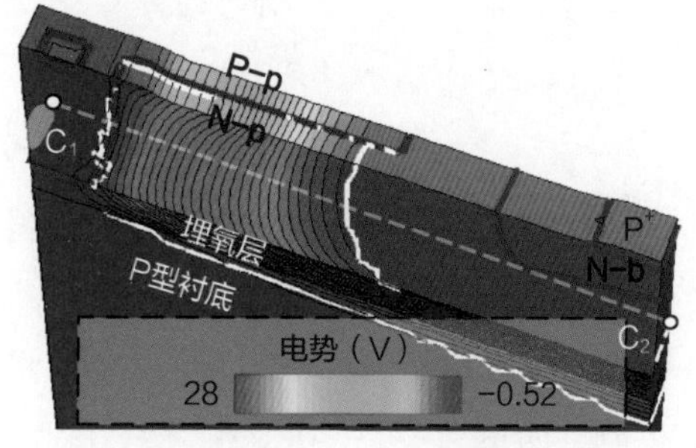

（b）y-E超结SOI-LIGBT器件在 t_B 时刻

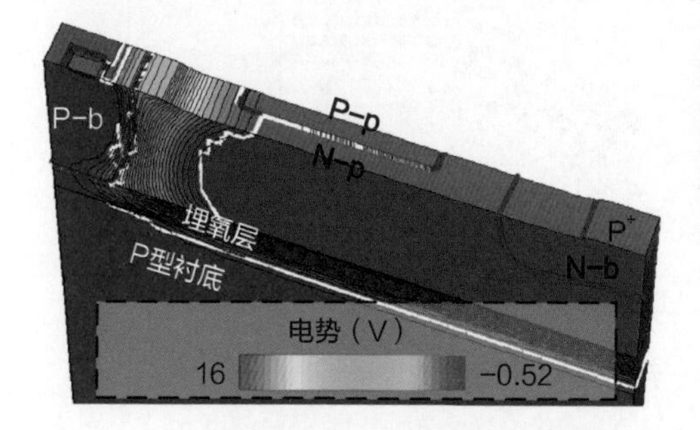

（c）y-D超结SOI-LIGBT器件在 t_C 时刻

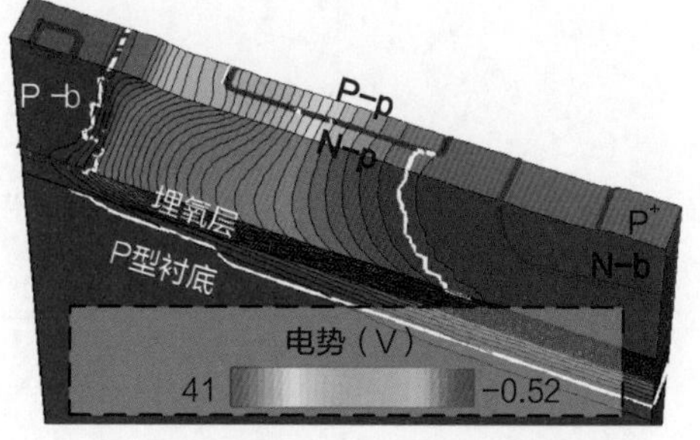

（d）y-D超结SOI-LIGBT器件在 t_D 时刻

图 6.62　感性负载关断期间，超结 SOI-LIGBT 器件在不同时刻的电势和耗尽层分布（黑线：等势线；白线：耗尽层边缘）

3．超结对过渡电压 V_A 的影响

降低缓慢上升阶段中的集电极电压斜率可以减小 E_{OFF1}，进而减小 E_{OFF}。过渡

电压 V_A 是一个很重要的设计参数，有必要研究清楚超结对过渡电压 V_A 的影响。图 6.63 给出了具有不同柱长的 *y*-C 和 *y*-E 超结 SOI-LIGBT 器件的关断曲线。增加超结柱长度可以减小缓慢上升阶段中集电极电压的上升速率，从而降低过渡电压 V_A。

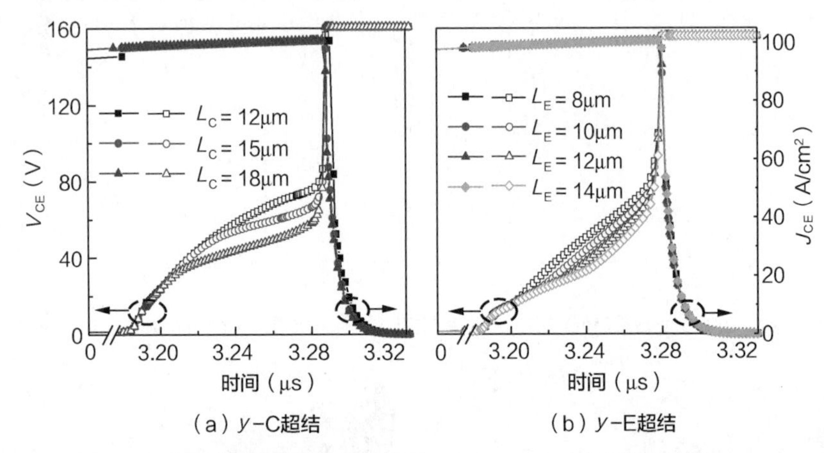

（a）*y*-C超结　　（b）*y*-E超结

图 6.63　具有不同柱长的超结 SOI-LIGBT 器件的关断曲线

在图 6.58 和图 6.60 的描述中已经分析过，关断过程中 P 柱的耗尽比 N 柱的耗尽要慢，且在缓慢上升阶段结束时（t_2 时刻），P 柱中仍然有未耗尽的区域。P 柱中的未耗尽区域既可以为剩余的载流子提供流动路径，也可以将低电位从发射极侧传递到集电极侧。如图 6.64 所示，较低的电势可以通过较长的 P 柱传递到集电极侧。

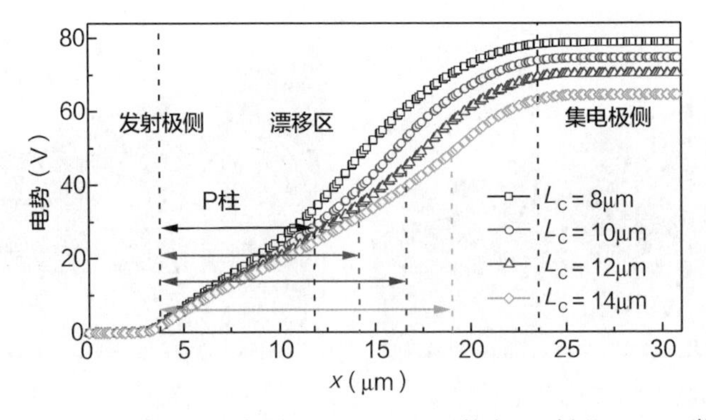

图 6.64　具有不同 P 柱长度的 *y*-C 超结 SOI-LIGBT 器件在 t_2 时刻沿 B_1-B_2 截线的电势分布

6.4.3　横向超结优化策略

图 6.65 显示了超结 SOI-LIGBT 器件中关断损耗的优化策略，具体如下。

（1）关断损耗 E_{OFF} 由缓慢上升阶段的损耗 E_{OFF1}、快速上升阶段的损耗和集电极电流下降阶段的损耗组成。由于 E_{OFF1} 在 E_{OFF} 中占主导地位，因此优化 E_{OFF1} 更有意义。

（2）过渡电压 V_A 是设计的关键参数，它决定了 E_{OFF1} 的大小。根据上文的分析，可以通过抑制 P 柱快速耗尽或从发射极侧向集电极侧传递低电势来降低 V_A。当 P 柱中有未耗尽的区域时，低电势可以通过载流子的流动路径来传递。

（3）*y*-F 和 *z*-F SOI-LIGBT 器件具有连接发射极侧和集电极侧的全超结，超结的柱长较长，关断损耗优于半超结（*y*-C、*y*-E 和 *y*-D）SOI-LIGBT 器件。在半超结（*y*-C、*y*-E 和 *y*-D）SOI-LIGBT 器件中，可以通过加长 P 柱来降低 V_A。另一种选择是通过增加 P 柱的掺杂浓度来减缓耗尽，但这需要考虑超结的电荷平衡问题。

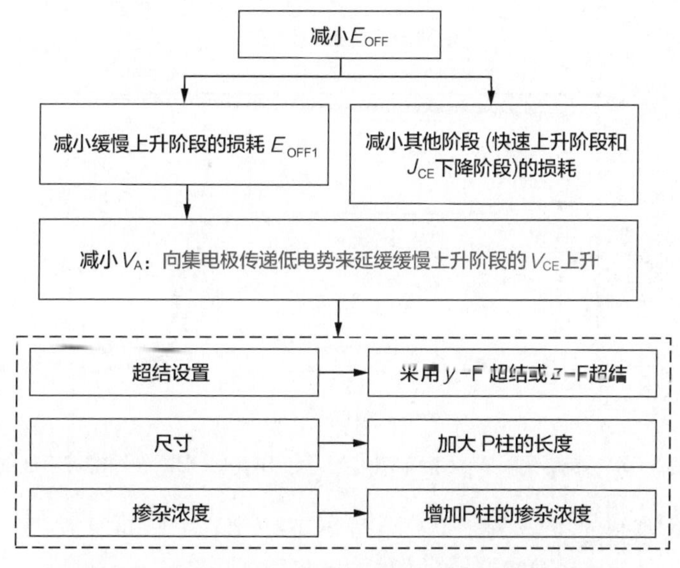

图 6.65　超结 SOI-LIGBT 器件中关断损耗的优化策略

基于上述优化策略，本书课题组提出了一种具有低关断损耗的超结 SOI-LIGBT 器件。如图 6.66 所示，该器件具有复合型的 P 柱，由外部 P 柱（P-p_1）和内部 P 柱（P-p_2）组成。其中，外部 P 柱和 *z*-F 超结结构中的 P 柱具有相同的尺寸和掺杂浓度，内部 P 柱具有更高的浓度（N_{P2}）。内部 P 柱的位置由 D_1、L_2 和 L_3 决定。图 6.67 给出了复合型 P 柱超结 SOI-LIGBT 器件在不同掺杂浓度情况下的关断曲线。N_{P2} 越高，V_A 越低，关断速度越快。但是，因为击穿电压的要求，N_{P2} 的最大值受到了限制。如图 6.67 中的插入图所示，当 N_{P2} 高于 $3.3\times10^{15}/cm^3$ 时，击穿电压会降到 200V 以下。

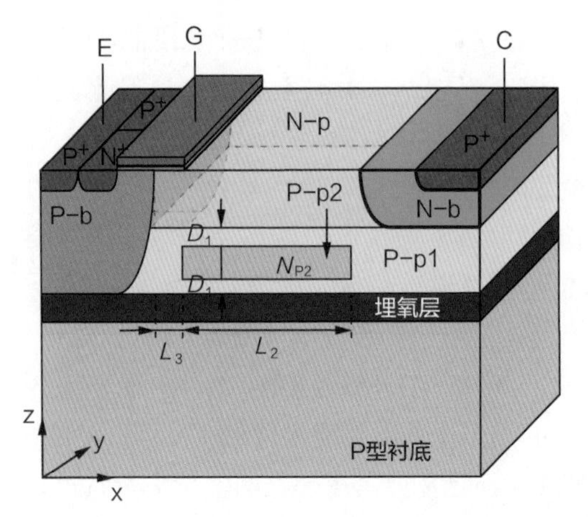

参 数	数 值（μm）
L_3	1.3
L_2	16
D_1	0.8

图 6.66　具有复合型 P 柱的超结 SOI-LIGBT 器件的三维结构示意图和关键设计参数

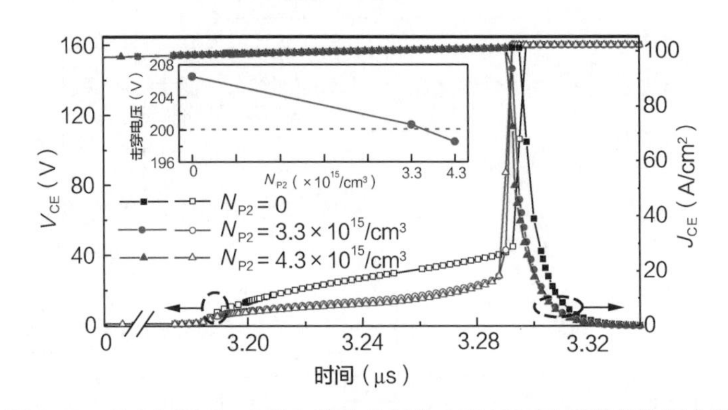

图 6.67　具有不同 P-p2 掺杂浓度的超结 SOI-LIGBT 器件的关断曲线

图 6.68 比较了 z-F（$N_{P2}=0$）超结 SOI-LIGBT 器件和复合型 P 柱（$N_{P2}=3.3\times10^{15}/cm^3$）超结 SOI-LIGBT 器件的电势和耗尽层分布。可以看到，在复合型 P 柱超结 SOI-LIGBT 器件中，电势线从 N 柱到 P 柱发生了严重扭曲（如黑框区域所示），说明复合型 P 柱可以向集电极侧传递较低的电势。

图 6.69 比较了复合型 P 柱超结 SOI-LIGBT 器件、5 种类型的超结 SOI-LIGBT 器件和传统 SOI-LIGBT 器件的关断损耗和导通压降 V_{ON} 之间的折中关系。通过改变 P^+ 集电极的掺杂浓度可以获得折中曲线上各个点的数据。复合型 P 柱超结 SOI-LIGBT 器件与 5 种类型的超结 SOI-LIGBT 器件及传统 SOI-LIGBT 器件相比，具有更优的 E_{OFF}-V_{ON} 折中关系。在 T=300K、J_{CE}=100A/cm^2 和 V_{DC}=160V 的条件下，复合型 P 柱超结 SOI-LIGBT 器件在 V_{ON} 约为 1.41V 时，其 E_{OFF} 比传统 SOI-LIGBT 器件低了 76.3%。

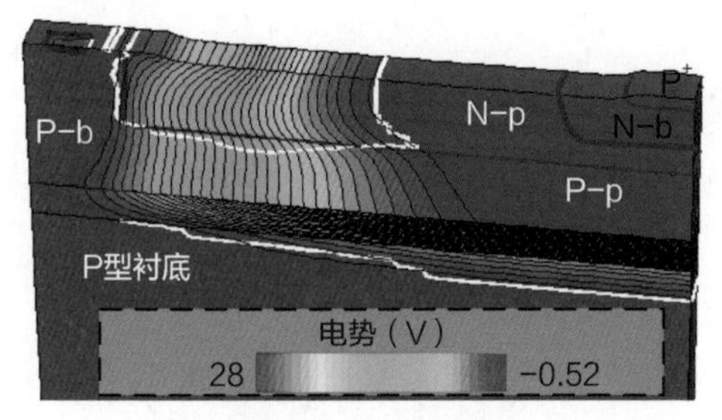

（a）z-F超结SOI-LIGBT器件（$N_{P2}=0$）

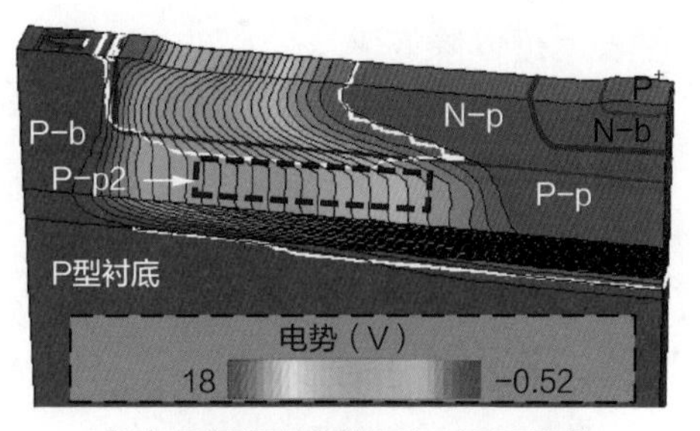

（b）复合型P柱超结SOI-LIGBT器件（$N_{P2}=3.3\times10^{15}/cm^3$）在 t_1+70ns 时的电势和耗尽层分布（黑线：等势线；白线：耗尽层边缘）

图 6.68　超结 SOI-LIGBT 器件在 t_1+70ns 时的电势和耗尽层分布（黑线：等势线；白线：耗尽层边缘）

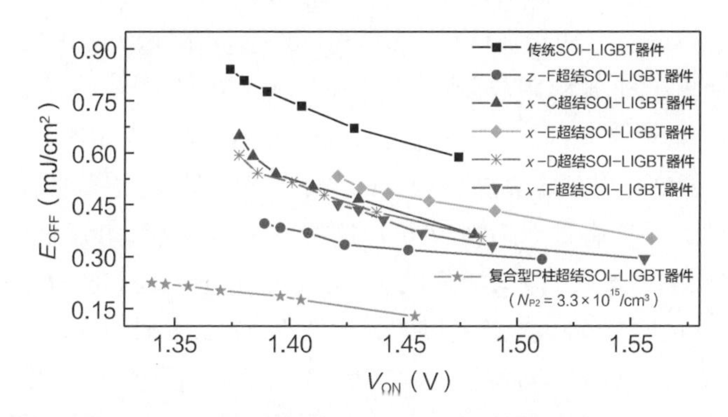

图 6.69　$T=300K$、$J_{CE}=100A/cm^2$ 和 $V_{DC}=160V$ 时，超结 SOI-LIGBT 器件和传统 SOI-LIGBT 器件的 E_{OFF}-V_{ON} 折中关系

上文研究了 SOI-LIGBT 器件中采用超结结构能够改善关断损耗 E_{OFF} 的机理。关断期间的 V_{CE} 上升分为两个阶段：缓慢上升阶段和快速上升阶段。

（1）缓慢上升阶段与漂移区的耗尽有关，而快速上升阶段与集电极侧的纵向耗尽有关。漂移区域中存储的大量载流子需要被清空，这导致缓慢上升阶段的集电极电压缓慢上升。

（2）在全超结（y-F 和 z-F）SOI-LIGBT 器件中，缓慢上升阶段漂移区中的耗尽展宽仅与超结柱的耗尽有关。而在半超结（y-C、y-E 和 y-D）SOI-LIGBT 器件中，缓慢上升阶段被超结柱和非超结区域的耗尽共同影响。在半超结 SOI-LIGBT 器件中，由于超结柱和非超结区域之间的耗尽速率不同，因此在缓慢上升阶段中可以观察到额外的电压转折点和斜率。

（3）关断损耗与从缓慢上升阶段到快速上升阶段的过渡电压 V_A 密切相关。低电势可以从发射极区域通过 P 柱中的未耗尽区域传递到集电极区域，增加 P

柱长度可以降低 V_A。

上文研究了超结 SOI-LIGBT 器件关断损耗的优化策略，在此基础上，本书课题组提出了一种具有复合型 P 柱的超结 SOI-LIGBT 器件，可以在关断损耗与导通压降之间取得较好的折中。

6.5 阳极短路技术

SOI-LIGBT 器件 N 型漂移区中的强电导调制效应会导致关断速度缓慢[16]，特别是在高频率下工作时，开关损耗在器件总损耗中占据了绝大比例。为了加速 LIGBT 器件的关断，文献 [37-38] 提出了阳极短路 LIGBT（SA-LIGBT）器件。然而，SA-LIGBT 器件的开态 *I-V* 曲线存在一段负微分电阻（Negative Differential Resistance，NDR）区域，这会引起导通压降增大、电流回跳等问题。一些文献中提出了抑制 NDR（减小回跳电压）的方法[14, 39-41]。其中，分离阳极短路（Seperated Shorted-Anode，SSA）LIGBT（SSA-LIGBT）[39] 器件是较为经济的方法，无需额外的工艺步骤和额外的掩模。然而，P^+ 阳极与分离的 N^+ 阳极之间的距离需要足够大才能有效地抑制 NDR，这将增大器件面积并降低电流密度。

本书课题组提出了分段沟槽阳极（Segmented Trenches in the Anode，STA）LIGBT 器件，可以在保证大电流密度的同时显著缩短关断时间并降低回跳电压[16]。此外，凭借 STA-LIGBT 器件的内部二极管，可以大幅缩小芯片尺寸。下面将研究 500V STA-LIGBT 器件的电学特性，通过三维仿真和实验结果来验证它的开关和续流性能。6.5.1 小节中利用 Sentaurus TCAD 工具进行三维模拟来揭示 STA-LIGBT 器件的工作机理；6.5.2 小节讨论了器件的工艺步骤以及测试结果。STA-LIGBT 器件具有较快的关断速度，且器件内部带有高性能的 FWD，十分适合集成在单片智能功率芯片中。

6.5.1 结构和工作机理

图 6.70（a）所示为 STA-LIGBT 器件的三维结构。N 型漂移区的掺杂浓度是 $8.3\times10^{14}/cm^3$。BOX 下的 P 型衬底的电阻率为 $10\Omega\cdot cm$。漂移区的长度为 47μm，顶层硅的厚度为 18μm，BOX 的厚度为 3μm。在 STA-LIGBT 器件中，N^+ 阳极分段放置并与 P^+ 阳极短接。在 P^+ 阳极与分段 N^+ 的中间放置有分段的氧化层沟槽。W_C 是器件单个元胞的宽度；S_T 和 S_N 分别是相邻分段氧化层沟槽的间距和相邻分段 N^+ 阳极的间距；L_A 是氧化层沟槽与 N^+ 阳极之间的距离。在下面的讨论中，S_N=8μm，L_A=3μm，W_C=10μm。

STA-LIGBT 器件的简化原理如图 6.70（b）所示。R_{NB} 和 R_D 分别是 N 型缓冲层以及 N 型缓冲层下方硅区域的电阻。相邻的分段氧化层沟槽以及相邻的分段 N^+ 阳极形成了两个电阻：R_T 和 R_N。STA-LIGBT 器件可以作为一个阳极短路 LIGBT 器件工作，也可以作为一个二极管工作。当施加正栅极电压（达到阈值电压）和相对较低的阳极电压时，来自 N^+ 阴极的电子流过 N 沟道、N 型漂移区、R_T 和 R_N，最后被 N^+ 阳极收集，此时器件工作在单极模式。电子电流流动在节点 A 与 N^+ 阳极之间产生压降。随着阳极电压的升高，当节点 A 与 N^+ 阳极之间的压降增加到 0.7V 左右时，P^+ 阳极开始注入空穴到 N 型漂移区，漂移区内发生电导调制，此时器件工作在双极模式。当栅极与阴极短接并施加正向的阴极—阳极电压时，器件将作为 PiN 二极管导通。图 6.70（c）所示为 SSA-LIGBT 器件的截面结构，L_B 是 P^+ 阳极和与其短接的 N^+ 阳极之间的距离。

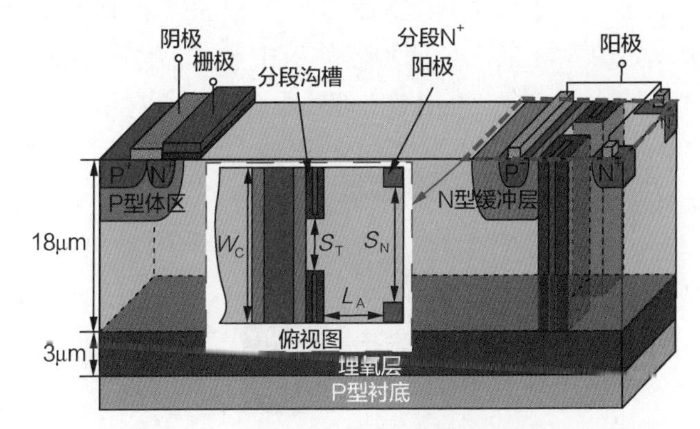

（a）STA-LIGBT器件的三维结构

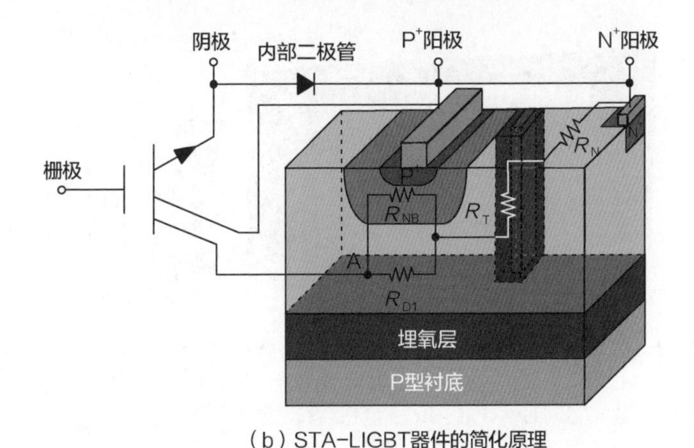

（b）STA-LIGBT器件的简化原理

图 6.70　阳极短路器件的三维 / 截面结构和简化原理

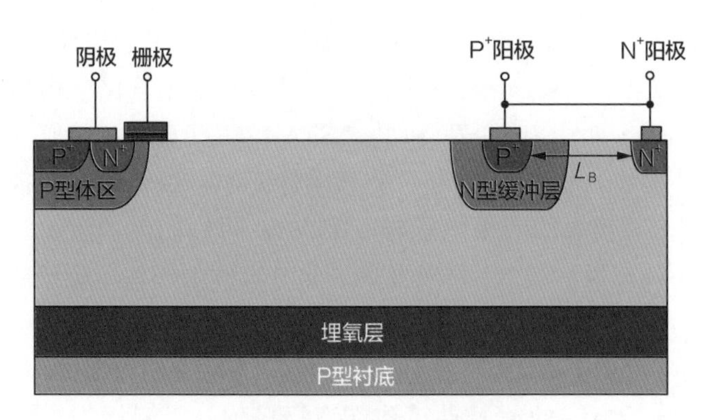

（c）SSA-LIGBT器件的截面结构

图 6.70　阳极短路器件的结构和原理图（续）

通过仿真得到的传统 LIGBT 器件和 STA-LIGBT 器件的击穿电压分别是 574V 和 568V。如图 6.71 所示，两种器件的击穿点都位于 BOX 的上表面。与传统 LIGBT 器件相比，STA-LIGBT 器件的击穿电压没有明显的变化。

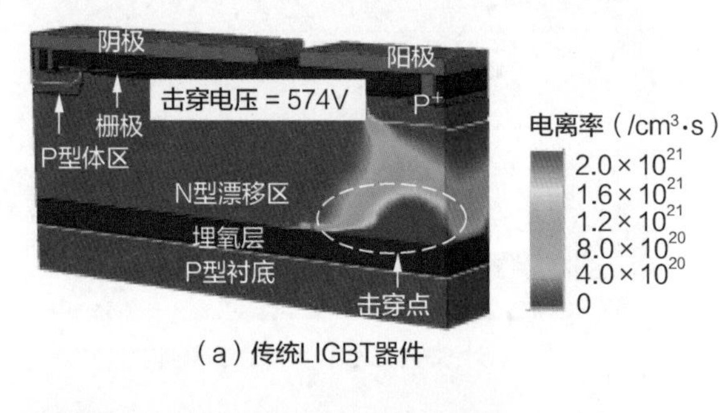

（a）传统LIGBT器件

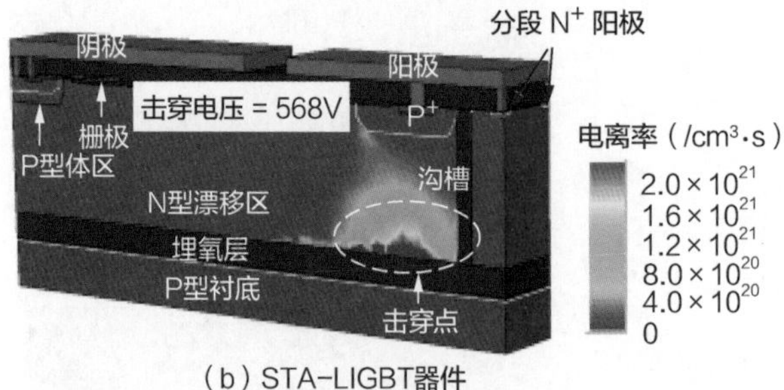

（b）STA-LIGBT器件

图 6.71　传统 LIGBT 器件和 STA-LIGBT 器件击穿时的碰撞电离率分布

图 6.72（a）显示了 STA-LIGBT 器件工作在单极模式下的电子电流密度分布。在单极模式下，分段氧化层沟槽和分段 N⁺ 阳极改变了电子流动路径。图 6.72（b）显示了沿 A_1-A_2 和 B_1-B_2 截线的硅表面上的电子电流密度（J_{EC}）分布，

从中可以看出从 C 点经 D 点到 E 点的电子流动路径。R_N 和 R_T 有效增大了 P^+ 阳极和 N^+ 阳极之间的电阻。N^+ 阳极与 A 点（见图 6.70(b)）之间的压降可以很容易达到 0.7V。因此，与 SSA-LIGBT 器件相比，STA-LIGBT 器件可以在保证大电流密度的同时减小回跳电压。

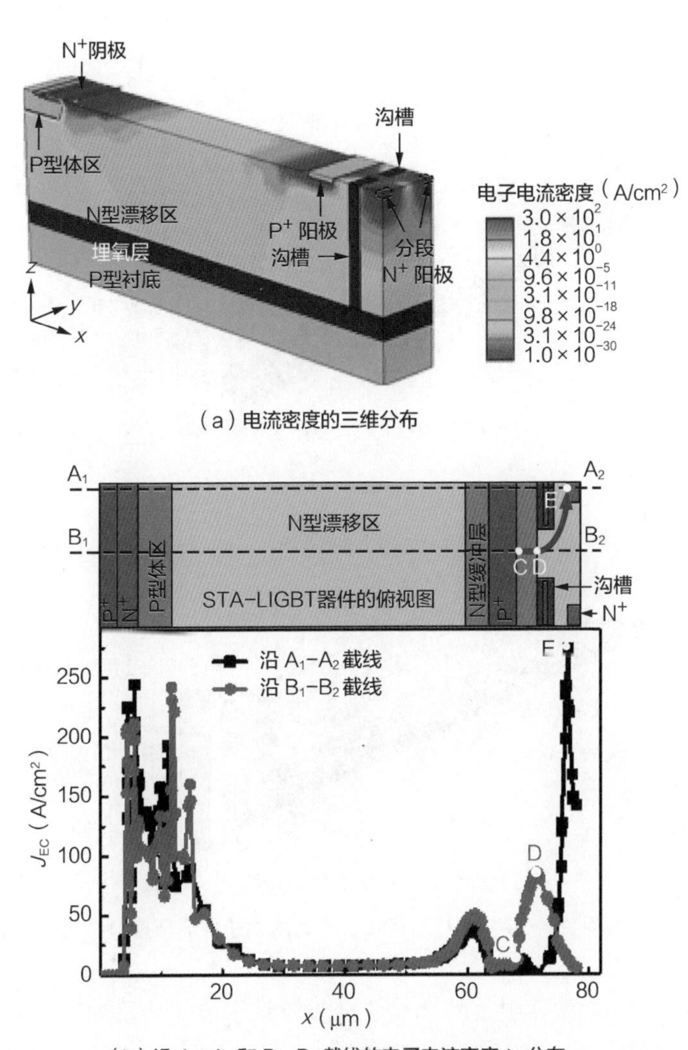

（a）电流密度的三维分布

（b）沿 A_1–A_2 和 B_1–B_2 截线的电子电流密度 J_{EC} 分布

图 6.72　工作在单极模式下的 STA-LIGBT 器件的电子电流密度分布

图 6.73 显示了通过仿真得到的 STA-LIGBT 器件和传统 LIGBT 器件在关断期间的电子电流密度分布及流动路线。如图 6.73(a) 所示，对于传统 LIGBT

器件，存储在 N 型漂移区中的电子必须通过 P^+ 阳极流出器件。如图 6.73（b）所示，在 STA-LIGBT 器件中，分段 N^+ 阳极形成了一条独立的电子抽取路径。分段 N^+ 阳极引入的电子抽取路径可以加速漂移区中的电子抽取，因此，与传统 LIGBT 器件相比，STA-LIGBT 器件的关断速度更快。

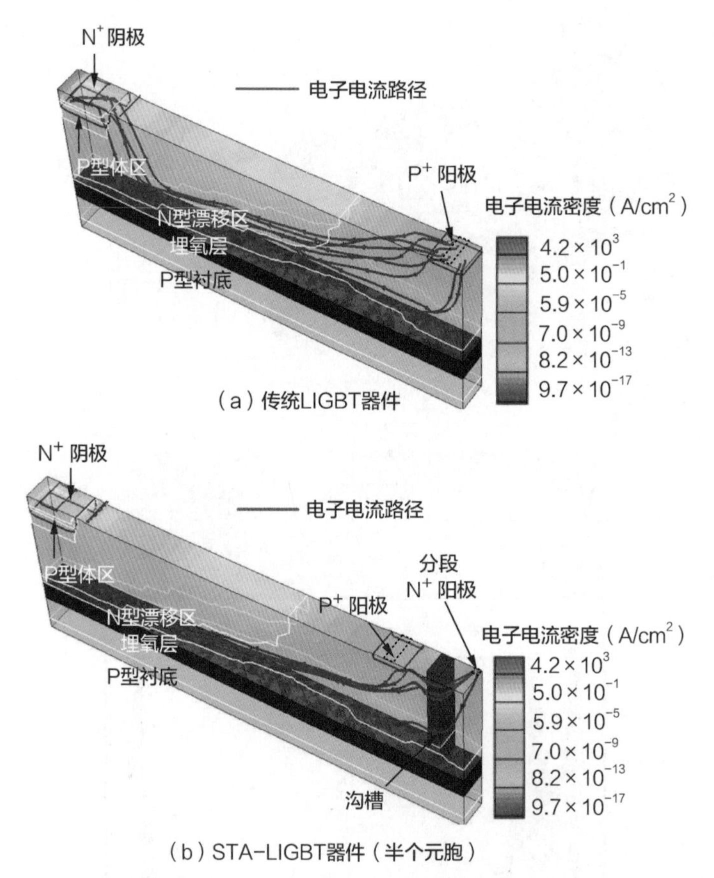

图 6.73　器件关断过程中 J_{AC} =50A/cm^2 时的电子电流密度分布及流动路径

在 STA-LIGBT 器件中，P^+ 阴极、N 型漂移区以及分段 N^+ 阳极共同组成了一个 PiN 二极管。我们仿真了一个与 STA 内部二极管具有同样掺杂浓度的传统二极管。图 6.74（a）为 STA 内部二极管与传统二极管在 J_F=400A/cm^2 时的空穴密度分布。图 6.74（b）为沿 F_1-F_2、F_3-F_4、G_1-G_2 和 G_3-G_4 截线的空穴密度分布。注入 STA 内部二极管漂移区的空穴密度明显低于传统二极管，导致其 V_F 高于传统二极管。然而，这有助于实现更快的反向恢复。

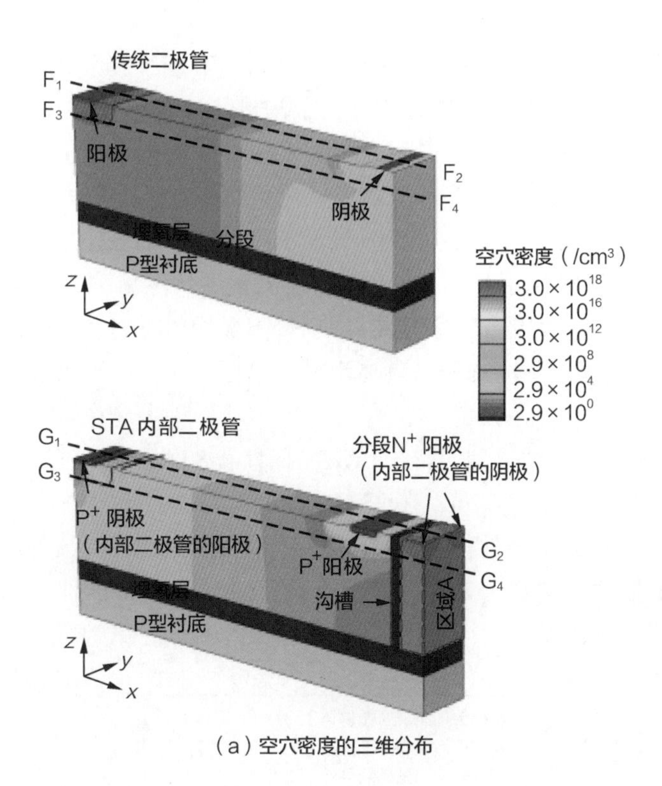

（a）空穴密度的三维分布

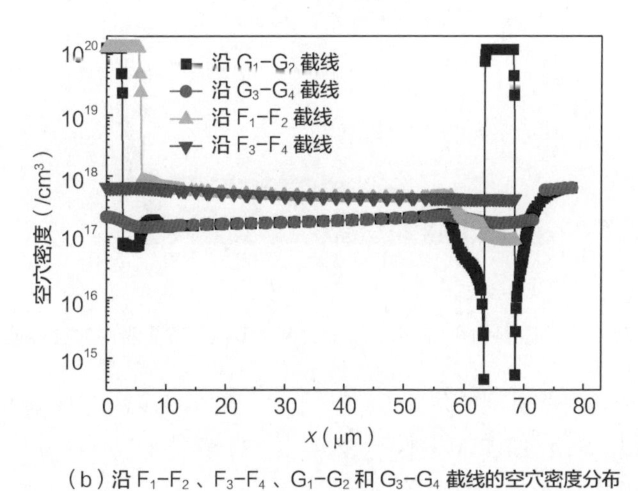

（b）沿 F_1–F_2、F_3–F_4、G_1–G_2 和 G_3–G_4 截线的空穴密度分布

图 6.74　正向电流密度 J_F 为 400A/cm^2 时传统二极管和 STA 内部二极管的空穴密度分布

6.5.2　电学特性

STA-SOI-LIGBT 器件基于 CSMC 的高压厚膜 SOI Bipolar-CMOS-DMOS-

IGBT（BCDI）工艺进行制造，在该工艺中使用了带有N型外延层的6英寸SOI晶圆。工艺流程从深沟槽隔离开始，用于沟槽刻蚀的掩模开口宽度为1.5μm。通过用反应离子刻蚀（RIE）得到深度为18μm的沟槽，通过热氧化生长形成7300Å厚的侧壁氧化层，用多晶硅填充氧化后的深沟槽。离子注入后在1150℃的温度下退火280分钟形成N型缓冲层和P型体区。场氧化层（FOX）厚度为5500Å。通过干氧氧化生长出370Å厚的栅氧化层，然后淀积多晶硅并经过刻蚀得到栅极，P^+/N^+阴极、P^+阳极和分段N^+阳极均通过离子注入形成。本工艺包含两层互联金属。分段沟槽与隔离沟槽同时形成，因此不需要增加额外或复杂的工艺步骤。

图6.75所示为测试得到的传统LIGBT器件和STA-LIGBT器件的击穿电压。两种器件的宽度都是7200μm。在25℃时，STA-LIGBT器件的击穿电压达到了541V，比传统LIGBT器件低8V。在125℃时，STA-LIGBT器件的漏电流小于传统LIGBT器件，这是因为在关断状态下，STA-LIGBT器件中的电子可以被与P^+阳极短接的分段N^+阳极收集，抑制了P^+阳极的空穴注入。

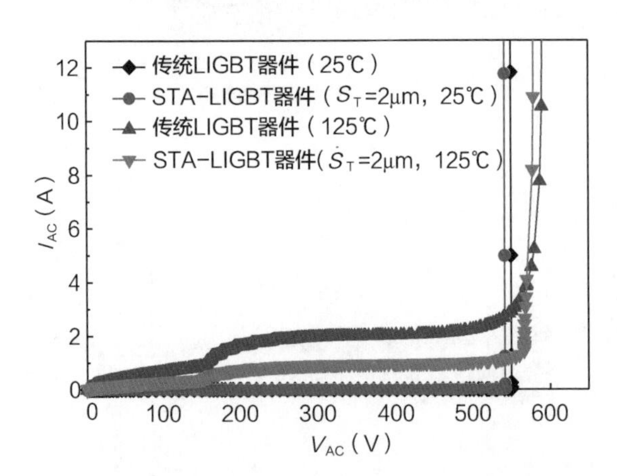

图 6.75　测试得到的传统 LIGBT 器件和 STA-LIGBT 器件的击穿曲线

图6.76（a）为测试得到的传统LIGBT器件、SSA-LIGBT器件以及STA-LIGBT器件的I-V曲线。STA- LIGBT器件与SSA-LIGBT器件（$L_B=30\mu m$）的回跳电压V_S几乎相同，但是STA-LIGBT器件的电流密度J_{AC}更高。STA-LIGBT器件（S_T=2μm时）在V_{GC}=10V、V_{AC}=3V条件下的V_S为1.29V，其J_{AC}达到了247A/cm^2。图6.76（b）所示为测试得到的S_T对J_{AC}和V_S的影响。V_S随着S_T的增大而增大，这是因为电阻R_T随着S_T的增大而减小。V_S的增大会降低J_{AC}，因此，减小相邻分段沟槽的间距S_T有利于抑制NDR并使器件保持大电流密度。

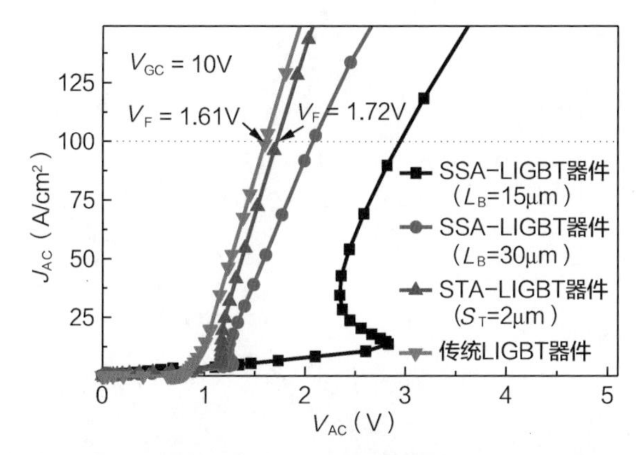

（a）传统LIGBT器件、SSA-LIGBT器件和STA-LIGBT器件的 $I-V$ 曲线

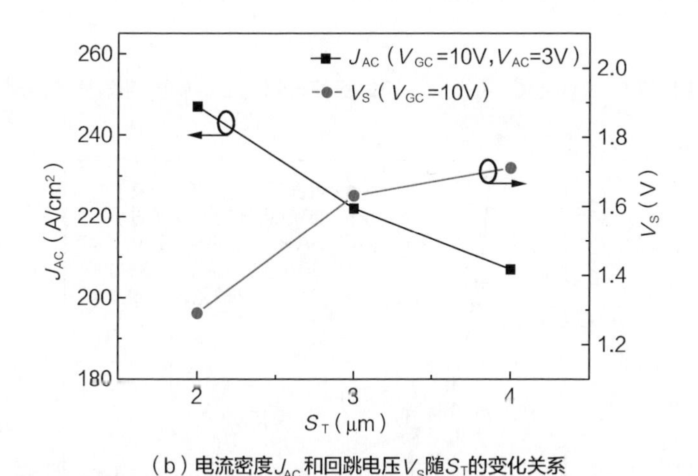

（b）电流密度 J_{AC} 和回跳电压 V_S 随 S_T 的变化关系

图 6.76　传统 LIGBT 器件、SSA-LIGBT 器件和 STA-LIGBT 器件的 I-V、电流密度 J_{AC} 和回跳电压 V_S 随 S_T 的变化测试结果

图 6.77 所示为测试得到的 STA 内部二极管（S_T=2μm、3μm 和 4μm）的正向导通曲线。当 J_F= 400A/cm² 时，STA 内部二极管的 V_F 分别是 1.99V（S_T = 4μm）、2.03V（S_T = 3μm）和 2.13V（S_T = 2μm），均高于传统二极管的 V_F，该测试结果与 6.5.1 小节中的分析相吻合。

图 6.78 所示为 STA-LIGBT 器件、SSA-LIGBT 器件、SA-LIGBT 器件以及传统 LIGBT 器件的关断损耗 E_{OFF} 与正向压降 V_{ACsat} 之间的折中关系。可以看出，4 种器件中，SA-LIGBT 器件有着最小的关断损耗。然而，由于 NDR 区域 I-V 特性的存在，它的 V_{ACsat} 最大。由于抑制了 NDR 区域，SSA-LIGBT 器件的 V_{ACsat} 明显低于 SA-LIGBT 器件。在这 4 种器件中，STA-LIGBT 器件有着最好

的 E_{OFF}-V_{ACsat} 折中关系。

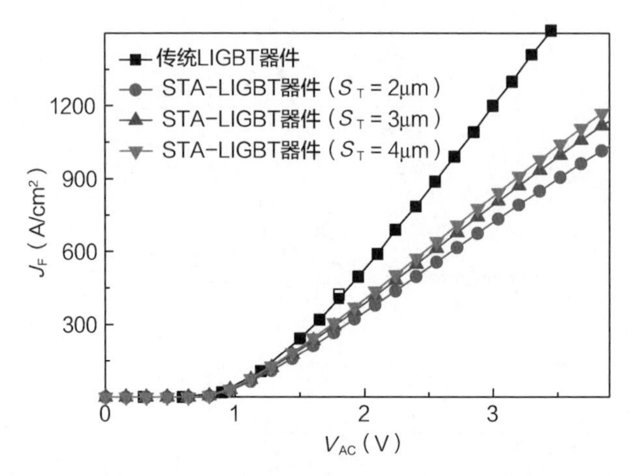

图 6.77　STA-LIGBT 器件内部二极管与传统二极管的正向导通特性

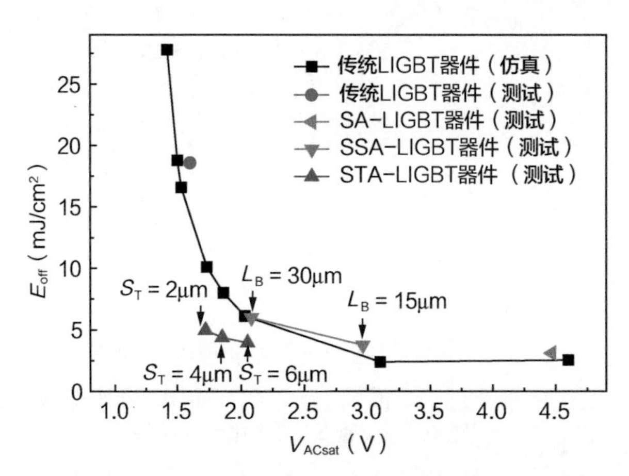

图 6.78　STA-LIGBT 器件、SSA-LIGBT 器件、SA-LIGBT 器件以及传统 LIGBT 器件的关断损耗 E_{OFF} 与正向压降 V_{ACsat} 之间的折中关系曲线（开态电流密度为 100A/cm²）

图 6.79 所示为在相同的测试条件下，反并联传统二极管的传统 LIGBT 器件和 STA-LIGBT 器件的开关测试电路和测试波形。感性负载大小为 4.5mH。在 t_1 和 t_2 时刻，LIGBT 器件分别开始关断和开启。需要指出的是，流过二极管的正向电流大小与电感负载电流大小相同，也与关断前流过 LIGBT 器件的电流大小相同。STA-LIGBT 器件的宽度（7200μm）远大于传统二极管器件的宽度（1800μm），因此，如果在相同的电流密度下进行 LIGBT 器件的关断，那么流过 STA 内部二极管的电流密度要小于传统二极管。测试结果汇总在表 6.4 中。

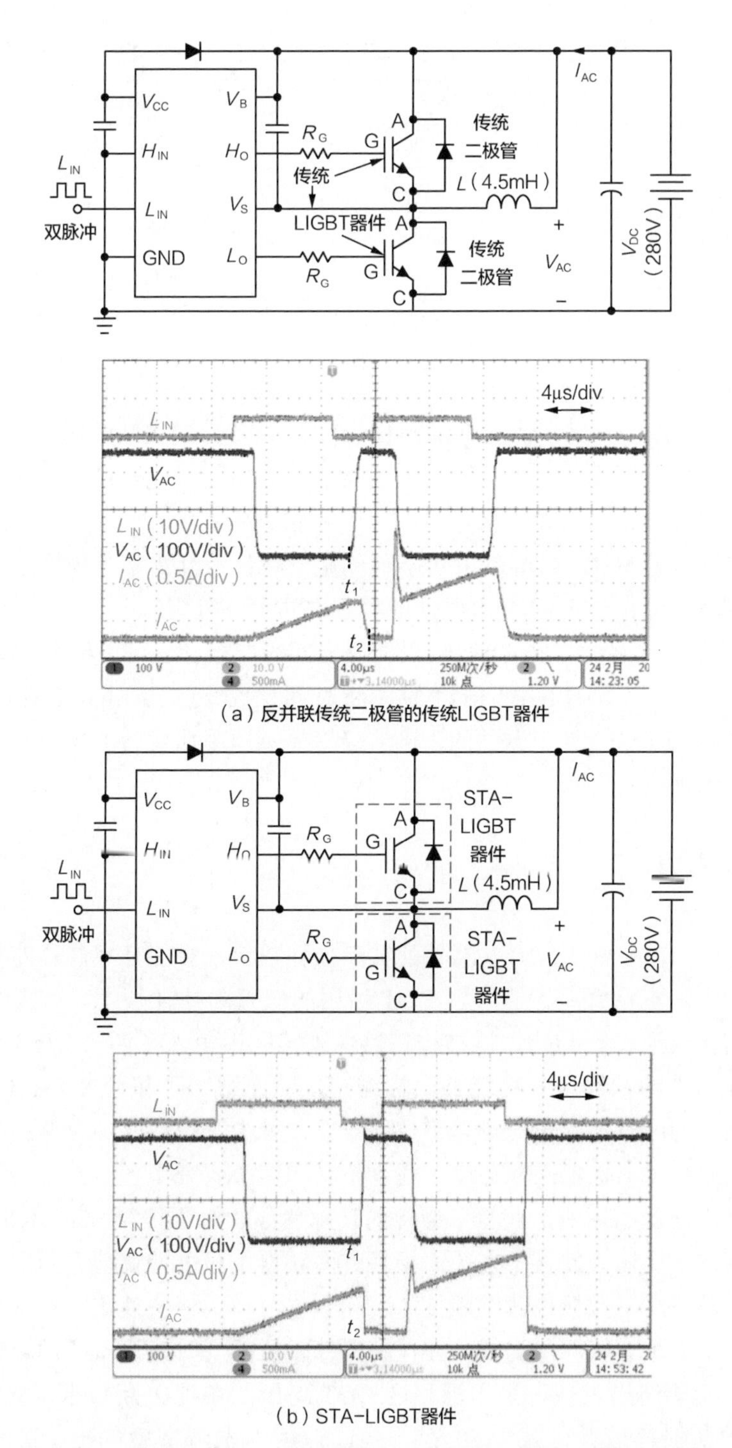

（a）反并联传统二极管的传统LIGBT器件

（b）STA-LIGBT器件

图 6.79　反并联传统二极管的传统 LIGBT 器件和 STA-LIGBT 器件的关断测试电路和测试波形

表 6.4 反并联传统二极管的传统 LIGBT 器件和 STA-LIGBT 器件的测试结果

参数	STA-LIGBT 器件（S_T = 2μm）	传统 LIGBT 器件	传统二极管
器件宽度（μm）	7200	7200	1800
工作电流（A）	0.56	0.5	0.5
工作电流密度（A/cm^2）	99	99	397
关断时间（ns）	359	1330	—
正向导通压降 V_F（V）	1.32	—	1.79
反向恢复时间 t_{rr}（ns）	321	—	487

当电流密度为 99A/cm^2 时，STA-LIGBT 器件器件的关断时间 t_{OFF} 相比传统 SOI-LIGBT 器件减小了 73%。此外，STA 内部二极管的正向导通压降 V_F 和反向恢复时间 t_{rr} 分别是传统二极管的 73.7% 和 65.9%。

上文讨论了 500V STA-LIGBT 器件的电学特性及其内部二极管的性能。通过 3D 模拟研究了 STA-LIGBT 器件的机理并进行了实验验证。与 P$^+$ 阳极短接的 N$^+$ 阳极提高了器件的关断速度；此外，内部的二极管还可以作为 FWD 使用。实验结果证明，STA-LIGBT 器件的关断时间比传统 SOI-LIGBT 器件缩短了 73%。此外，STA-LIGBT 器件的内部二极管显示出了比传统 PiN SOI 二极管更优的反向恢复性能。

6.6 本章小结

在高频工作条件下，开关器件的关断损耗在单片智能功率芯片的整体功耗中占比较大。本章介绍了漂移区 DOT 耐压的低关断损耗技术。首先介绍了漂移区双沟槽快速关断结构，该结构在器件漂移区中植入了两个 DOT 用于辅助耐压，使器件的漂移区长度能够大幅缩短，从而解决了传统 SOI-LIGBT 器件漂移区缩短的同时击穿电压难以维持的难题，减少了漂移区中存储的载流子数量，大幅提高了器件的关断速度。通过仿真和实验研究了各个尺寸参数对器件耐压和导通压降的影响，获得了最优的尺寸参数。对比传统 SOI-LIGBT 器件，漂移区双沟槽快速关断技术在关断损耗方面获得了极大的优势。紧接着，本章还介绍了漂移区三沟槽快速关断技术，和漂移区双沟槽快速关断技术相比，该技术采用了 3 个非等深的沟槽，在保证器件耐压的同时，进一步缩小了漂移区的长度。实验结果表明，采用漂移区 DOT 耐压的快速关断技术，SOI-LIGBT 器件的关断损耗最大可减少 59.6%，关断速度与电流密度的折中关系处于国际领先水平。此外，本章还介绍了复合集电极技术、横向超结技术及阳极短路技术。

参考文献

[1] ZHANG L, ZHU J, SUN W, et al. Novel snapback-free reverse-conducting SOI-LIGBT with dual embedded diodes[J]. IEEE Transactions on Electron Devices, 2017, 64(3):1187-1192.

[2] ZHANG L, ZHU J, SUN W, et al. A new high-voltage interconnection shielding method for SOI monolithic ICs[J]. Solid-State Electronics, 2017, 133:25-30.

[3] ZHANG L, ZHU J, SUN W, et al. Low-loss SOI-LIGBT with dual deep-oxide trenches[J]. IEEE Transactions on Electron Devices, 2017, 64(8):3282-3286.

[4] FUNAKI H, MATSUDAI T, NAKAGAWA A, et al. Multi-channel SOI lateral IGBTs with large SOA[C]. IEEE 9th International Symposium on Power Semiconductor Devices and ICs, 1997:33-36.

[5] NAKAGAWA A, FUNAKI H, YAMAGUCHI Y, et al. Improvement in lateral IGBT design for 500V 3A one chip inverter ICs[C]. IEEE 11th International Symposium on Power Semiconductor Devices and ICs, 1999:321-324.

[6] HARA K, WADA S, SAKANO J, et al. 600V single chip inverter IC with new SOI technology[C]. IEEE 26th International Symposium on Power Semiconductor Devices and ICs, 2014:418-421.

[7] SHIGEKI, AKIO, YOUICHI, et al. Carrier-storage effect and extraction-enhanced lateral IGBT(E^2LIGBT): A super-high speed and low on-state voltage LIGBT superior to LIGBTFET[C]. IEEE 24th International Symposium on Power Semiconductor Devices and ICs, 2012:393-396.

[8] ZHU J, SUN W, ZHANG L, et al. High voltage thick SOI-LIGBT with high current density and latch-up immunity[C]. IEEE 27th International Symposium on Power Semiconductor Devices and ICs, 2015:169-172.

[9] ZHU J, ZHANG L, SUN W, et al. Further study of the U-shaped channel SOI-LIGBT with enhanced current density for high-voltage monolithic ICs[J]. IEEE Transactions on Electron Devices, 2016, 63(3):1161-1167.

[10] SAKANO J, SHIRAKAWA S, HARA K, et al. Large current capability 270V lateral IGBT with multi-emitter[C]. IEEE 22th International Symposium on Power Semiconductor Devices and ICs, 2010:83-86.

[11] ZHANG L, ZHU J, SUN W, et al. A U-shaped channel SOI-LIGBT with dual trenches[J]. IEEE Transactions on Electron Devices, 2017, 64(6):2587-2591.

[12] ZHANG L, ZHU J, SUN W, et al. Comparison of short-circuit characteristics of trench gate and planar gate U-shaped channel SOI-LIGBTs[J]. Solid-State Electronics, 2017, 135:24-30.

[13] HARDIKAR S, TADIKONDA R, SWEET M, et al. A fast switching segmented anode NPN controlled LIGBT[J]. IEEE Electron Device Letters, 2003, 24(11):701-703.

[14] CHEN W, ZHANG B, LI Z. Area-efficient fast-speed lateral IGBT with a 3D n-region-controlled anode[J]. IEEE Electron Device Letters, 2010, 31(5): 467-469.

[15] SIN J, MUKHERJEE S. Lateral insulated-gate bipolar transistor (LIGBT) with a segmented anode structure[J]. IEEE Electron Device Letters, 1991, 12(2):45-47.

[16] ZHANG L, ZHU J, SUN W, et al. A high current density SOI-LIGBT with segmented trenches in the anode region for suppressing negative differential resistance regime[C]. IEEE 27th International Symposium on Power Semiconductor Devices and ICs, 2015: 49-52.

[17] ZHU J, ZHANG L, SUN W, et al. Electrical characteristic study of an SOI-LIGBT with segmented trenches in the anode region[J]. IEEE Transactions on Electron Devices, 2016, 63(5):2003-2008.

[18] UDUGAMPOLA N, MCMAHON R, UDREA F, et al. Analysis and design of the dual-gate inversion layer emitter transistor[J]. IEEE Transactions on Electron Devices, 2005, 52(1): 99-105.

[19] KHO E, HOELKE A, PILKINGTON S, et al. 200V lateral superjunction LIGBT on partial SOI[J]. IEEE Electron Device Letters, 2021, 33(9): 1291-1293.

[20] TEE E, ANTONIOU M, UDREA F, et al. 200V superjunction N-type lateral insulated-gate bipolar transistor with improved latch-up characteristics[J]. IEEE Transactions on Electron Devices, 2013, 60(4): 1412-1415.

[21] KANG E, MOON S, SUNG M. A new trench electrode IGBT having superior electrical characteristics for power IC systems[J]. Microelectronics Journal, 2001, 32(8):641-647.

[22] LU D, JIMBO S, FUJISHIMA N. A low on-resistance high voltage soi ligbt with oxide trench in drift region and hole bypass gate configuration[C]. IEEE International Electron Devices Meeting, 2005:381-384.

[23] FU Q, ZHANG B, LUO X, et al. Small-sized silicon-on-insulator lateral insulated gate bipolar transistor for larger forward bias safe operating area and lower turnoff energy[J]. IEEE IET Micro & Nano Letters, 2013, 8(7):386-389.

[24] ZHANG L, ZHU J, ZHAO M, et al. Low-loss SOI-LIGBT with triple deep-oxide trenches[J].

IEEE Transactions on Electron Devices, 2017, 64(9): 3756-3761.

[25] DENG G, LUO X, WEI J, et al. A snapback-free reverse conducting insulated-gate bipolar transistor with discontinuous field-stop layer[J]. IEEE Transactions on Electron Devices, 2018, 65(5):1856-1861.

[26] ZHOU K, SUN T, LIU Q, et al. A snapback-free shorted-anode SOI LIGBT with multi-segment anode[C]. IEEE 29th International Symposium on Power Semiconductor Devices and ICs, 2017: 315-318.

[27] LUO X, ZHAO Z, HUANG L, et al. A snapback-free fast-switching SOI LIGBT with an embedded self-biased n-MOS[J]. IEEE Transactions on Electron Devices, 2018, 65(8):3572-3576.

[28] ZHANG L, ZHU J, CAO S, et al. Optimization of V_{CE} plateau for deep-oxide trench SOI lateral IGBT during inductive load turn-off[J]. IEEE Transactions on Electron Devices, 2018, 65(9): 3862-3868.

[29] PATHIRANA V, UDUGAMPOLA N, TRAJKOVIC T, et al. Low-loss 800V lateral IGBT in bulk Si technology using a floating electrode[J]. IEEE Electron Device Letters, 2018, 39(6):866-868.

[30] HUANG L, LUO X, WEI J, et al. A Snapback-free fast-switching SOI-LIGBT with polysilicon regulative resistance and trench cathode[J]. IEEE Transactions on Electron Devices, 2017, 64(9):3961-3966.

[31] OH K, LEE J, LEE K, et al. A simulation study on novel field stop IGBTs using superjunction[J]. IEEE Transactions on Electron Devices, 2006, 53(4):884-890.

[32] OH K, KIM J, SEO H, et al. Experimental investigation of 650V superjunctions IGBTs[C]. IEEE 28th International Symposium on Power Semiconductor Devices and ICs, 2016:299-302.

[33] BAUER F. The super junction bipolar transistor: A new silicon power device concept for ultra low loss switching applications at medium to high voltages[J]. Solid-State Electronics, 2004(5), 48:705-714.

[34] ANTONIOU M, UDREA F, BAUER F, et al. The semi-superjunction IGBT[J]. IEEE Transactions on Electron Devices, 2010, 31(6): 591-593.

[35] ANTONIOU M, UDREA F, BAUER F, et al. The soft punch-through+ superjunction insulated gate bipolar transistor: A high speed structure with enhanced electron injection[J]. IEEE Transactions on Electron Devices, 2011, 58(3):769-775.

[36] XIONG Y, SUN S, JIA H, et al. New physical insights on power MOSFET switching

losses[J]. IEEE Transactions on Power Electronics, 2009, 24(2):525-531.

[37] OH J, CHUN D, OH R, et al. A snap-back suppressed shorted-anode lateral trench insulated gate bipolar transistor (LTIGBT) with insulated trench collector[C]. 2011 IEEE International Symposium on Industrial Electronics, 2011:1367-1370.

[38] DUAN S, QIAO M, MAO K, et al. 700V segmented anode LIGBT with low on-resistance and onset Voltage[C]. IEEE 10th International Conference on Solid-State and Integrated Circuit Technology, 2010:897-899.

[39] GOUGH P, SIMPSON M, RUMENNIK V. Fast switching lateral insulated gate transistor[C]. 1986 International Electron Devices Meeting, 1986:218-221.

[40] CHUN J, BYEON D, OH J, et al. A fast-switching SOI SA-LIGBT without NDR region[C]. IEEE 12th International Symposium on Power Semiconductor Devices and ICs, 2000:149-152.

[41] GREEN D, HARDIKAR S, SWEET M, et al. Influence of temperature and doping parameters on the performance of segmented anode NPN (SA-NPN) LIGBT[C]. IEEE 16th International Symposium on Power Semiconductor Devices and ICs, 2004:285-287.

第 7 章　高压厚膜 SOI-LIGBT 器件工艺流程与版图设计

7.1　工艺流程

本节以图 7.1 所示的传统 SOI-LIGBT 器件为例，介绍器件的具体工艺步骤[1]。SOI-LIGBT 器件的结构在前面各章均有涉及，本章不再赘述。

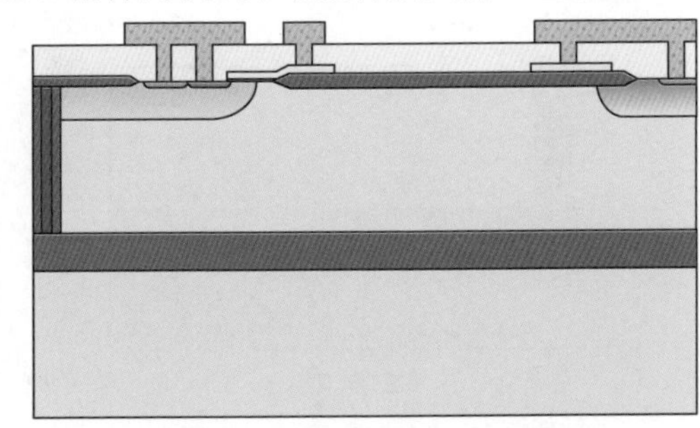

图 7.1　传统 SOI-LIGBT 器件结构

1. 沟槽隔离

沟槽的形成主要分为 3 个步骤：刻蚀、侧壁氧化、淀积多晶硅[2]。如图 7.2 所示，首先利用光刻胶和掩膜版暴露出要进行沟槽刻蚀的区域，然后在 N 型外延上按照窗口尺寸进行刻蚀；刻蚀窗口的宽度一般会影响沟槽刻蚀的深度，窗口越宽，深度越深[3]。接着进行侧壁氧化，在晶圆表面、沟槽侧壁以及沟槽底部生长出氧化层，氧化层的厚度需满足沟槽隔离的耐压需求。然后在氧化层上淀积多晶硅，使多晶硅填充到沟槽中。为保证沟槽内部的电势统一，一般采用重掺杂的多晶硅。

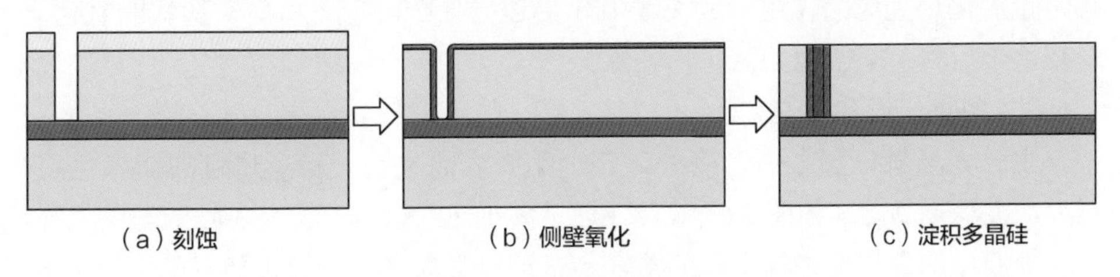

（a）刻蚀　　（b）侧壁氧化　　（c）淀积多晶硅

图 7.2　沟槽的形成步骤

图 7.3 和图 7.4 分别为 N 型缓冲层和 P 型体区的形成过程。注入磷（P）、砷（As）等离子可形成 N 型缓冲层，注入硼（B）离子可形成 P 型体区。由于 N 型缓冲层和 P 型体区都可起到辅助耐高压的作用，所以阱的深度较深，阱边缘的掺杂浓度较低，需要较长时间的高温过程使杂质进行扩散。

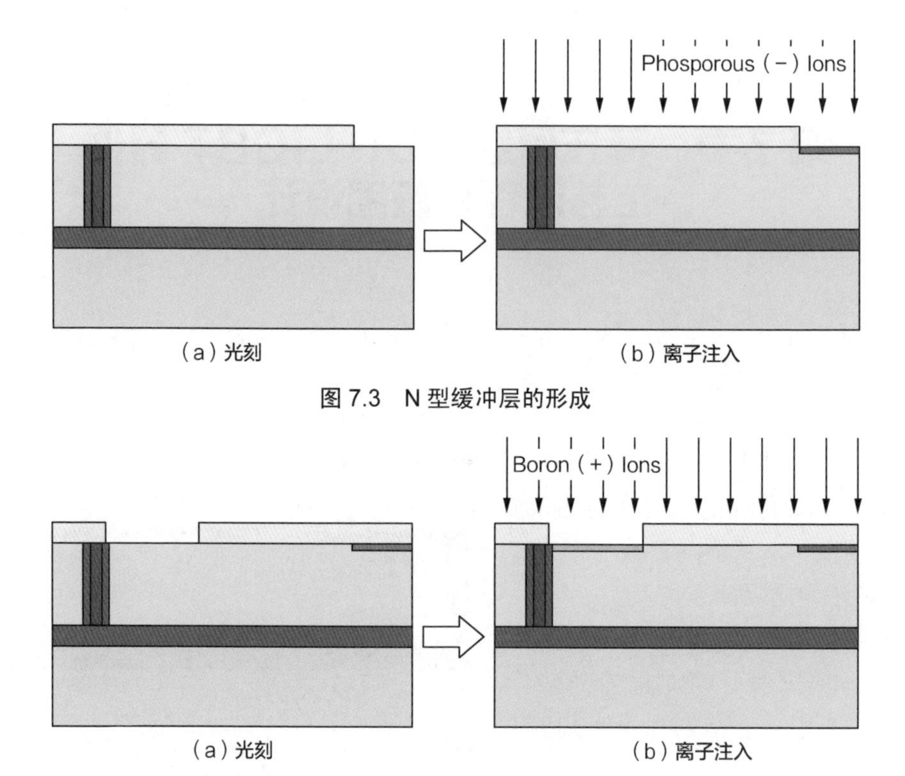

图 7.3　N 型缓冲层的形成

图 7.4　P 型体区的形成

2．场氧化层

如图 7.5 所示，采用干法氧化在晶圆表面生长出一层较薄的氧化层，接着在氧化层上方淀积一层氮化物，然后曝光出非有源区，刻蚀掉非有源区上方的氮化物。通过热氧化的方法生长出较厚的氧化层（场氧化层），由于氮化物具有阻止氧化物生成的作用，故在场氧化层边界处会产生“鸟嘴”形状的氧化层形貌，最后将晶圆表面的氮化物去除。

3．栅氧化层和多晶硅

生长完场氧化层之后，接着在整个晶圆表面生长一层高质量的栅氧化层。然后，淀积多晶硅（如图 7.6 所示），通过离子注入杂质可调节多晶硅的电阻率。根据掩膜版的窗口刻蚀掉多余的多晶硅，即可形成多晶硅栅极和多晶硅场板。

4．N^+ 发射极、P^+ 发射极、P^+ 集电极

图 7.7 所示为 N^+ 发射极的形成。N^+ 发射极采用 N 型杂质的离子注入及随后的快速热退火形成。为了精确控制沟道的长度和位置，N^+ 发射极注入窗口的右边界，通过多晶硅栅极的左边界进行定义，这种方式称作“自对准”。图 7.8 所示为 P^+ 发射极及 P^+ 集电极的形成。P^+ 发射极和 P^+ 集电极为同一步的离子注入形成。

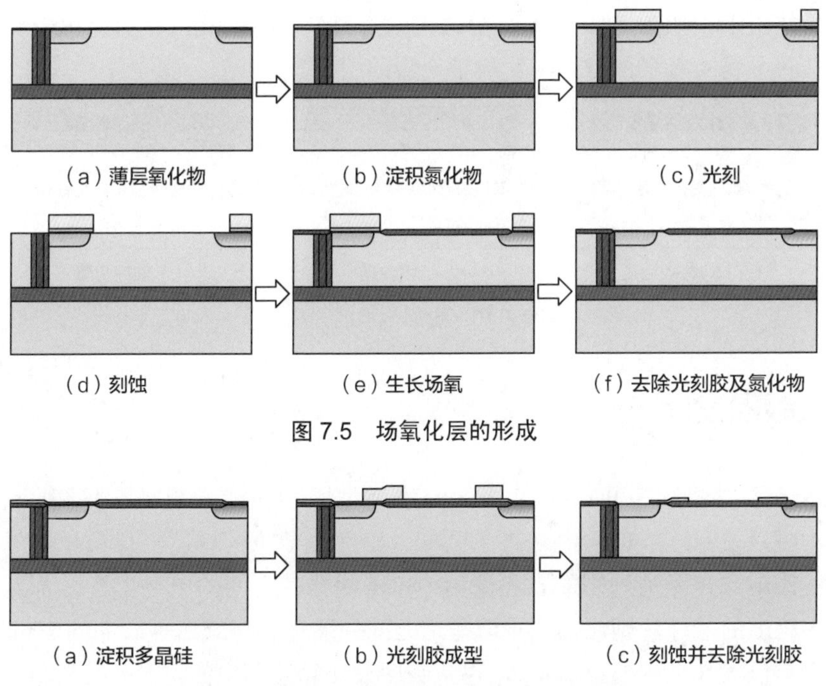

（a）薄层氧化物　（b）淀积氮化物　（c）光刻

（d）刻蚀　（e）生长场氧　（f）去除光刻胶及氮化物

图 7.5　场氧化层的形成

（a）淀积多晶硅　（b）光刻胶成型　（c）刻蚀并去除光刻胶

图 7.6　栅氧化层的生长及多晶硅栅的形成

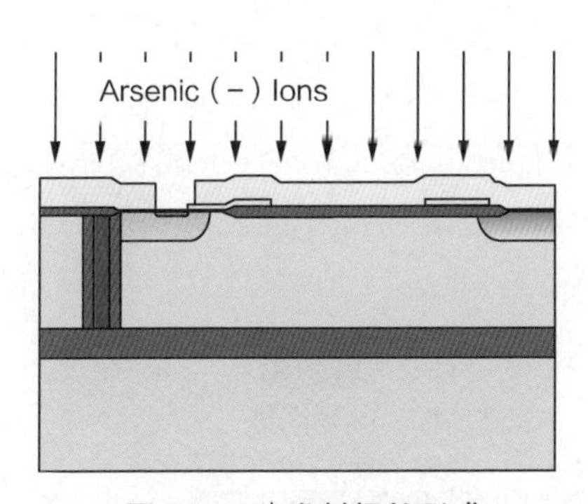

图 7.7　N^+ 发射极的形成

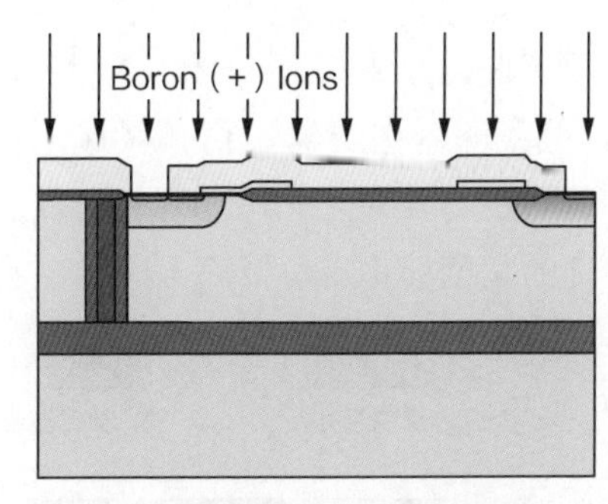

图 7.8　P^+ 发射极及 P^+ 集电极的形成

5．表面介质

如图 7.9 所示，在完成发射极和集电极的离子注入和退火后，会在器件表面淀积一定厚度的介质层（如 SiO_2）。

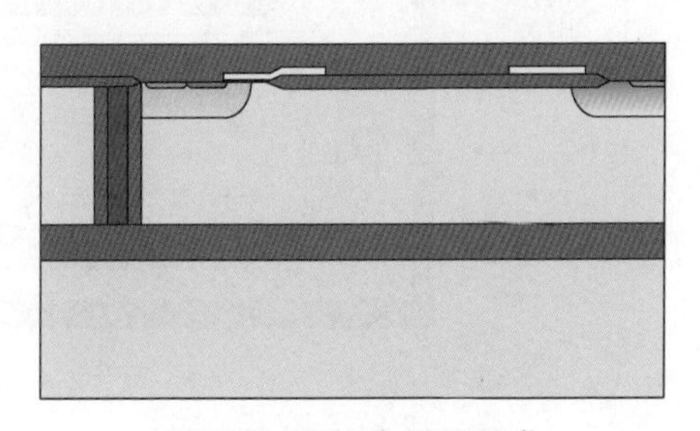

图 7.9　表面介质的形成

6．通孔和金属互联

采用金属和半导体接触以及金属互联的方式将发射极、栅极、集电极的电极从器件引出。如图 7.10 所示，根据光刻窗口刻蚀接触孔，然后淀积金属，刻蚀掉互联金属的多余部分，即完成了电极的引出。

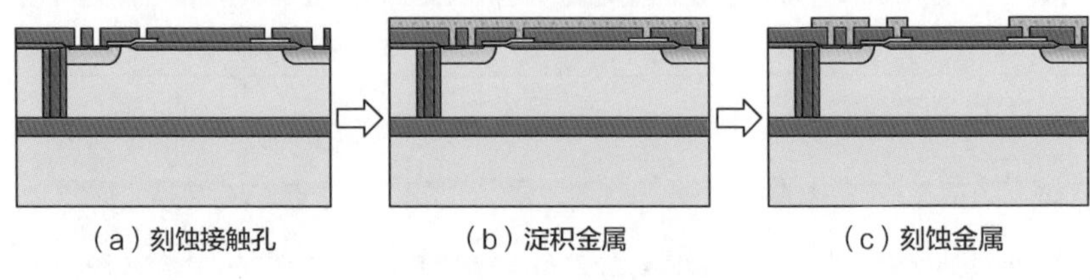

图 7.10　金属电极的形成

7.2　版图设计

本节主要介绍 SOI-LIGBT 器件的跑道型版图，涉及直条、拐角、跑道、隔离沟槽以及互连线的绘制。直条区域为器件的导电区域，由直条和拐角可构成一条跑道，在跑道外围放置隔离沟槽以消除器件之间的电流串扰。若为带有多个多跑道的器件，则还需要采取跑道之间的隔离。横跨器件表面的 HVI 对耐压的影响巨大（见本书第 3 章），也是版图设计和绘制中的重要一环。

7.2.1　直条区域

图 7.11（a）中标注了跑道型版图中的直条区域。图 7.11（b）所示为对应 X_1-X_2 截线的器件结构。直条区域承担了器件的电流导通，直条区域的面积大小和器件的导电能力相关，图 7.11（a）中沿 *z* 方向的尺寸代表的是图 7.11（b）中器件的宽度（*W*）。

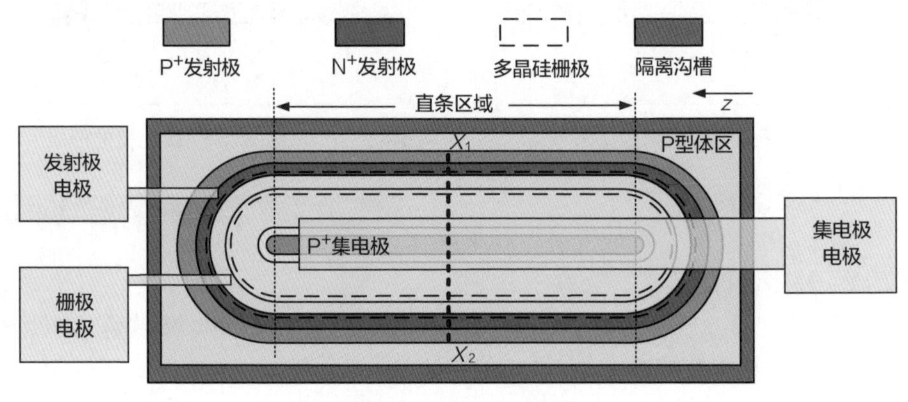

（a）直条区域（部分层次未显示）

图 7.11　直条区域版图与结构

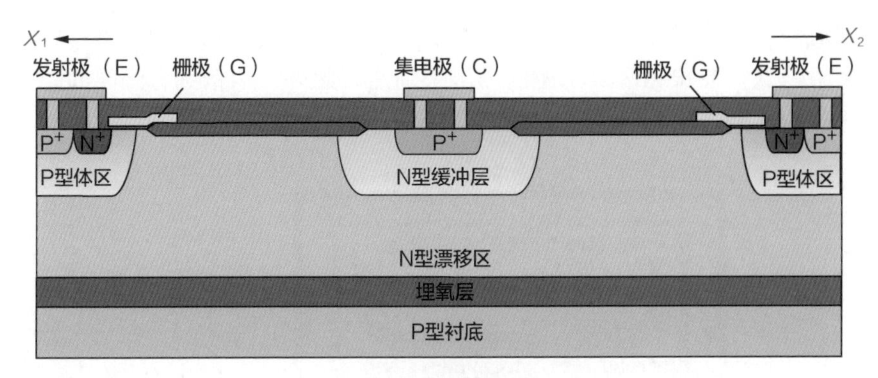

（b）对应的器件结构

图 7.11　直条区域版图与结构（续）

7.2.2　拐角区域与 HVI

图 7.12 标注了一条跑道左右两端的拐角。本例中，跑道的中心区域是连接高压的集电极区域，外围是低压的发射极区域。左端的拐角由发射极区域以圆弧的方式“绕弯”形成，将跑道上下两侧的发射极区域相连，并在圆弧的顶端附近区域连接出发射极电极和栅极电极。采用 HVI 将直条中的集电极从跑道的右端拐角区域引出。

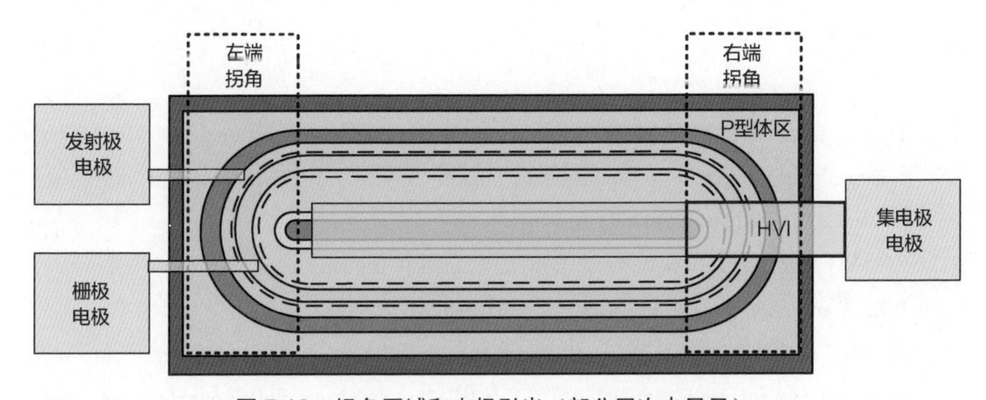

图 7.12　拐角区域和电极引出（部分层次未显示）

7.2.3　跑道和隔离沟槽

对于单跑道器件来说，在其外围设置隔离沟槽可有效消除与其他器件之间的电流串扰。而对于多跑道器件，除了器件最外围的隔离沟槽，还需要在相邻跑道之间放置隔离沟槽，这样可以使跑道之间的电流分布更加均匀。图 7.13 显示了跑道外围和跑道间的隔离沟槽。跑道外围和跑道间的隔离沟槽可以放置一条或多条，这需要根据隔离耐压的需求来确定。此外，沟槽到有源区的距离也会对器件的性能产生影响，也需要进行精细的设计。

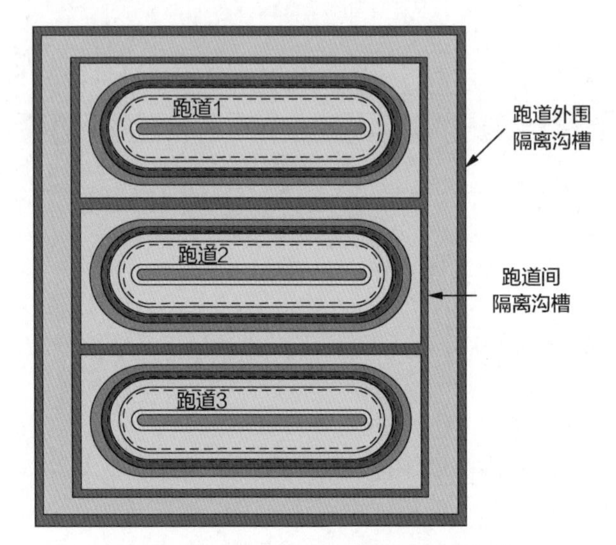

图 7.13　跑道外围和跑道间的隔离沟槽

参考文献

[1] ZHU J, ZHANG L, SUN W, et al. Further study of the u-shaped channel SOI-LIGBT with enhanced current density for high-voltage monolithic ICs[J]. IEEE Transactions on Electron Devices, 2016, 63(3):1161-1167.

[2] ZHANG L, ZHU J, SUN W, et al. Low-loss SOI-LIGBT with dual deep-oxide trenches[J]. IEEE Transactions on Electron Devices, 2017, 64(8):3282-3286.

[3] ZHANG L, ZHU J, SUN W, et al. A novel high-voltage interconnection structure with dual trenches for 500V SOI-LIGBT[C]. IEEE 28th International Symposium on Power Semiconductor Devices and ICs, 2016:439-442.

符号、变量注释表

符号及变量注释表

符号	含义
T_1	高压互连线结构中距离有源区较近的沟槽
T_2	高压互连线结构中距离有源区较远的沟槽
D_{T}	高压互连线结构中相邻沟槽的间距
D_{TC}	高压互连线结构中 T_1 与有源区的距离
W_{T}	高压互连线结构中的沟槽宽度
V_{T_1}	高压互连线结构中 T_1 所承受的电压
V_{T_2}	高压互连线结构中 T_2 所承受的电压
T_{I}	高压互连线结构中 T_1 底部距离埋氧层（BOX）顶部的距离
η_{s}	高压互连线的屏蔽效率
BV	击穿电压
V_{CE}	集电极—发射极电压
I_{CE}	集电极—发射极电流
V_{GE}	栅极—发射极电压
J_{CE}	集电极—发射极电流密度
E_{OFF}	关断损耗
V_{ON}	导通压降
t_{OFF}	关断时间
V_{LP}	闩锁电压
W_{PC}	U 型沟道中平行沟道的宽度
W_{OC}	U 型沟道中垂直沟道的宽度
α	U 型沟道中平行沟道和垂直沟道的夹角
J_{AC}	阳极—阴极电流密度
V_{AC}	阳极—阴极电压

续表

符号	含义
T_E	DDOT SOI-LIGBT 器件和 TDOT SOI-LIGBT 器件中靠近发射极侧的沟槽
T_C	DDOT SOI-LIGBT 器件和 TDOT SOI-LIGBT 器件中靠近集电极侧的沟槽
T_M	TDOT SOI-LIGBT 器件中 T_E 和 T_C 之间的沟槽
S_T	DDOT SOI-LIGBT 器件和 TDOT SOI-LIGBT 器件中相邻沟槽的间距
d_T	TDOT SOI-LIGBT 器件中 T_E 和 T_C 的深度
L_1	DDOT SOI-LIGBT 器件和 TDOT SOI-LIGBT 器件中 T_E 距离 P 型体区的距离
L_2	DDOT SOI-LIGBT 器件和 TDOT SOI-LIGBT 器件中 T_C 距离 N 型缓冲层的距离
L_d	漂移区的长度
t_{BOX}	埋氧层（BOX）的厚度

缩略语

英文全称	中文全称	缩略词
Breakdown Voltage	击穿电压	BV
Buried OXide	埋氧层	BOX
Deep-Oxide Trench	深氧化层沟槽	DOT
Dual Deep-Oxide Trenches	双深氧化层沟槽	DDOT
Free-Wheeling Diode	续流二极管	FWD
High Temperature Revised Bias	高温反偏	HTRB
High Voltage Interconnection	高压互连线	HVI
Lateral Insulated Gate Bipolar Transistor	横向绝缘栅双极型晶体管	LIGBT
Metal-Oxide-Semiconductor Field-Effect Transistor	金属—氧化物—半导体场效应晶体管	MOSFET
Negative Differential Resistance	负微分电阻	NDR
Partial SOI	部分绝缘体上硅	PSOI
Planar Gate U-shaped Channel	平面栅 U 型沟道	PGU
Rapid Rise Phase	快速上升阶段	RRP
Segmented Trenches in the Anode	分段沟槽阳极	STA
Separated Shorted-Anode	分离阳极短路	SSA
Silicon On Insulator	绝缘体上硅	SOI
Slow Rise Phase	慢速上升阶段	SRP
Trench Gate U-shaped Channel	沟槽栅 U 型沟道	TGU
Triple Deep-Oxide Trenches	三深氧化层沟槽	TDOT

中国电子学会简介

中国电子学会于 1962 年在北京成立，是 5A 级全国学术类社会团体。学会拥有个人会员 10 万余人、团体会员 1200 多个，设立专业分会 47 个、专家委员会 17 个、工作委员会 9 个，主办期刊 13 种，并在 26 个省、自治区、直辖市设有相应的组织。学会总部是工业和信息化部直属事业单位，在职人员近 200 人。

中国电子学会的 47 个专业分会覆盖了半导体、计算机、通信、雷达、导航、微波、广播电视、电子测量、信号处理、电磁兼容、电子元件、电子材料等电子信息科学技术的所有领域。

中国电子学会的主要工作是开展国内外学术、技术交流；开展继续教育和技术培训；普及电子信息科学技术知识，推广电子信息技术应用；编辑出版电子信息科技书刊；开展决策、技术咨询，举办科技展览；组织研究、制定、应用和推广电子信息技术标准；接受委托评审电子信息专业人才、技术人员技术资格，鉴定和评估电子信息科技成果；发现、培养和举荐人才，奖励优秀电子信息科技工作者。

中国电子学会是国际信息处理联合会（IFIP）、国际无线电科学联盟（URSI）、国际污染控制学会联盟（ICCCS）的成员单位，发起成立了亚洲智能机器人联盟、中德智能制造联盟。世界工程组织联合会（WFEO）创新专委会秘书处、中国科协联合国咨商信息与通信技术专业委员会秘书处、世界机器人大会秘书处均设在中国电子学会。中国电子学会与电气电子工程师学会（IEEE）、英国工程技术学会（IET）、日本应用物理学会（JSAP）等建立了会籍关系。

关注中国电子学会微信公众号

加入中国电子学会